Untersuchungen zur Datenqualität und Nutzerakzeptanz von Forschungsinformationssystemen

Otmane Azeroual

Untersuchungen zur Datenqualität und Nutzerakzeptanz von Forschungsinformations-systemen

Framework zur Überwachung und Verbesserung der Qualität von Forschungsinformationen

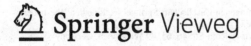 Springer Vieweg

Otmane Azeroual (iD)
Deutsches Zentrum für Hochschul- und
Wissenschaftsforschung (DZHW)
Berlin, Deutschland

ISBN 978-3-658-36701-5   ISBN 978-3-658-36702-2   (eBook)
https://doi.org/10.1007/978-3-658-36702-2

Die Deutsche Nationalbibliothek verzeichnet diese Publikation in der Deutschen Nationalbibliografie; detaillierte bibliografische Daten sind im Internet über http://dnb.d-nb.de abrufbar.

Planung/Lektorat: Stefanie Eggert
Springer Vieweg ist ein Imprint der eingetragenen Gesellschaft Springer Fachmedien Wiesbaden GmbH und ist ein Teil von Springer Nature.
Die Anschrift der Gesellschaft ist: Abraham-Lincoln-Str. 46, 65189 Wiesbaden, Germany

Vorwort

Die vorliegende Dissertation ist im Rahmen meiner Tätigkeit als wissenschaftlicher Mitarbeiter am Deutschen Zentrum für Hochschul- und Wissenschaftsforschung GmbH (DZHW)[1] zwischen 2016 und 2021 entstanden. Maßgeblich für diese Arbeit war das Projekt „Helpdesk für die Einführung des Kerndatensatzes Forschung (KDSF)"[2], das vom Bundesministerium für Bildung und Forschung (BMBF) und von allen Bundesländern gefördert wurde. Im KDSF-Projekt wurde ein freiwilliger Standard für die Erhebung, Vorhaltung und den Austausch von Forschungsinformationen entwickelt und sowohl für Dateneigner (z. B. Hochschulen und außeruniversitäre Forschungseinrichtungen (AUFs)) als auch für Datenabfrager (z. B. Forschungsförderer, Behörden usw.) im deutschen Wissenschaftsraum bereitgestellt. Der KDSF beschreibt die Datengruppierung nach Inhalten und die Formate zur Implementierung in Forschungsinformationssysteme (FIS), weil heutzutage die Vorhaltung und der Austausch von Forschungsinformationen an einer zunehmenden Anzahl an Hochschulen und außeruniversitären Forschungseinrichtungen über ein FIS erfolgen. Ein FIS als Datenbanksystem soll mittel- und langfristig interne sowie externe Berichtspflichten und -legungen für die Hochschulverwaltung und politische Entscheidungsträger erleichtern. Es existieren nationale und internationale Standards (z. B. KDSF-Datenmodell und Common European Research Information Format (CERIF)) zur Unterstützung von Forschungsinformationssystemen, und diese ermöglichen Kompatibilität und Interoperabilität zwischen verschiedenen Systemen, um die Forschungsbereiche zu repräsentieren. Um diese systematisch aufbauenden Bereiche effizient nutzen zu können, wird eine gute Datenqualität verlangt, da ein wichtiger Erfolgsfaktor

---

[1] https://www.dzhw.eu
[2] https://kerndatensatz-forschung.de

für die Implementierung des FIS in Hochschulen und AUFs die Sicherstellung der Datenqualität darstellt. Allerdings wird dieser Punkt bisher kaum in der Wissenschaft untersucht, obwohl das Thema für Hochschulen, AUFs und deren Forscher relevant und durchaus aufschlussreich ist und in internationalen wissenschaftlichen Publikationen erwähnt wurde. Bislang fehlen die erforderliche Beachtung der Bedeutung der Datenqualität, die Dimensionen zur Messung und Prüfung der Datenqualität in einem FIS, neue Methoden bzw. Techniken zur Verhinderung und Verbesserung von Ursachen mangelnder Qualität in einem FIS und die Verstärkung des Vertrauens bzw. der Akzeptanz in das FIS. Ohne eine ausreichende Datenqualität kann das FIS sein Nutzenpotenzial als Lieferant entscheidungsrelevanter Daten allerdings nicht ausschöpfen. Grundsätzlich gilt, je höher und sicherer die Qualität der Daten in Forschungsinformationssystemen sind, desto größer ist die Nutzerakzeptanz.

Die Entstehung der Dissertation haben zahlreiche Personen ermöglicht und unterstützt. Bei ihnen möchte ich mich an dieser Stelle herzlichst bedanken.

An erster Stelle gilt dies ganz besonders meinem Doktorvater, Herrn Prof. Dr. Gunter Saake. Durch seine persönliche, fortwährende Betreuung, die freundliche Hilfe, die Unterstützung während des Entstehungsprozesses dieser Dissertation, durch die Schaffung von hervorragenden Rahmenbedingungen für ein praxisorientiertes Forschen im Bereich der Datenbanken und Informationssysteme und durch die Freiheiten, die er mir für die Dissertation gewährte, hat er maßgeblich zum erfolgreichen Abschluss des Forschungsvorhabens beigetragen.

Ein besonderer Dank gilt auch Herrn Dr.-Ing. Eike Schallehn für seine hilfreiche und aufmerksame Unterstützung, Ermutigung und stete Motivation.

Zudem habe ich Herrn Prof. Dr.-Ing. Mohammad Abuosba für die Übernahme des Zweitgutachtens sowie für seine ständige, motivierende Beratung, Unterstützung und sein wertvolles Feedback zu diversen Fragen rund um die Dissertation zu danken. Die zahlreichen Gespräche an der Otto-von-Guericke-Universität Magdeburg werden mir stets eine kostbare und gute Erinnerung sein.

Dem Deutschen Zentrum für Hochschul- und Wissenschaftsforschung (DZHW) danke ich vielmals für die finanzielle Unterstützung dieser Dissertation, insbesondere in Form von Förderungen von Konferenz- und Workshopbesuchen, die das Vorhaben wesentlich bereichert haben. Ebenfalls danke ich meinem KDSF-Team am DZHW Berlin für die kollegiale Arbeit und interessante Zeit, die mir in guter Erinnerung bleiben wird.

Verbunden bin ich auch Herrn Dr. Joachim Schöpfel für seine Unterstützung, die konstruktiven Anregungen und die ebenso außerordentliche wie freundschaftliche Zusammenarbeit. Ein zusätzlicher Dank geht an meinem weiteren Gutachter Herrn Prof. Dr. Sören Auer für die zuverlässige und hilfreiche Unterstützung.

Ebenfalls gilt auch ein großer Dank allen Teilnehmenden meiner Befragung für ihre Auskunftsbereitschaft, interessanten Beiträge und Antworten auf meine Fragen.

Außerdem möchte ich Herrn Dr. Volker Manz für das Korrekturlesen meiner Dissertation danken.

Abschließend möchte ich mich von ganzem Herzen bei meinen lieben Eltern Jamila Morjane und Mustapha Azeroual bedanken, die mir das Studium überhaupt erst ermöglicht haben und auf deren Unterstützung ich immer zählen kann und konnte. Sie standen mir während meiner gesamten Ausbildungszeit äußerst liebevoll und mit vollen Kräften zur Seite. Ein besonderer und persönlicher Dank gilt meiner Frau Virginia Azeroual für ihre ganze Bandbreite an Geduld, Motivation und unglaublich hilfreicher Unterstützung während der Anfertigung meiner Dissertation.

Meinen allerherzlichsten Dank an Allah!

Otmane Azeroual

Inhaltsverzeichnis

Abkürzungsverzeichnis

AUFs	Außeruniversitäre Forschungseinrichtungen
BI	Business Intelligence
BMBF	Bundesministerium für Bildung und Forschung
CASRAI	Consortia Advancing Standards in Research Administration Information
CERIF	Common European Research Information Format
CMS	Content Management System
CMS	Campus Management System
CORDIS	Community Research and Development Information Service
CRF	Conditional Random Field
CRIS	Current Research Information Systems
CRM	Customer Relationship Management
DBMS	Datenbankmanagementsystem
DCMI	Dublin Core Metadata Initiative
DFG	Deutsche Forschungsgemeinschaft
DINI	Deutsche Initiative für Netzwerkinformation e. V. – Arbeitsgruppe
DNB	Deutsche Nationalbibliothek
DOI	Digital Object Identifier
DPMA	Deutsches Patent- und Markenamt
DQ	Datenqualität
DQD	Datenqualitätsdimensionen
DQM	Datenqualitätsmanagement
DWH	Data Warehouse
DZHW	Deutsches Zentrum für Hochschul- und Wissenschaftsforschung
eG	eingetragene Genossenschaft
EOSC	European Open Science Cloud

EPO	European Patent Office
ERM	Entity Relationship Modell
ERP	Enterprise Resource Planning
ETL	Extraktion, Transformation, Laden
EU	Europäische Union
EUNIS	European University Information Systems
e. V.	eingetragene Verein
FDM	Full Data Model
FhG	Fraunhofer-Gesellschaft
FI	Forschungsinformationen
FIS	Forschungsinformationssysteme
GEPRIS	Geförderte Projekte Informationssystem
GLM	General Linear Model
GmbH	Gesellschaft mit beschränkter Haftung
HAC	Hierarchical Agglomerative Clustering
HGF	Helmholtz-Gemeinschaft Deutscher Forschungszentren
HTML	Hypertext Markup Language
IDM	Identity Management
Ids	Identifikationen
IE	Informationsextraktion
iFQ	Institut für Forschungsinformation und Qualitätssicherung e. V.
IT	Informationstechnologie
KDSF	Kerndatensatz Forschung
KMO	Kaiser-Meyer-Olkin-Kriterium
MDM	Master Data Management
MPG	Max-Planck-Gesellschaft
NER	Named Entity Recognition
NLP	Natural Language Processing
OCLC	Online Computer Library Center
ODI	Oracle Data Integrator
OPAC	Online Public Access Catalogue
ORCID	Open Researcher and Contributor ID
PAISY	Personal-Abrechnungs-und-Informations-System
PCA	Principal Components Analysis
PDI	Pentaho Data Integration
PLS	Partial Least Squares
POS	Part-of-Speech
RCD	Research Core Dataset
RDBMS	Relational Database Management System

RDF	Resource Description Framework
RIS	Research Information Systems
RMS	Root Mean Square
SAP	Systemanalyse Programmentwicklung
SEM	Structural Equation Modeling
SSOAR	Social Science Open Access Repository
TAM	Technology Acceptance Model
TDM	Text Data Mining
WGL	Wissenschaftsgemeinschaft Gottfried Wilhelm Leibniz
WR	Wissenschaftsrat
XML	Extensible Markup Language

Abbildungsverzeichnis

Tabellenverzeichnis

Formelverzeichnis

Listingsverzeichnis

Einleitung

Mit zunehmendem Bedarf der Forschungsaktivitäten, den steigenden Anforderungen an die Forschungsberichterstattung im deutschen Wissenschafts- und Hochschulsystem und den wachsenden Datenmengen bei gleichzeitigen Veränderungen der Informationsbedürfnisse von Forschern und seitens der Öffentlichkeit werden alle Organisationen vor neue Herausforderungen gestellt. Langfristig werden sich jene Hochschulen und außeruniversitären Forschungseinrichtungen (AUFs) durchsetzen, die sich auf diese Bedingungen einstellen, die also in der Lage sein werden, flexibel und schnell auf Veränderungen zu reagieren, und gleichzeitig ihre Kosten im Griff haben und auch reduzieren. Hierfür ist jedoch eine genaue Kenntnis der aktuellen Organisationssituation unverzichtbar. Um dies zu gewährleisten und das Management von Forschungsinformationen bei den eigenen Planungs- und Entscheidungstätigkeiten mit den benötigten Daten zu versorgen, werden hoch entwickelte Forschungsinformationssysteme eingesetzt. Diese wurden von einer europäischen Community namens euroCRIS[1] (*Current Research Information Systems (CRIS)*) entwickelt und unterstützt. Mittlerweile hat sich in der Forschung der Begriff Forschungsinformationssystem (FIS) etabliert. Dabei beschreibt ein FIS Ansätze wie das Sammeln, Integrieren, Speichern und Analysieren von Forschungsinformationen einer Organisation und dient als föderierte Datenbank [ASA18b].

In den letzten Jahren hat sich das Thema Forschungsinformationssysteme in den deutschen und internationalen Organisationen stark verbreitet und ist zu einem festen Bestandteil der universitären IT-Landschaften geworden [ASW18], [ASA18a],

---

[1]https://www.eurocris.org

Ergänzende Information Die elektronische Version dieses Kapitels enthält Zusatzmaterial, auf das über folgenden Link zugegriffen werden kann https://doi.org/10.1007/978-3-658-36702-2_1.

O. Azeroual, *Untersuchungen zur Datenqualität und Nutzerakzeptanz von Forschungsinformationssystemen*, https://doi.org/10.1007/978-3-658-36702-2_1

[ASA18b]. Gleichzeitig arbeiten viele Hochschulen und AUFs derzeit noch an der Implementierung solcher Informationssysteme. Durch den Einsatz von Forschungsinformationssystemen können die Organisationen und die Forscher darin unterstützt werden, ihre Forschungsaktivitäten und Forschungsergebnisse transparent und intelligent zu gestalten. Mit der Hilfe eines FIS können Forschungsinformationen wie *Projekte, Drittmittel, Patente, Kooperationspartner, Preise, Publikationen usw.* gespeichert und verwaltet sowie in den jeweiligen Webauftritt eingebunden werden. Für die Hochschulen und AUFs bilden Forschungsinformationen die Grundlage für die interne und externe Bewertung ihrer Leistungen als selbstständige wissenschaftliche Organisation. Nebenbei haben sie die Möglichkeit, das eigene Forschungsprofil übersichtlich darzustellen; ein FIS dient somit als ein effektives Werkzeug des Informationsmanagements. Die Vereinheitlichung und Erleichterung der Berichterstattung schafft einen Mehrwert sowohl für die Verwaltung und das Management als auch für die Forscher. Forschende und andere Interessengruppen bekommen mit dem FIS ein geeignetes Mittel, um Informationen über ihre Forschungsaktivitäten und aktuelle Trends, das Erstellen von Lebensläufen, die Ergebnisse und Kooperationen in ihren Forschungsfeldern, existierende Projekte, Publikationen und Förderungen sowie den Kontakt zu den Interessenten aus der Wirtschaft zu managen und zu begleiten bzw. den Anforderungen der Berichterstattung gerecht zu werden. Durch all diese Prozesse soll eine Mehrarbeit für die FIS-Nutzer vermieden werden, was z. B. die Reduktion des Zeitaufwandes bei der Erstellung von Berichten oder bei der Außendarstellung ihrer Forschungsleistung und wissenschaftlichen Expertise bedeutet.

1.1   Motivation des Forschungsvorhabens

Obwohl das FIS schon seit Längerem existiert, hat es erst vor wenigen Jahren besonders durch viele verschiedene Konferenzen etwa im Rahmen der europäischen Organisation euroCRIS und der Deutschen Initiative für Netzwerkinformation e. V. (DINI AG-FIS)[2] mit Experten und Entwicklern an Bekanntheit gewonnen. Hier wurde das Potenzial von FIS entdeckt, und einige deutsche Hochschulen und AUFs begannen damit, solche Systeme zu implementieren. Ein FIS einzuführen, bedeutet, die erforderlichen Informationen über Forschungsaktivitäten und -ergebnisse in gesicherter Qualität zur Verfügung zu stellen. Da die Einführung und der Betrieb von Forschungsinformationssystemen mit erheblichen Kosten und einem hohen Ressourcenbedarf verbunden sind, gewinnen die Qualität der Daten und die Nutzerakzep-

---

[2] https://dini.de/ag/fis/

tanz zunehmend an Bedeutung. Die Datenqualität gehört neben der Datensicherheit, der Bedienerfreundlichkeit und anderen Variablen zu den wesentlichen Bedingungen der Nutzerakzeptanz eines FIS. Dabei geht es in erster Linie um Vertrauen – Vertrauen in das System, in dessen Anbieter und in die Administration. Einem System, das Datenprobleme nicht zuverlässig identifiziert oder korrigiert oder das selbst eine Quelle für Datenqualitätsmängel ist, kann (und wird) kein Vertrauen entgegengebracht werden. Wahrgenommene oder empfundene Qualitätsprobleme beeinträchtigen die subjektive Leistungserwartung gegenüber dem System. Dieser Sachverhalt ist nicht neu [Dav93], [WT05]; im Fall eines FIS ist eine mangelhafte Datenqualität aber umso problematischer, als es um strategische und zum Teil hochsensible Informationen und Entscheidungshilfen geht, wie personenbezogene oder finanzielle Daten. Für die Nutzbarkeit und Interpretation einrichtungsspezifischer Forschungsinformationen spielt die Datenqualität eine wichtige Rolle; sie entscheidet über Erfolg oder Misserfolg bei Hochschulen und AUFs. Nur mit einer hohen Qualität können die FIS-Nutzer zuverlässige und nutzbringende Forschungsergebnisse liefern und eine fundierte Entscheidungsfindung mit einer guten Präsentation von Forschung ermöglichen. Daher sollte das Thema Datenqualität Gegenstand ständiger Sorgfalt und Aufmerksamkeit sein; ein „Qualitätsmanagement" ist erforderlich, um die Systemleistung und die Zufriedenheit und Akzeptanz der Benutzer zu gewährleisten. Die vorliegende Dissertation adressiert die Problemstellung der Datenqualität bei FIS nutzenden Hochschulen und AUFs in Deutschland und verschiedenen europäischen Ländern und stellt entsprechende Lösungen bereit, um die Akzeptanz des FIS seitens dieser Einrichtungen zu erhöhen.

1.2 Problemstellung

Das Management von Forschungsinformationen wird zunehmend zu einer wichtigen Aufgabe für die Hochschulen und AUFs [AA18]. Wachsende Datenmengen und die größer werdende Anzahl an internen und externen Datenquellen, so z. B. durch Informationssysteme für Humanressourcen, Finanzhaushalte und Bibliotheken, führen in einem FIS zu mehr Fehlern, z. B. Rechtschreibfehlern, Dubletten, zu einer fehlerhaften Formatierung oder zu fehlenden, inkorrekten und uneinheitlichen Daten, die zunehmend zu einer Herausforderung in Hochschulen und AUFs werden und sich zu einem ernsthaften Problem entwickeln können. Diese unterschiedlichen Datenfehler können bei der Erfassung, der Übertragung sowie der Integration von Forschungsinformationen in das FIS entstehen und sich über verschiedene Bereiche erstrecken sowie schwer auffindbar sein [ASA18b]. Außerdem kann die Qualität der externen Datenquellen (wie z. B. unterschiedliche Publikationsdatenbanken,

Identifiers, Textdateien oder XML-Files usw.) einen ungünstigen Einfluss auf die
Qualität der FIS haben. Heutzutage gehört der Umgang mit großen Datenquellen für die Hochschulen und AUFs zum täglichen Betrieb. Dies liegt hauptsächlich an der Tatsache, dass viele Schnittstellen im Forschungsmanagementprozess
entwickelt werden müssen, um einen Informationsaustausch zwischen den Quellsystemen zu ermöglichen, da das FIS als integraler Bestandteil einer kompletten
Verwaltungssoftware für die Administration von Einrichtungen konzipiert werden
kann und eine Plattform für die Datenintegration darstellt [BEL12]. Während der
Datenintegration können die Hochschulen und AUFs jederzeit über den Zustand
ihrer Forschungsinformationen informiert und ihre Qualitätsfehler schnell identifiziert und korrigiert werden. Daher muss bei der Integration von Forschungsinformationen auf die Datenheterogenität und Datenverteilung geachtet werden. Hierbei ist eine einmalige Bereinigung in den internen und externen heterogenen und
verteilten Quellsystemen nicht ausreichend, denn Forschungsinformationen müssen kontinuierlich gepflegt und ihre Qualität muss immer wieder optimiert werden
[ASA18a], [ASA18b]. Solange die Nutzer nicht in der Lage sind, auf die am drin-
gendsten benötigten Informationen zuzugreifen und schnelle Entscheidungen zu
treffen, sinkt der Wert der verwendeten Forschungsinformationen und das Vertrauen
in das FIS und dessen Akzeptanz [ASA18b]. Die Datenqualität bei den Hochschulen und AUFs sollte daher mit hoher Priorität behandelt werden; dies bedingt die
Einführung einer Strategie, die als Frühindikator dient, um die Probleme der Datenqualität im FIS anzugehen.

1.3   Forschungslücken und Forschungsmethodik

Je mehr Forschungsinformationssysteme es gibt und je mehr Forschungsinformationen dort gesammelt, gespeichert und verarbeitet werden, desto wichtiger wird
die Betrachtung der Qualität, damit die Stakeholder qualitativ hochwertige Ergebnisse erhalten können und die Systemakzeptanz erhöht wird. Ohne eine akzeptable
Datenqualität im jeweiligen FIS ist eine Akzeptanz der Nutzer nicht möglich. In
der Literatur zu FIS beschäftigen sich nationale und internationale FIS-Experten in
ihren wissenschaftlichen Publikationen im Allgemeinen nur mit dem Aufbau, dem
Mehrwert und den Herausforderungen eines FIS in Form von Erfahrungsberichten.
Mit Blick auf die Datenqualität des FIS ließen sich hingegen kaum Quellen in der
Literatur finden, und es gibt bisher keine Methodik, die vorschreibt, welche Quali-
tätsschritte in welcher Reihenfolge durchgeführt werden müssen, um anschließend
ein hohes Qualitätsniveau des FIS langfristig und dauerhaft zu garantieren. Insbesondere mangelt es an Untersuchungen über die Maßnahmen und deren praktischen

Einsatz zur Bewertung und Verbesserung der Datenqualität im FIS. Allerdings wurden diese Punkte in wissenschaftlichen Arbeiten zu anderen, ähnlichen Bereichen der Informationssysteme und des Informationsmanagements behandelt und publiziert.

Immerhin haben Hochschulen, AUFs und Forschende dem Thema Datenqualität in FIS in den ersten Jahren im Rahmen von Konferenzen und Workshops große Aufmerksamkeit geschenkt, und immer öfter ist die Rede von Forschungslücken im Hinblick auf die Sicherstellung und Verbesserung der Datenqualität bei der Integration von Forschungsinformationen mit unterschiedlichen Quellsystemen in das FIS sowie von der Notwendigkeit, die Nutzerakzeptanz von FIS zu steigern [Mün17], [SSC+19]. Vor diesem Hintergrund ist die vorliegende Dissertation im Forschungsbereich der Wirtschaftsinformatik (WI) zum Themengebiet Datenbanken und Software Engineering entstanden und soll dabei unterstützen, FIS effektiv und effizient zu nutzen. Das Ziel besteht darin, im Rahmen einer anwendungsbezogenen Forschung zum einen die untersuchten Datenqualitätsprobleme in FIS aus der Praxis zu lösen. Grundlage hierfür bilden Erfahrungen, die aus dem KDSF-Projekt und organisierten Workshops am DZHW Berlin stammen, sowie die Erkenntnisse aus einer quantitativen Untersuchung (Umfrage) mit FIS nutzenden Hochschulen und AUFs. Zum anderen geht es darum, ein Konzept bzw. Framework für einen kontrollierten Umgang mit der Datenqualität in FIS zu entwickeln.

Abbildung 1.1 stellt die Referenzarchitektur als Konzept- bzw. Framework-Lösung für die vorliegende Dissertation dar. Die einzelnen Komponenten werden in **Kapitel** 3 weiter vertieft. Das Thema ist von hoher Praxisrelevanz an praktisch allen

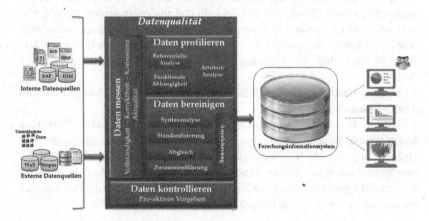

Abbildung 1.1 Architektur des Konzepts bzw. Frameworks

Hochschulen und AUFs, die derzeit ein FIS in Betrieb haben und deren Forscher bereits dessen mangelnde Qualität festgestellt haben. Gleichzeitig ist das Thema auch vom Standpunkt des Datenbankwissenschaftlers interessant.

1.4   Zielsetzung und Forschungsfragen

Die folgenden Hauptziele der Dissertation sollen im Einzelnen erreicht werden. Es geht darum,

- die Datenqualität in FIS zu untersuchen,
- die Nutzerakzeptanz von FIS bei schlechter Datenqualität zu ermitteln sowie
- ein Konzept bzw. Framework zur Überwachung und Verbesserung der Datenqualität in FIS zu entwickeln, um die Nutzerakzeptanz zu steigern.

Aus diesen Zielen lassen sich folgende Forschungsfragen der Dissertation ableiten:
1. Wie kann die Datenqualität in FIS gemessen werden?
In der ersten Forschungsfrage wird aufgezeigt, wie die Datenqualität in FIS gemessen werden kann. Dazu werden in der vorliegenden Dissertation die Datenqualitätsdimensionen der Vollständigkeit, der Korrektheit, der Konsistenz und der Aktualität im Kontext von FIS betrachtet.
2. Welches Niveau besitzt die Datenqualität in FIS an Hochschulen und außeruniversitären Forschungseinrichtungen (AUFs)?
Zur Beantwortung dieser Frage soll eine Übersicht über die Datenqualität in FIS an ausgewählten Hochschulen und AUFs erstellt und analysiert werden. Bei der Auswahl von Hochschulen und AUFs wurden als Kriterien die Größe und Art berücksichtigt. Es wurde eine quantitative Untersuchung im Auftrag des Deutschen Zentrums für Hochschul- und Wissenschaftsforschung (DZHW) Berlin durchgeführt [SAS19].
3. Inwiefern stellt die Datenqualität einen kritischen Erfolgsfaktor für die Nutzerakzeptanz von FIS dar?
In der dritten Forschungsfrage werden das Technologieakzeptanzmodell (TAM) und dessen aktuelle Weiterentwicklungen adaptiert und eingesetzt, um eine quantitative Untersuchung über die Nutzerakzeptanz von FIS durchführen zu können. Hierbei wird das Problem einer schlechten Datenqualität in FIS und deren Auswirkungen auf die Nutzerakzeptanz untersucht und der Zusammenhang zwischen der Datenqualität und dem Erfolg der Nutzerakzeptanz von FIS ermittelt.

4. Welche Techniken, Methoden und Maßnahmen zur Verbesserung und Steigerung der Datenqualität können in FIS angewendet werden?
Zur Beantwortung dieser Frage werden das Data Cleansing und das Data Profiling in Bezug auf FIS untersucht. Um eine kontinuierliche Überwachung zu gewährleisten, müssen neben den Techniken und Methoden bestimmte Maßnahmen ergriffen werden. Hierfür werden Laissez-Faire, re-aktive und pro-aktive Maßnahmen betrachtet. Des Weiteren werden ebenfalls zur Behandlung und Beseitigung von Qualitätsproblemen der unstrukturierten Forschungsinformationen Algorithmen aus Text-Data-Mining-(TDM-)Methoden in FIS untersucht.

Zur Analyse der Forschungsfragen über die Datenqualität und Nutzerakzeptanz von FIS wurde eine quantitative Untersuchung durch eine Umfrage mithilfe der „QuestionPro"[3]-Software im Auftrag des Deutschen Zentrums für Hochschul- und Wissenschaftsforschung durchgeführt. Zuerst wurden 30 FIS nutzende Universitäten aus 14 europäischen Ländern (ohne Deutschland) befragt, danach 88 Universitäten mit Promotionsrecht, 54 große universitäre Forschungseinrichtungen und 98 staatliche Fachhochschulen ohne Promotionsrecht in Deutschland. Diese beiden Umfragen fanden zwischen Februar 2018 und September 2018 statt. Insgesamt nahmen an der ersten Umfrage 17 der 30 befragten europäischen Universitäten und bei der zweiten Umfrage 160 der 240 befragten Einrichtungen in Deutschland teil.

Die Adressaten der quantitativen Untersuchung waren das Verwaltungspersonal (im Bereich Controlling, Drittmittelprojekte, Forschungsförderung und Transfer, Patente und Bibliothek) sowie jene Referenten oder Projektleiter an Hochschulen und AUFs, die für die FIS-Einführung zuständig sind bzw. mit ihrem FIS maximal sechs Stunden pro Tag arbeiten und deren Einrichtung das FIS seit mindestens 24 bis 100 Monaten anwendet. Es wurden ebenfalls Hochschulen und AUFs befragt, die kein FIS haben, um in Erfahrung zu bringen, warum sie ein solches System nicht nutzen und ob sie stattdessen eine Alternative gebrauchen.

1.5   Vorgehen und Aufbau der Dissertation

Die Dissertation ist in insgesamt sechs Kapitel gegliedert.

Kapitel 1 bildet die Einleitung, die unter anderem die Motivation des Forschungsvorhabens, die Problemstellung, Forschungslücken und Forschungsmethodik sowie die Ziele und Forschungsfragen der Dissertation darlegt. Für ein besseres Verständnis wird das Kapitel durch einen strukturierten Dissertationsaufbau abgeschlossen.

---

[3] https://www.questionpro.de

In **Kapitel** 2 sollen zunächst die deutschen Hochschulen und AUFs definiert werden. Im Anschluss werden die Forschungsinformationen der Hochschulen und AUFs erläutert. Des Weiteren wird der Begriff FIS ausgeführt und ein Überblick über dessen Bausteine gegeben. Danach werden die bislang entwickelten nationalen und internationalen Austauschformate bzw. Standards zur Unterstützung von Forschungsinformationen im Rahmen des deutschen Wissenschaftssystems diskutiert und behandelt. Im Nachhinein werden die Ziele und Herausforderungen für die FIS-Anwendung näher beschrieben und die verschiedenen Sichtweisen für die Stakeholder betrachtet. Letztlich wird eine Übersicht über die Marktanalyse von FIS erstellt und die Anbieter von FIS-Lösungen, die sich für Hochschulen und AUFs eignen, werden untersucht und erarbeitet.

In **Kapitel** 3 erfolgt zunächst die Betrachtung der Besonderheiten von FIS; zudem wird auf die Bedeutung der Datenqualität im Kontext von FIS eingegangen. Darüber hinaus werden die Datenqualitätsdimensionen beschrieben und die Datenqualitätsprobleme sowohl in verschiedenen Informationssystemen als auch in FIS mit einem praktischen Fallbeispiel erläutert und untersucht. Es folgt eine Betrachtung der konkreten Ursachen für Datenqualitätsprobleme in FIS. Im Anschluss wird aufgezeigt, wie die Datenqualität in FIS mit den wichtigen Datenqualitätsdimensionen gemessen werden kann und mit welchen Methoden und Maßnahmen die Datenqualität in FIS sich analysieren und verbessern lässt. Daraufhin soll als Resultat ein Konzept bzw. Framework zur Überwachung und Verbesserung der Qualität dieser Daten entwickelt und für alle Einrichtungen bereitgestellt werden. Relevant für die vorliegende Thematik sind auch die Methoden des Text Data Mining (TDM); sie werden ebenfalls im Rahmen von FIS erforscht.

Kapitel 4 untersucht die Wirkung der Datenqualität auf die Nutzerakzeptanz von FIS mithilfe des angepassten Technologieakzeptanzmodells und analysiert die Ergebnisse der durchgeführten Umfrage mit FIS nutzenden Hochschulen und AUFs, um aufzuzeigen, wie die Datenqualität und der Erfolg einer Nutzerakzeptanz von FIS in Abhängigkeit zueinander stehen.

In **Kapitel** 5 wird ein Proof-of-Concept der entwickelten Lösung zur Überwachung und Verbesserung der Datenqualität in FIS aufgeführt und evaluiert.

Kapitel 6 ist das Fazit und schließt die Dissertation mit einer Zusammenfassung der wichtigsten Ergebnisse und einem Ausblick ab.

Konzeptionelle Grundlagen 2

Dieses Kapitel führt in die inhaltlichen und konzeptionellen Grundlagen über das deutsche Hochschulsystem, sowie die Forschungsinformationen und die Verwendung von Forschungsinformationssystemen ein, um ein einheitliches Verständnis zu erzielen.

2.1 Hochschulen und außeruniversitäre Forschungseinrichtungen (AUFs)

Im deutschen Hochschulsystem gibt es einen Unterschied zwischen Hochschulen und außeruniversitären Forschungseinrichtungen (AUFs). *„Als Hochschulen werden in Deutschland alle staatlichen und staatlich anerkannten privaten Universitäten und Fachhochschulen ausgewiesen"* [BMB18]. *„Sie dienen der Pflege und der Entwicklung der Wissenschaften und der Künste durch Forschung, Lehre und Studium und bereiten auf berufliche Tätigkeiten vor, die die Anwendung wissenschaftlicher Erkenntnisse und Methoden oder die Fähigkeit zur künstlerischen Gestaltung erfordern"* [Des18], [BMB18]. Im Allgemeinen werden zwei Arten von Hochschulen unterschieden: Universitäten und Fachhochschulen [Des18], bei denen es sich überwiegend um öffentliche Einrichtungen in Deutschland handelt. Universitäten decken das gesamte Spektrum der akademischen Disziplinen ab, welche ihr Schwerpunkt im Bereich der Grundlagenforschung liegt und jedoch über das Promotionsvergaberecht verfügen [Rei13]. Im Vergleich zu Fachhochschulen bieten sie mehr anwendungsorientierte Ausbildung in Studiengängen für Ingenieure und andere Berufe an, insbesondere in den Bereichen Wirtschaft, Soziales, Design und Informatik usw. [Des18].

Die Hochschulen bilden traditionell das Rückgrat des deutschen Forschungssystems [BMB18]. Diese herausragende Position wird durch die thematische und methodische Breite der Hochschulforschung gerechtfertigt und durch Nachwuchsförderung abgesichert [BMB18]. Als Träger des größten und umfassendsten Potenzials öffentlich finanzierter Forschung in Deutschland und als Grundlage und wichtigste Knotenpunkte des deutschen Forschungssystems, spielen Hochschulen eine zentrale Rolle [BMB18].

Aufgrund der institutionellen Verbindung von Forschung, forschungsorientierter Nachwuchsausbildung und Lehre wird die Leistungsfähigkeit der Hochschulen zu einer wichtigen Voraussetzung für den Erfolg des gesamten deutschen Forschungssystems. Neben Hochschulen spielen auch AUFs eine wichtige Rolle in der öffentlich geförderten Wissensgenerierung [Brö16] und sind in der Forschung als weitere Leistungserbringer von den Hochschulen abzugrenzen [Kam14]. AUFs sind Organisationen, die Forschungsprojekte oder Forschungsprogramme betreiben und eine arbeitsteilige Struktur von korporativen Akteuren besitzen, deren Grad an Autonomie und Spezialisierung auf bestimmte Typen von Forschung wie Grundlagenforschung, anwendungsorientierte Vorsorgeforschung oder industrielle Vertragsforschung International ebenfalls seinesgleichen sucht [Hoh10]. AUFs bilden eine wesentliche Säule des deutschen Wissenschaftssystems [HS13] und stellen eine Gemeinschaftsaufgabe von Bund und Länder dar [HS10]. Der Begriff AUF wird jedoch unterschiedlich weit definiert und in der engsten Form sind in Deutschland nur die „Big Four" (Max-Planck-Gesellschaft (MPG), die Helmholtz-Gemeinschaft (HGF), die Fraunhofer-Gesellschaft (FhG) und die Wissenschaftsgemeinschaft Gottfried Wilhelm Leibniz (WGL)) gemeint [HS13]. Nach [HA08] sind diese vier großen AUFs jeweils in der Rechtsform des eingetragenen bürgerlichen Vereins organisiert und damit rechtsfähig. Es gibt jedoch Unterschiede zwischen den Institutionen, wenn es um das Verhältnis zu ihren Instituten geht. Die Übersicht der vier wichtigsten AUFs in Deutschland ist in **Tabelle** 2.1 dokumentiert.

Grundlagenforschung befindet sich bei der MPG. In den Einrichtungen des Helmholtz-Verbandes mit seinen großen Forschungseinrichtungen liegt der Schwerpunkt auf der Verknüpfung der Grundlagen mit der Industrie. Die FhG betreibt angewandte Forschung. Einzig die WGL ist sehr heterogen [Kam14] und umfasst ein Spektrum von Institutionen, das von der Grundlagenforschung über Dienstleistungen in der Aus- und Weiterbildung bis hin zu Museen reicht [Hoh10]. Diese großen AUFs repräsentieren jeweils den Zusammenfluss einzelner Forschungsinstitute und haben insgesamt einen relativ großen Handlungsspielraum gegenüber den politischen Akteuren, da im Bereich der gemeinsamen Aufgabe der Forschungspolitik alle Länder und die Bundesebene gemeinsame Entscheidungen treffen müssen [Kam14].

Tabelle 2.1 Überblick über die vier wichtigsten AUFs in Deutschland (in Anlehnung von [Hoh10])

Forschungsorganisation	Domäne	Finanzierungsform	Quelle
Max Planck Gesellschaft (MPG)	Akademische Grundlagenforschung	100% öffentliche Grundförderung – global	50% Bund, 50% Länder
Helmholtz-Gemeinschaft (HGF)	Staatliche Vorsorgeforschung	100% öffentliche Grundförderung – zweckgebunden	90% Bund, 10% Sitzland
Fraunhofer-Gesellschaft (FhG)	Industrielle Vertragsforschung	40% öffentliche Grundförderung – global und erfolgsabhängig	90% Bund, 10% Sitzland
Wissenschaftsgemeinschaft Gottfried Wilhelm Leibniz (WGL), ehemals „Blaue Liste"	Thematische Forschung	Variiert nach Instituten	Anteile Bund und Länder variieren nach Instituten

Neben den AUFs, die alle unterschiedliche Profile und Schwerpunkte haben, gibt es weitere nichtstaatliche Forschungs- und Wissenschaftsinstitutionen [Rei13]. Somit gibt es heute in Deutschland eine weitreichende und differenzierte Forschungs- und Innovationslandschaft, in der an verschiedenen Institutionen geforscht wird [BMB18]. Dies zeigt, dass nicht nur Hochschulen beispielsweise das Forschungsmandat erfüllen, sondern dass es in Deutschland eine Vielzahl unterschiedlicher Forschungseinrichtungen gibt [Rei13]. In letzter Zeit hat die Zahl der Kooperationen zwischen einzelnen AUFs und Hochschulen stark zugenommen – einerseits im Rahmen der Graduiertenförderung und andererseits im Rahmen der Exzellenzinitiative [Her10], [HS10].

Nach einer Kurzfassung über die Vorstellung des deutschen Hochschulsystems sollen die Forschungsinformationen im nächsten **Abschnitt** 2.2 überarbeitet werden.

2.2 Forschungsinformationen

Hochschulen und AUFs verfügen über zahlreiche Informationen zur Ausstattung und Leistungen in der Forschung [ETB+15]. Informationen über Forschung und deren Aktivitäten sind essenziell für eine Vielzahl von Akteuren des Wissenschaftssystems, die mit unterschiedlichen Zwecken „*sowohl für die internen Steuerungs-*

prozesse, für die Berichterstattung an Mittelgeber und die amtliche Statistik als auch für die Bewertung von Forschungsleistungen" benötigt werden [Wis13]. Neben der Lehre sind Forschungsinformationen ein zentraler Bestandteil der Mission bzw. eine feste Hauptaufgabe der Hochschulen. Aus diesem Grund sollten Informationen über Aufgabenerfüllung und Leistungen in diesem Bereich, zuverlässiger und schneller mit geringem Zeitaufwand zur Verfügung stehen [EKH+12]. Unter Forschungsinformationen versteht man Metadaten über Forschungsaktivitäten zu Titel, Autoren, Veröffentlichungsjahr von Publikationen, Titel und Laufzeit von Drittmittelprojekte, beteiligte Personen, Patente, Forschungspreisen und Auszeichnungen, Promotionen und Habilitationen, Kooperationen, Forschungsinfrastrukturen usw. [FK13], [ETB+15], [HS16], [ASW18]. Im Allgemeinen handelt es sich bei Metadaten um strukturierte Daten, mit denen eine Informationsressource beschrieben und dadurch leichter gefunden werden kann. Die wichtigste Aufgabe von Metadaten ist es, die Daten zu beschreiben und damit ihre Bedeutung in Bezug auf Inhalt und Kontext darzustellen, da hierdurch ein Informationskatalog erstellt wird, der für viele verschiedene Zwecke nützlich ist [SD07]. Die Metadaten der Forschungsinformationen sind semantisch und hierarchisch organisiert und repräsentieren daher Beziehungen und Verknüpfungen miteinander. Zum Beispiel Personen als Wissenschaftler, die an den verschiedenen Hochschulen oder AUFs forschen bzw. promovieren oder habilitieren. Zusätzlich zu Projekten können Personen ihren wissenschaftlichen Ruf durch die von ihnen verfassten Publikationen sowie durch Auszeichnungen oder Patente verbessern. Während Patente in einigen Disziplinen einen hohen Stellenwert haben, sind Forschungsprojekte in anderen Bereichen relevant – sowohl solche, die durch externe Mittelgeber gefördert werden, als auch solche, die aus dem Grundetat finanziert werden [HB12].

Die heutigen Forschungsinformationen werden zunehmend von einem inter- und transdisziplinären Ansatz geprägt [HB12]. Viele Hochschulen und AUFs verwenden Forschungsinformationen aus sehr unterschiedlichen Gründen, haben daher auch sehr unterschiedliche Anforderungen an diese Informationen und formulieren dementsprechend teilweise orthogonale Erwartungen [BHS12]. Insofern ist das Thema nun in einem stark veränderten Kontext geraten, der nicht nur von positiven Erwartungen, sondern auch von Ängsten und Sorgen hinsichtlich der Datennutzung geprägt ist und dadurch deutlich an Relevanz gewonnen hat [BHS12]. Aus diesem Grund arbeiten derzeit viele Institutionen an der Überarbeitung bestehender Systeme oder an der Planung für den Erst- oder Neubau von Informationssystemen [BHS12].

Informationen zu wissenschaftlichen Aktivitäten und Ergebnissen sind an verschiedenen Stellen verstreut und werden manuell unter anderem aus folgenden verwendeten Systemen extrahiert:

- Excel-Tabellen,
- Human Resources Systeme, welche die am häufigsten verwendete Software in der Personalabteilung für die Rekrutierung, Leistungsmanagement usw. sind. Diesbezüglich können Daten über die Mitarbeiter einer Organisation gesammelt und gespeichert werden.
- Abrechnungssysteme, z. B.:
  - Systemanalyse Programmentwicklung (SAP). SAP ist einer der weltweit führenden Hersteller von Software für das Management von Geschäftsprozessen und entwickelt Lösungen, die eine effektive Datenverarbeitung und einen effektiven Informationsfluss zwischen Organisationen ermöglichen. SAP ist ein integriertes Business-Standard-Softwareprodukt für große, aber auch kleine und mittlere Unternehmen und dient zur Verwaltung für einzelne Unternehmensbereiche. Die betroffenen Bereiche sind: Buchhaltung, Controlling, Verkauf, Einkauf, Produktion, Lagerung und Personal.
  - Personal-Abrechnungs- und Informations-System (PAISY). Mit PAISY können Informationen zum Personalmanagement gesammelt, gespeichert, verarbeitet, gepflegt und analysiert werden. Damit können administrative Aufgaben (z. B. Lohn- und Gehaltsabrechnung) und dispositive Aufgaben (z. B. Personalbedarfs- und Personalkostenplanung) der Humanressourcen gemeistert werden.
- Publikationsrepositorien bzw. Bibliothekskatalogen, z. B.:
  - Social Science Open Access Repository (SSOAR). SSOAR wurde vom GESIS – Leibniz-Institut für Sozialwissenschaften entwickelt. Es ist ein Dokumentenserver für die Sozialwissenschaften und bietet akademische Texte, die online und kostenlos zugänglich sind.
  - ArXiv.org. Dies ist ein Dokumentenserver für Preprints aus allen wissenschaftlichen Bereichen, z. B. Informatik, Physik, Mathematik, Statistik, Biologie, Elektrotechnik usw.
  - Worldcat. Dies ist ein Online-Bibliothekskatalog, mit dem Bücher, Dissertationen, Mikroformen, Zeitschriften und Multimedia-Artikel in Bibliotheken auf der ganzen Welt nachgeschlagen werden können. Es enthält alle Datensätze, die von Bibliotheken eingereicht wurden, die Mitglieder des Online Computer Library Center (OCLC) sind.
- Bibliographische Datenbanken bzw. Literaturdatenbanken, wie z. B.:
  - Web of Science. Es handelt sich um eine Website, die Zugriff auf mehrere Datenbanken und Zitierdaten für 256 Disziplinen (Naturwissenschaften, Sozialwissenschaften, Kunst und Geisteswissenschaften) bietet. Der Zugang ist abonniert. Das Institut für wissenschaftliche Information (ISI) war der ursprüngliche Hersteller, danach ging sein geistiges Eigentum an Thomson

Reuters über und jetzt ist für die Wartung Clarivate Analytics verantwortlich. Es umfasst verschiedene Formate wie Volltextartikel, Rezensionen, Leitartikel, Chronologien, Abstracts, Proceedings und technische Artikel.

- PubMed, als bibliografische Referenzdatenbank wurde von dem nationale Zentrum für biotechnologische Informationen (National Center for Biotechnology Information) entwickelt und wurde schnell zum Synonym für medizinische Literaturforschung weltweit. Es bietet eine schnelle kostenlose Suche mit zahlreichen Schlüsselwörtern sowie eine eingeschränkte Suche mit verschiedenen Kriterien (z. B. Suche nach Autoren, Zeitschrift, Veröffentlichungsdatum, Datum der Hinzufügung zu PubMed oder Art des Artikels usw.).

- Scopus, das von Elsevier entwickelt wurde und die Eigenschaften von PubMed und Web of Science kombiniert. Diese kombinierten Merkmale ermöglichen einen verbesserten Nutzen sowohl für die medizinische Literaturrecherche als auch für den akademischen Bedarf (Zitieranalyse). Der Zugriff auf die Datenbank ist jedoch nicht kostenlos sondern erfordert ein Abonnement. Es werden drei Arten von Quellen behandelt: Buchreihen, Zeitschriften und Fachzeitschriften. Darüber hinaus umfassen die in Scopus durchgeführten Recherchen auch Recherchen in Patentdatenbanken.

- Identifikatoren, z. B.:
  - Open Researcher and Contributor ID (ORCID). Es bietet Forschern eine eindeutige Kennung (als ORCID-ID bezeichnet) sowie einen Mechanismus zum Verknüpfen ihrer Forschungsaktivitäten und -ergebnissen mit ihrer ORCID-ID (als ORCID-Datensatz oder -Profil bezeichnet). Darüber hinaus ist ORCID (im Gegensatz zu anderen Autoren-IDs) in viele Informationssysteme integriert, die von Verlagen, Geldgebern, Institutionen und anderen forschungsbezogenen Diensten verwendet werden, um sie miteinander zu verbinden und authentifizierte Informationen – einmal eingegeben und häufig wiederverwendet – zu ermöglichen.
  - Digital Object Identifier (DOI). Ein DOI als digitale Identifikator ist eine Folge von Zahlen, Buchstaben und Symbolen, mit denen ein Artikel oder Dokument dauerhaft identifiziert und im Web verlinkt wird. Ein DOI hilft dem Leser dabei, ein Dokument aus dem Zitat leicht zu finden. Alle DOI-Nummern beginnen mit einer Zehn und enthalten ein Präfix und ein Suffix, die durch einen Schrägstrich getrennt sind. Das Präfix ist eine eindeutige Anzahl von vier oder mehr Ziffern, die Organisationen zugewiesen sind. Das Suffix wird vom Herausgeber zugewiesen und wurde so konzipiert, dass es flexibel mit den Standards zur Herausgeberidentifizierung übereinstimmt.

– ResearcherID, das als Identifikationssystem für wissenschaftliche Autoren und von Thomson Reuters eingeführt wurde. ResearcherID ähnelt dem Scopus Autor Identifikator. Es ist ein eindeutiger Identifikator für einzelne Forscher, der Unterschied besteht jedoch darin, dass man ihn selbst erstellen und verwalten kann.

Diese Systeme wandern oft durch unterschiedliche Hände der Mitarbeiter einer Hochschule bzw. AUFs und werden in vielfältiger Form gesammelt, gepflegt und veröffentlicht, wodurch wertvolle Arbeitszeit verloren geht. Dennoch sind diese Informationen für interne und externe Interessengruppen (z. B. Wissenschaftler, Präsidium/Dekanate, Zuwendungsgeber, Unternehmen, Medien, Politik und Behörden usw.) schwer aufzufinden, zu ermitteln und zu erhalten. Im Augenblick gibt es stets eine wachsende Menge und Vielfalt von Informationen zu Forschungsaktivitäten und -ergebnissen, die im Rahmen von (kollaborativen) Forschungsverbünden generiert, ausgetauscht, dokumentiert und präsentiert werden [HB12]. Darüber hinaus wird innerhalb von Forschungskonsortien eine breite Palette von Forschungsinformationen erstellt, die jedoch nicht selten auf den Umfang eines einzelnen Vorhabens oder Verbunds beschränkt sind und dort isoliert voneinander in projekt- oder institutsspezifischen Dokumenten und Datenbeständen oder im Webportalen gespeichert und verwaltet werden [HB12].

Um diesen Prozess der Sammlung, Integration, Speicherung und Analyse der Forschungsinformationen gerecht zu werden, haben inter-(nationale) Hochschulen und AUFs nach verstärkten Lösungsansätzen für einen professionellen Umgang zu ihren Forschungsaktivitäten und erlangten Ergebnissen gesucht, sowie für deren öffentlichkeitswirksamer Darstellung als Berichterstattung. Diese sollten auch vor allem die Unterstützung interner Informationssysteme insbesondere Bibliothekswesen der Einrichtungen dienen, damit ist gemeint, z. B. die Erfassung von Publikationen und Datenintegration in interne Bibliographie-Datenbanken oder bei der Verwaltung von Drittmitteln und zur Vereinfachung der Berichterstattung bzw. für Controlling und Forschungsevaluation [EH18]. Hier schafft ein Forschungsinformationssystem (FIS) bzw. das europäische weitverbreitete Current Research Information System (CRIS) eine zunehmende Herausforderung für das Wissenschaftsmanagement an Hochschulen und AUFs sowie für die Bundesministerien, um eine sichere und effektive Datennutzung, Verwaltung und Bereitstellung sicherzustellen, wie z. B. die Verwaltungsabläufe zu erleichtern, den großen Aufwand für die interne und externe Berichterstellung erheblich zu reduzieren und die wissenschaftlichen Erkenntnisse dem Benutzer und damit dem politischen Entscheidungsprozess schnell und klar zur Verfügung zu stellen [KKW06]. Aus Sicht der Anwendungslandschaft einer Hochschule oder AUF sind Forschungsinformationen jedoch meist in unterschiedlichen anwendungsbezogenen Systemen verfügbar, die nicht unbedingt auf Funktions- oder Datenebene miteinander verknüpft werden müssen [HB12]. Angesichts der Tatsache, dass ein integriertes Management von Forschungsinformationen ein entsprechendes FIS nicht allein als eigenständige Anwendung betrachtet werden kann, sondern vielmehr eine integrierende Rolle zwischen verschiedenen Einzelanwendungen übernimmt [HB12]. Demzufolge sehen [HB12] bei der Einführung eines FIS es als erforderlich, auf bestehenden Verbindungen zwischen Anwendungssystemen aufzubauen und zusätzliche Integrationspunkte zwischen einzelnen Anwendungen einzurichten.

Die folgende **Abbildung** 2.1 zeigt einen klaren Überblick über die Art der verarbeiteten und integrierten Forschungsinformationen einer Hochschule bzw. AUF in das FIS.

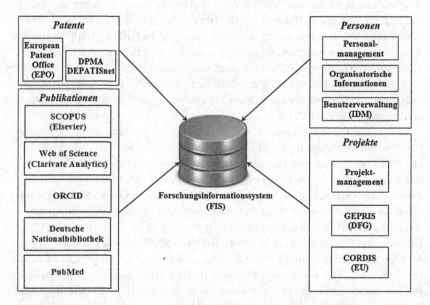

Abbildung 2.1 Verarbeitung von Forschungsinformationen in das FIS (in Anlehnung an [HB12], [ASA18a])

Die Erfassung und Integration von Forschungsinformationen in das FIS erfolgt meist neben den manuellen Eingaben von Wissenschaftlern auch über den Datenimport aus internen und externen Systemen, da die Verknüpfungsoptionen typisch für das FIS sind. Im Fall der Personendaten werden Stammdaten und Organisationszugehörigkeiten aus dem Personalverwaltungssystem gezogen. Daten für Publikationen können beispielsweise aus Web of Science, Scopus, PubMed oder die Deutsche Nationalbibliothek (DNB) und ORCID erhalten werden. Unterdessen werden für Projekte Daten aus dem Projektmanagement, Förderinstitutionen wie die Deutsche Forschungsgemeinschaft (DFG) mit dem GEPRIS (Geförderte Projekte Informationssystem) oder die EU mit CORDIS (Community Research and Development Information Service) gewonnen. Wohingegen European Patent Office (EPO), sowie das elektronische Dokumentenarchiv (DEPATISnet) des Deutschen Patent- und Markenamts (DPMA) als Datenquelle für Patente dienen.

FIS stellen die technische Infrastruktur für die zentrale Datenerfassung von Forschungsinformationen bereit, die dann integriert und den institutionellen Erfordernissen angepasst werden kann. Diese Funktionalitäten sind besonders wichtig für Hochschulen und AUFs, die verschiedene, ausführliche Berichtsanforderungen erfüllen müssen.

Seit den 1980er- und 1990er-Jahren wurden die meisten Informationssysteme der Hochschulen und AUFs für ein bestimmtes Nutzungsszenario optimiert, wie z. B. Hochschulbibliographien, Projektdatenbanken sowie Hochschulinformations- oder Campus-Management-Systemen, die sich sehr stark auf die Unterstützung von Geschäftsprozessen im Bereich des studentischen Lebenszyklus (z. B. Studierenden-, Kurs- und Prüfungsverwaltung usw.) konzentrieren [RTH+15], [Sch14]. Einerseits erscheinen diese derzeit als Datensilos mit begrenzter Nutzung für eine übergreifende institutionelle Forschungsberichterstattung, die auch Informationen für die Strategieentwicklung liefern soll [RTH+15]. Andererseits gibt es in diesen Datenbanken nur wenige oder unzureichende Nachweise bzw. Verknüpfungen mit Publikationen und Primärdaten aus dem Forschungsprozess [SS09]. Seitdem FIS vor zehn Jahren eingeführt wurde, ist es ein Organisationsentwicklungsprojekt und gehört überwiegend zur IT-Entwicklung für die Wissenschaft wie Campus Management Systeme oder geeignete Personal- und Finanzsysteme [RTH+15]. Im Übrigen sind FIS tief in lokale und Service-orientierte Architekturen eingebettet und interagieren sowohl mit einem Identity Management, aus dem sie Personal- und Organisations-Stammdaten beziehen, als auch mit anderen großen Anwendungen wie z. B. einem Business Warehouse [FK13], auf das Bezug genommen findet es als Datenbank bzw. Datenbasis Verwendung und ist ein Teilsystem des analytischen Informationssystems [Hel02], mit dem quantitative Daten gesammelt und für den Zweck, entscheidungsrelevante Kennzahlen bereitgestellt werden können, die aus einem oder mehreren Quellsystemen stammen und auf integrierte Weise gespeichert werden.

Nach diesem kurzen Überblick über die Forschungsinformationen der Hochschulen und AUFs und deren Management in FIS wird im nächsten **Abschnitt** 2.3 das FIS definiert, sowie dessen Architektur anhand ihres Bausteins erläutert.

2.3   Forschungsinformationssysteme (FIS)

Current Research Information Systems, Research Information Management Systems oder *Forschungsinformationssystem* (im englischen Raum „*Research Information Systems*") können als synonym zueinander betrachtet sowie übereinstimmend verstanden werden. Hinter FIS steckt eine lange Geschichte, die noch bis in die Zeit vor dem Internet zurück geht [Ilv14]. Historisch betrachtet, stammt die Entwicklung ursprünglich aus der Welt des Information Retrievals [JARK00]. Als Ansporn galt, dass die aufgezeichneten Informationen normalerweise analog zur Form (Titel, Autor, Datum, Schlüsselwörter, Adresse der Quelle usw.) der Bibliotheksausweiskataloge entsprachen [JARK00]. Die bis dahin verwendeten eigenständigen Systeme waren erstmal ausreichend, bis die Anforderungen an statistischen Analysen, die Integration in Daten in andere Datenbankmanagementsysteme (DBMS), die flexible Berichterstellung (einschließlich der Integration in die Client-Office-Umgebung) und den Umgang mit Multimedia (orhypermedia) in den Vordergrund rückten [JARK00]. Ab Mitte der 1970er Jahre entstanden diese Anforderungen [JARK00]. Die resultierende Anforderung, auf Informationen in mehreren heterogenen FIS und anderen Datenbanksystemen zuzugreifen, verteilte die Unzulänglichkeiten dieser Systeme jedoch geografisch stark: Es fehlte ihnen ein theoretisches Modell (um strukturelle Anpassungen zu ermöglichen); ihnen fehlten gemeinsame Standards für die Datenaufzeichnung (um das Zusammenarbeiten zu ermöglichen) und es fehlten gemeinsame externe Schnittstellen (um die Integration in Client-Office-Umgebungen sowohl für die Eingabe/Aktualisierung als auch für das Abrufen/Berichten zu ermöglichen) [JARK00]. Schwerwiegend fehlten ihnen die Metadaten, um eine solche Zusammenarbeit bei Bedarf „on the fly" überhaupt bereitzustellen [JARK00].

In der Literatur finden sich viele Definitionen des FIS-Begriffes von Experten. Nachfolgend werden Definitionen von der „euroCRIS" und „DINI AG-FIS" Organisationen sowie verschiedene deutsche Autoren aufgeführt und miteinander verglichen.

Anhand folgender **Tabelle** 2.2 werden die Definitionen von FIS verdeutlicht.

Fasst man all diese Definitionen zusammen, dann entsteht folgende Übereinstimmung, die für diese Dissertation genutzt wird:

* Ein FIS ist eine **Datenbank** oder ein **föderiertes Informationssystem**, um Forschungsaktivitäten und -ergebnissen der Hochschulen und außeruniversitären Forschungseinrichtungen zu erheben, zu verwalten und bereitzustellen [ASA18b].

Tabelle 2.2 Definitionen des FIS-Begriffes

Autoren	Definitionen
euroCRIS (www.eurocris. org)	„...any informational tool dedicated to provide access to and disseminate research information."
DINI AG-FIS [ETB+15]	„Zum besseren Verständnis werden drei Ausprägungen von FIS unterschieden:
	• Einfache Nachweissysteme, die nur einige Seiten der Forschungsaktivität dokumentieren (bspw. Hochschulbibliographien, Forschungsportale, Patentdatenbanken),
	• Forschungsprofildienste, die aus institutionellen und öffentlichen Quellen möglichst vollständige Daten zur wissenschaftlichen Tätigkeit aggregieren, um sie als eine Sammlung einheitlicher Web-Profile zu präsentieren und um für alle Interessierten einen Zugriff auf diese Daten im Internet zu schaffen,
	• Integrierte FIS, die alle Aspekte des Forschungsbetriebs der Einrichtung umfassen, mit erweiterter Funktionalität, z. B. für die Berichterstellung."
Tobias/Karl [TK12]	„Verstanden wird unter einem FIS die Gesamtheit der Prozesse und Instrumente zur Gewinnung, Verknüpfung, Darstellung und Nutzung von Forschungsmetadaten."
Jörg [Jör12]	„Forschungsinformationssysteme sind von besonderer Bedeutung, wenn es um die Wiederverwendung wissenschaftlicher Information geht. Sie unterstützen sowohl deren Management, als auch Pflege und Bereitstellung und ermöglichen damit einen vielfachen Zugang zu Daten und Informationen, welche im weiteren Forschungsumfeld von den Akteuren – Forscher, Entscheidungsträger, Förderorganisationen, Universitäten, Unternehmen, Medien usw. – laufend benötigt werden."
Scholze/Maier [SM12]	„The new research information system systematically maps all of KIT's processes and instruments to obtain, connect, present and utilise the research metadata of active researchers. This reduces the documentation workload for researchers, for the executive level and central units such as the library, and at the same time allows for and facilitates an overall view and the aggregation and visualisation of research metadata."
Herwig/Schlattmann [HS16]	„FIS bezeichnet ein aufgabenspezifisches Informationssystem, welches der Bewältigung der Aufgaben des Forschungsmanagements, insbesondere der Forschungsberichterstattung, dient und zu diesem Zweck die notwendigen informationstechnischen Mittel und organisatorischen Strukturen bereitstellt."
Azeroual/Saake/ Abuosba [ASA18a]	„A RIS is a central database that can be used to collect, manage and deliver information about research activities and research results."

Die Bausteine einer FIS-Architektur werden in dreistufigen Prozessen unterschieden und in den Arbeiten [ASA18a], [ASA18b], [ASS18], [ASW18] und [ASAS18] behandelt:

- Datensammlung/Datenintegration
- Datenspeicherung
- Datenpräsentation

In der *Datensammlung* befinden sich die internen und externen Datenquellen. Das FIS sammelt Informationen über die Forschungsaktivitäten und deren Ergebnissen von Institutionen und ihren Wissenschaftlern, indem es vorhandene Datenmengen automatisch mit verschiedenen Datenquellen synchronisiert, sodass diese qualifizierten Forschungsinformationen dem Management als bessere Entscheidungsgrundlage zur Verfügung stehen. Für einen automatisierten Datenimport aus bestehenden Systemen kann eine Anbindung von internen sowie externen Anwendungssystemen realisiert werden [HS16]. Diese Anwendungssysteme, die idealerweise zum Sammeln von Forschungsinformationen einbezogen werden können, sind das Identitätsverwaltungssystem und das Campusverwaltungssystem als interne Systeme sowie öffentliche Publikationsdatenbanken und Projektdatenbanken [ETB+15], [HS16]. Im Fall der Publikationen sind dies beispielsweise Web of Science, Scopus oder PubMed sowie aus BibTex- oder RIS-Dateien, die von einer großen Auswahl an Referenzsoftware (z. B. EndNote, RefWorks usw.) unterstützt werden. Für das Finanzsystem ist (z. B. SAP) die Drittmittelverwaltung für die Daten zu Drittmittelprojekten und das Personalverwaltungssystem (z. B. PAISY) für Informationen über das wissenschaftliche Personal.

Angebote zur standardisierten Erfassung, Bereitstellung und den Austausch von Forschungsinformationen in FIS sind das CERIF- und KDSF-Datenmodell.

Die *Integration von Forschungsinformationen* aus Quellsystemen (verschiedenen Informationssystemen mit unterschiedlichen Datenformaten und Datenstrukturen) wird mithilfe eines ETL-Prozesses (Extraktion, Transformation und Laden) in das FIS befüllt. In der Extraktionsphase werden Forschungsinformationen extrahiert und aus verschiedenen Quellsystemen oder Quelldokumenten herausgezogen und für weitere Verarbeitungsschritte in der Eingabeschicht des FIS bereitgestellt. Die Transformationsphase hat die Aufgabe, die Forschungsinformationen für den Ladevorgang vorzubereiten und zu bereinigen, um die Datenextrakte in ein einheitliches internes Format zu konvertieren. Die Bereinigung falscher Quelldaten ist unbedingt erforderlich und wird durch Plausibilitätsprüfungen erkannt und korrigiert. Diese Datenbereinigung erfolgt in vier Schritten: Filtern, Harmonisieren, Aggregieren und Anreichern. In der nächsten und letzten Phase werden die Forschungsinforma-

tionen in das FIS geladen, dort strukturiert und normalisiert gespeichert. Ziel des
ETL-Prozesses ist es sicherzustellen, dass die vorbereiteten Forschungsinformatio-
nen effizient und persistent in der Datenspeicherung abgelegt werden können. Der
Vorgang des ETL-Prozesses wird explizit im **Abschnitt** 3.8 behandelt.

Die *Datenspeicherung* enthält das FIS und dessen Anwendungen, welche die auf
der zugrundeliegenden Ebene gehaltenen Daten zusammenführen, verwalten und
analysieren. Wenn die Daten im FIS vorhanden sind, können die zur Auswertung
erforderlichen Berichte erstellt werden.

In der *Datenpräsentation* ist die zielgruppenspezifische Aufbereitung und Darstellung der Analyseergebnisse für den Endbenutzer (z. B. Entscheidungsträger)
abgebildet. Diese werden mithilfe von den Business-Intelligence-Werkzeugen in
Form von Berichten verfügbar gemacht. Neben diversen Möglichkeiten des Repor-
tings lassen sich hier ebenfalls Portale und Webseiten der Forschungsinstitutionen
befüllen.

Die folgende **Abbildung** 2.2 gibt einen Überblick über die einzelnen Prozess-
schritte mit seinen Komponenten.

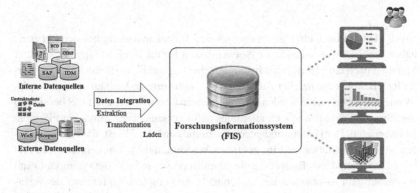

Abbildung 2.2 FIS-Architektur

Anhand der eigenen Umfrage mit deutschen Hochschulen und AUFs wurde
gefragt, ob deren Institution ein FIS nutzen. Dabei stellte sich heraus, dass 51 Institutionen ein FIS nutzen, während 61 Institutionen sich in der Implementierungsphase
befinden und die restlichen 48 Institutionen kein FIS nutzen. Wie in **Abbildung** 2.3
deutlich zu sehen ist.

Danach wurden die Institutionen, die kein FIS nutzen befragt, aus welchem
Grund kein FIS genutzt wird. Aus den Ergebnissen lässt sich herauskristallisieren,

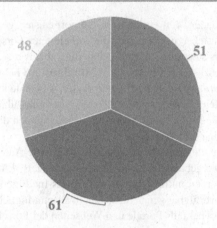

● **FIS vorhanden**   ● **FIS in Umsetzung**   ● **FIS nicht vorhanden**

Abbildung 2.3 Nutzung von FIS in deutschen Hochschulen und AUFs (N=160)

dass 23 Institutionen ein eigenes entwickeltes Datenbanksystem bei sich integriert haben und 14 davon sehen keine Notwendigkeit für die Implementierung, da ihrer Meinung nach ein FIS an einer Institution eine unglaubliche Herausforderung darstellt (z. B. hoher finanzieller Aufwand, zu komplizierte und zeitaufwendige Implementierung). Die verbleibenden Institutionen sind daran interessiert FIS bei sich zu implementieren, haben jedoch allerdings dafür verschiedene Gründe, in FIS nicht zu investieren. Der Hauptgrund gegen die Einführung der FIS ist, dass die Ressourcen an jeder Institution und im gesamten Wissenschaftssystem begrenzt sind und ein nicht vorhandenes Budget für die Akquisition sowie hohe Betreuungsaufwand gegenüber dem zu erwartenden Nutzen und eine komplexe Einführung zur Verfügung standen und mangelnde Unterstützung durch die Hochschulleitung. Wie in folgender **Abbildung** 2.4 veranschaulicht.

Um herauszufinden, welche Metadaten in ihrem FIS verwaltet werden können, wurden die deutschen Hochschulen und AUFs, die das FIS nutzen befragt. Hierbei hat sich herausgestellt, dass insbesondere Publikationen nach Professoren, Fachgebieten, Instituten und Themen im FIS erfasst und verwaltet werden, welche 22 der Befragten geantwortet hatten. Beschäftigte, Drittmittelprojekte, Patente und Nachwuchsförderung werden ebenfalls häufig im FIS verwaltet. Eher weniger verwaltet werden unter anderem Forschungsinfrastrukturen sowie andere Metadaten zu Vor-

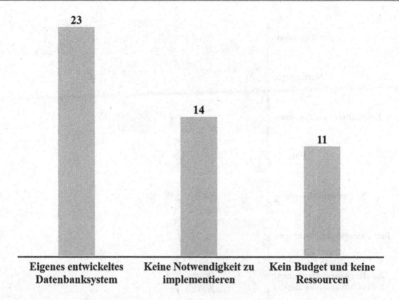

Abbildung 2.4 Warum von Hochschulen und AUFs kein FIS genutzt wird? (N=48)

trägen, Konferenzen und Preise, hierbei finden die Metadaten im FIS eher weniger Verwendung. Anhand der folgenden **Abbildung** 2.5 werden die am häufigsten verwalteten Metadaten der deutschen Einrichtungen in FIS anschaulich gemacht.

FIS kann auf verschiedene Weisen in Universitätsbibliotheken (wie die Bibliothek des Karlsruher Instituts für Technologie) implementiert werden, dies betrifft Themen wie der Import und Export von bibliografischen Datenbanken, Bibliothekskatalogen (z. B. WorldCat) sowie die Herstellung von Links zu institutionellen Repositorien (z. B. OpenDOAR Directory of Open Access Repositories) [TK12]. Gegebenenfalls sollen Forschungs- und Volltextinformationen aus dem Online Public Access Catalogue (OPAC) im FIS abgespeichert werden, wobei Repository-Systeme wie DataVerse, CKAN, Digital Commons, EUDAT, Fedora, Greenstone, Invenio, Omeka, SciFLOW und Zenodo usw. zum Speichern der Volltexte verwendet werden [SS09], [MPSA19]. In einigen Fällen ist die Arbeit der Bibliothek mit FIS eine Erweiterung der bereits angebotenen Dienste zur Bewertung wissenschaftlicher Ergebnisse [AJ05]. Beispielsweise kann sich die Bibliothek an der Verwaltung von Forschungsinformationen und digitalen Beständen wie z. B. E-Books und DIN-Normen, dem Betrieb eines Repositorys oder der Unterstützung der institutionellen Überprüfung und Akkreditierung beteiligen [JA10]. Diese Mitwirkung der Biblio-

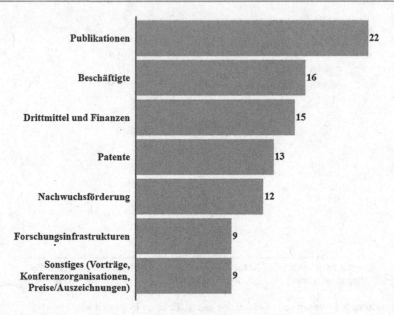

Abbildung 2.5 Die am meisten verwendeten Metadaten in FIS (N=51)

thek an der Implementierung von FIS ist eine natürliche Erweiterung all dieser Rollen und bietet Bibliotheken die Möglichkeit an, sich für positive Veränderungen in der wissenschaftlichen Kommunikation einzusetzen, z. B. Open Access oder alternative Maßnahmen zur Messung der Auswirkungen auf die Forschung [CSS14].

Anhand der Umfrage konnten die deutschen Hochschulen und AUFs Angaben dazu geben, welche internen und externen Datenquellen, Komponenten, Datenbanken oder Identifiers genutzt werden, um die Forschungsinformationen in das FIS zu integrieren. Mit 13 Nutzern wird das Identitätsmanagement-System genutzt. SAP wird mit elf Nutzern am zweithäufigsten genutzt, gefolgt von Web of Science mit zehn Nutzern. Open Researcher and Contributor ID (ORCID) und Digital Object Identifier (DOI) werden jeweils von acht Nutzern benutzt. Jeweils sieben Nutzer verwenden die Datenbanken Scopus, PubMed und die Analyse- und Reportings-Tools, sowie KDSF und CERIF Datenmodelle. Je fünf der Nutzer entschieden sich für Personal-Abrechnungs- und Informations-System (PAISY), Enterprise-Resource-Planning (ERP)-System und Campus Management System. Die letzten drei Plätze verteilen sich auf ETL-Prozess und Data Warehouse (DWH) mit jeweils vier Nutzern. Mit je drei Nutzern Projektmanagement-System und Online Computer Library

Center (OCLC). Lediglich ein Nutzer verwendet ein anderes Datenquellsystem als diese, die zur Auswahl standen. Wie in folgender **Abbildung** 2.6 expliziert.

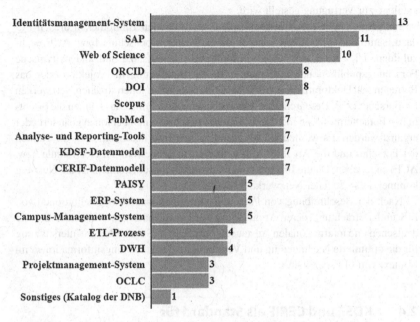

Abbildung 2.6 Integration der unterschiedlichen Datenquellen in FIS (N=51)

FIS ist ein wesentlicher Bestandteil des Umfelds der Informations- und Kommunikationstechnologie und bildet den Kontext für die tägliche Arbeit des Forschers, Forschungsmanagers, Innovators oder der Medien [Jef12]. Es vereint Informationen zu Forschungsleistungen aus verschiedenen Quellen, z. B. aus der Erfahrung von [EKH+12]: Etliche Publikationen aus Hochschulbibliographie wurden bei der FIS-Implementierungsphase der Leuphana Universität Lüneburg, anhand der Software des Bibliothekskatalogs PICA in das neue FIS übermittelt. Die Informationen zu Organisationen, Personal und Drittmittel werden regelmäßig durch das System von SAP verfügbar gemacht. Durch ein individuelles Benutzerkonto könnten Wissenschaftler sämtliche Informationen über deren Projekte, Veröffentlichungen und Aktivitäten einsehen. Ein Netzwerk aus geschulten Redakteure in Instituten und Zentren können als Unterstützung dienen. Sobald die Registrierung vollzogen wurde, besteht die Möglichkeit auf die Informationen zurückzugreifen, wie zum

Beispiel für interne Zwecke. Mehrfachabfragen werden dadurch deutlich reduziert und werden vermieden. Da jeder Datenbankeintrag immer separat angegeben werden kann, steht es zur freien Entscheidung ob dies auch für öffentliche Forschungskataloge zur Verfügung gestellt wird.

Im Vergleich zu Literaturdatenbanken und digitalen Bibliotheken dienen FIS dazu, sämtliche Aktivitäten von Mitgliedern einer Hochschule bzw. AUF nachzubilden. Dies kann gemäß der Einrichtung Fachaufsätze und andere typische Forschungspublikationen umfassen, z. B. die Beteiligung in Projekten oder das Betreuen von Doktorarbeiten. Im Gegensatz zu kommerziellen sozialen Netzwerken für Forscher (z. B. ResearchGate, Mendeley oder Academia.edu) können die öffentlichen Forscherprofile in FIS durch die darin beschriebenen Personen geändert oder ergänzt werden. Es werden jedoch grundlegende Informationen (z. B. die Namen der Forscher und die Art ihrer Mitgliedschaft in der jeweiligen Hochschule bzw. AUF) angegeben. Da die Informationen unvollständig sein können, ist die Nutzung kommerzieller sozialer Netzwerke freiwillig.

Nach der Beschreibung von Forschungsinformationen sowie Definitionen von FIS und Betrachtung derer Architektur, werden im nächsten **Abschnitt** 2.4 die deutschen und internationalen Austauschformate bzw. Standards zur Unterstützung für die optimierte Nachnutzung und Verarbeitung der Forschungsinformationen im Kontext von FIS spezifiziert.

2.4 KDSF und CERIF als Standard für Forschungsinformationen

Forschungsinstitutionen sind meistens mit mehreren internen und externen Berichtspflichten konfrontiert. Sie müssen verschiedene Daten zu Forschungsaktivitäten und deren Ergebnisse für verschiedene Berichtsanlässe sammeln, z. B. interne Berichte, Berichte an die Finanzierungsorganisation, Rankings und Statistiken und vieles mehr. Eine Standardisierung von Forschungsinformationen hilft die Hochschulen und AUFs, ihre Forschungsinformationen zu aggregieren, nachzunutzen und auszutauschen. Gerade für das Hochschulbenchmarking ist es erforderlich, einen solchen Austausch der wissenschaftlichen Leistungen zu arrangieren. Die Nachfrage nach qualitätsgesicherten und vergleichbaren Forschungsinformationen ist mit der Einführung von Steuerungsmechanismen, nach Maßgabe des *New Public Management*, im Wissenschafts- und Hochschulsystem gestiegen. Als Folge zahlreicher und vielfältiger Berichtspflichten haben Hochschulen und AUFs mit der Einführung von FIS begonnen. Heutzutage werden die Forschungsinformationen aus verschiedenen Gründen im FIS integriert und können mehrfach auf Webseiten verwendet werden. Zur Unterstützung von FIS und zur Förderung ihrer Interoperabilität wurden nationale und internationale Standards entwickelt. Diese sind das bekannteste internationale CERIF-Datenmodell (steht für Common European Research Information Format), das von der europäischen Organisation euroCRIS gegründet, gepflegt und gefördert wird und der Definitionsstandard des Kerndatensatz Forschung (KDSF) für unterschiedliche Berichte ist, welche vom Wissenschaftsrat im Jahr 2016 in Deutschland empfohlen wurde. Zusätzlich zu den beiden Standards kann das internationale bibliografische Standardformat der Dublin Core Metadata Initiative (DCMI)[1] auch zur Beschreibung der Metadaten im Hinblick auf Interoperabilität und langfristige Verfügbarkeit verwendet werden. DCMI enthält 15 Kernelemente (z. B. Titel (DC.TITLE), Verfasser oder Urheber (DC.CREATOR), Thema und Stichwörter (DC.SUBJECT), Inhaltliche Beschreibung (DC.DESCRIPTION), Verleger bzw. Herausgeber (DC.PUBLISHER), weitere beteiligte Personen und Körperschaften (DC.CONTRIBUTORS), Datum (DC.DATE), Ressourcenart (DC.TYPE), Format (DC.FORMAT), Ressourcen-Identifikation (DC.IDENTIFIER), Quelle (DC.SOURCE), Sprache (DC.LANGUAGE), Beziehung zu anderen Ressourcen (DC.RELATION), Räumliche und zeitliche Maßangaben (DC.COVERAGE) und Rechtliche Bedingungen (DC.RIGHTS)), welche speziell für die detaillierte Beschreibung von Objekten bzw. Dokumenten aller Art sind und unter anderem Klassen und Eigenschaften, Informationen zu Syntax- und Vokabularschemata sowie standardisierte Grundregeln für die Beschreibung von Objekten und Webressourcen mit Metadaten beinhaltet. Jedes dieser Dublin Core-Elemente ist so definiert, dass es leicht zu verstehen ist und nicht weiter spezifiziert werden muss. Dies erleichtert das Auffinden, insbesondere bei Verwendung von schlüsselwortbasierten Suchmaschinen, und die Metadaten können im XML-/RDF-Format angezeigt werden. Beispielsweise wird DCMI hauptsächlich von Bibliotheken verwendet. DCMI hat eine Standardmethode zur Verfeinerung der Dublin Core-Elemente definiert und fördert die Verwendung kontrollierter Vokabulare zusätzlich zu den Dublin Core-Elementen. In der ursprünglichen Gruppe von Dublin Core-Elementen ist die Methode zur Darstellung bibliografischer Referenzen nicht angegeben. Die Methode wird durch Richtlinien spezifiziert, die sich aus den Aktivitäten der DCMI-Arbeitsgruppe ergeben.

Das Format von Dublin Core kann auch zum Datenaustausch zwischen Systemen verwendet werden und dieses definiert eine Liste von Elementen und den zugehörigen Attributen [IIS12]. Der Austausch kann über das Protokoll von Open Archives Initiative Protocol for Metadata Harvesting (OAI-PMH)[2] erfolgen. Die-

---

[1] https://dublincore.org
[2] https://www.openarchives.org/pmh

ses Protokoll dient zum Sammeln von Metadaten über die Kabel und den Speicher diese Metadaten in einem gemeinsamen Archiv [IIS12]. OAI-PMH definiert zwei Arten von Teilnehmern an der Kommunikation (Datenlieferant und Datenbezieher), welche die Verbreitung von Datensätzen in mehreren Metadatenformaten aus einem Repository unterstützen.

Das Datenmodell eines FIS ist eng mit seinem Kontext verbunden. Berücksichtigt man jedoch bestehende Systeme, wird es sehr schwierig, die Komponenten des Standards vollständig einzubeziehen [PSA14]. In diesen Situationen kann die Verwendung von Dublin Core als Zwischenformat zwischen CERIF-konformem FIS und nicht CERIF-konformem FIS in Betracht gezogen werden, jedoch gehen in diesen Fällen einige Forschungsinformationen unvermeidlich verloren, da nicht alle Begriffe eines FIS mit Dublin Core zugeordnet und abgebildet werden können [PSA14]. Der Zweck von CERIF ist sehr wünschenswert, aber es gibt nur wenige Fälle, in denen nationale und internationale FIS den Standard übernehmen [PSA14]. In der Praxis bleibt die Interoperabilität zwischen Systemen auch bei CERIF-kompatiblen Systemen eine Herausforderung [PSA14]. Eine erweiterte oder teilweise Implementierung des Standards kann zu Interoperabilitätsproblemen führen [PSA14].

Das einheitliche europäische Format CERIF wurde 1991 von europäischen Institutionen und Start-ups entwickelt [JHJA14] und dessen Nutzung ist eine Empfehlung an europäischen Mitgliedstaaten für die Verwaltung von Forschungsinformationen sowie die Unterstützung des Wissenstransfers an Entscheidungsträger für Forschungsbewertungen. CERIF ist ein formales Datenmodell sowie Metadatenformat für Informationsobjekte aus dem Wissenschaftsbereich, in dem Informationen über den gesamten Forschungsprozess (wie z. B. *Personen, Organisationen, Projekte, Publikationen, Patente, Finanzierungsprogramme, Dienstleistungen, Indikatoren usw.*) repräsentiert und diese miteinander verknüpft werden [JJD+12], [RTH+15]. Die Kernbereiche des CERIF-Datenmodells basieren auf Project, OrganisationUnit, Person und ResultPublication [SS09]. Diese verkörpern die zentrale Funktion der Standardspezifikation, nämlich die Sammlung und Bereitstellung von Informationen über Forschungsaktivitäten in Form von Forschungsprojekten einzelner und kollektiver Akteure [KDS20]. Der für die Schnittmenge relevante Bereich ResultPublication umfasst noch nicht alle Optionen zur Beschreibung von Dokumenten, die in Repositorien mit Datenformaten wie z. B. Dublin Core vorliegen und über das OAI-PMH-Protokoll verfügbar gemacht werden [SS09].

Die CERIF Objekte werden mit dem Präfix „cf" (für CERIF) abgekürzt, wenn sie in einer relationalen Datenbank implementiert werden, z. B. cfPers, cfProj, cfOrgUnit, cfResultPublication usw. Infolgedessen wird ein Überblick über das konzeptuelle Datenmodell von CERIF basierend auf Entity-Relationship-Modell (ERM) wie in der **Abbildung** 2.7 verbildlicht, das als „CERIF 2008 1.6 Full Data Model (FDM)" bezeichnet wird.

Alle Dokumentationen und Spezifikationen über Datenmodell, XML und Semantik zum CERIF-Standard können öffentlich und mit verschiedenen Versionen über die euroCRIS-Webseite abgerufen werden. CERIF-Datenmodell unterscheidet sich in verschiedene Typen von Elementen [Jör10], [Rus11], [JJD+12], [KDS20]:

- **Base/Core entities** (grün dargestellt): Die Basisentitäten sind Person, Projekt und Organisationseinheit. Diese ermöglichen die Darstellung wissenschaftlicher Akteure. Jede Basisentität ist mit sich rekursiv verbunden und unterhält Beziehungen zu vielen anderen Entitäten.
- **Result entities** (orange): Die Ergebnisentitäten sind ResultPatent, ResultPublication und ResultProduct, welche die Darstellung von Forschungsergebnissen ermöglichen.
- **2nd level entities** (blau): Die Entitäten der 2. Ebene sind Funding, Expertise and Skills, Qualification, Prize, CV, Citation, Event, Language, Currency, Country, PostalAddress und ElectronicAddress. Sie ermöglichen die Darstellung des For-

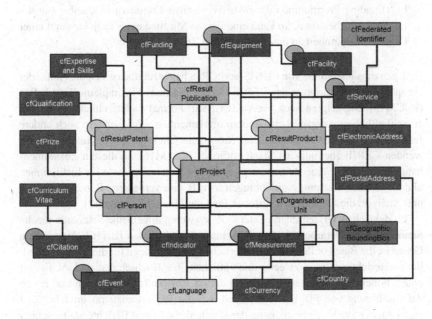

Abbildung 2.7 Das europäische CERIF-Datenmodell (in Anlehnung an [Jör10], [JJD+12])

schungsumfelds und Forschungskontextes durch die Verknüpfung von Basis- und Ergebnisentitäten. Die Verknüpfung wird mittels so genannter Verknüpfungsentitäten (link entities) hergestellt.

- **Infrastructure entities** (violett): Die Infrastruktureinheiten sind Equipment, Facility und Service. Jede Infrastrukturentität ist mit sich selbst verknüpft und zusätzlich mit anderen Infrastrukturentitäten.
- Mit der neuesten Version 1.6 hat CERIF zum einen **Indicator and Measurement entities** (purpurrot) eingeführt, um quantitative Messungen zu ermöglichen. Zum anderen wurde im Kontext von Forschungsinfrastrukturen eine **Geographic Bounding Box entity** (jägergrün) für die geografische Bindung genutzt.
- **Link entities**: Die Verknüpfungsentitäten werden als Hauptstärke des CERIF-Datenmodells angesehen. Verknüpfungsentitäten sind die Beziehungen zwischen Basis-, Ergebnis- und Entitäten der zweiten Ebene. Die Beziehung von Entitäten des CERIF sind in Formen (Kardinalität) 1:1 Beziehung, 1:n Beziehung und m:n Beziehung vorhanden. Eine Verknüpfungsentität verbindet immer zwei Entitäten und enthält einen zeitgestempelten Verweis auf einen Klassifizierten, der selbst einem Klassifizierungsschema zugewiesen ist. Diese wie z. B. Person „is author of" ResultPublication bzw. ResultPublication „is funded by" Funding Programme oder rekursiv zu einer Entität zu sich selbst (OrgUnit_OrgUnit) bestehen. So kann eine Person Mitglied eines Projektes und einer Organisationseinheit zu unterschiedlichen Zeitpunkten sein.

Eine gemeinsame Studie von EUNIS-euroCRIS hat gezeigt, dass fast die Hälfte der europäischen Institutionen das CERIF-Format in ihrem FIS implementiert haben [RdCM16]. Sie zeigten auch, dass das CERIF-Format hauptsächlich, aber nicht ausschließlich in europäischen Ländern implementiert wird, sondern auch andere Institutionen aus den USA, Kanada, Australien, China und Republik Korea verwenden CERIF ebenfalls als Standardformat [RdCM16]. In diesem Zusammenhang bietet CERIF eine Reihe von potenziellen Effizienzvorteile für Institutionen und verwandte Forschungseinrichtungen an, z. B. eine verbesserte Berichterstattung und Analyse, die zu einer strategischen Planung führen kann [Rus12].

Im deutschen Wissenschaftssystem gibt es wenig allgemeine Standards für die Sammlung und Verarbeitung von Forschungsinformationen [BH16]. Aus diesem Grund ist die Bereitstellung der erforderlichen Informationen für diese unterschiedlichen Berichterstattungszwecke und -pflichten für Hochschulen und AUFs mit einem hohen Aufwand verbunden. Um diesen Aufwand zu reduzieren und neben der Einführung von FIS in Deutschland, hat der Wissenschaftsrat im Jahr 2013 einen Ansatz zur Vereinheitlichung der Datenerhebung und Berichterstattung über Forschungsaktivitäten unternommen sowie einen Prozess zur Spezifikation eines

Kerndatensatz Forschung (KDSF) (im englischen Raum „Research Core Data-set (RCD)") angestoßen [Wis13]. Das Angebot vom KDSF ist ein freiwilliger Definitions- und Berichtsstandard für das Sammeln, Bereitstellen und Austauschen von Forschungsinformationen in deutschen Hochschulen und AUFs und wurde vom Wissenschaftsrat im Januar 2016 bundesweit zur Umsetzung empfohlen [Wis16]. Die Empfehlung zur Erarbeitung und Implementierung eines KDSF hat das Ziel sowohl der standardisierten Erfassung und Fortschreibung der Leistungsdaten zu Forschungsaktivitäten von Hochschulen und AUFs bei dezentraler Datenhaltung [Wis16], als auch die Best-Practice für eine bessere Datenqualität der Forschungs-informationen zu erreichen und den Arbeits- und Berichtsprozess zu vereinfa-chen sowie die Interoperabilität (Vergleichbarkeit) von Forschungsinformationen zu erhöhen [Wis16], [ASAS19b]. Seit Februar 2017 wurde am DZHW Berlin, ein entsprechender Helpdesk zur Unterstützung und Beratung der deutschen Hochschu-len und AUFs bei der Implementierung des KDSF eingerichtet, welcher Fragen zum inhaltlichen und technischen KDSF beantwortet und Informationsbasis bereitstellt sowie Veranstaltungen und Workshops zu Definitionen des KDSF mit den unter-schiedlichen Landesinitiativen zum KDSF (wie. z. B. CRIS.NRW – Landesinitiative zur Umsetzung des KDSF) miteinander kooperiert.

KDSF definiert sechs Bereiche der Forschungsberichterstattung *(Beschäftigte, Nachwuchsförderung, Drittmittelprojekte, Patente und Ausgründungen, Publikatio-nen sowie Forschungsinfrastrukturen)* und diese werden in sogenannte Kerndaten sowie deren Ausprägungen und Aggregationsmaße auf Basis bestehender Definitio-nen und Standardisierung (wie z. B. CERIF, CASRAI (steht für Consortia Advan-cing Standards in Research Administration Information)) spezialisiert [RTH+15]. Die Implementierung des KDSF Standards wird jedoch durch die Bereitstellung eines auf CERIF basierenden technischen Datenmodells im XML-Format unter-stützt, das sowohl Basis- als auch Aggregatdatenformate und ihre jeweiligen Bezie-hungen beschreibt. Das Basisdatenmodell entspricht den Objekten, die Beschrei-bung der Objekte mit den Beziehungen und Eigenschaften. Das Aggregatdaten-modell definiert nur die Kerndaten, ohne Ausprägungen bzw. Spezialisierungen. Weitere Details über die Kerndatensatz-Spezifikation (Version 1.0) und das XML-Schema des KDSF sind öffentlich auf der Website des KDSF[3] zu finden.

Abbildung 2.8 zeigt das ERM des KDSF. Dieses enthält die der Spezifikation zugrundeliegenden Objekte, ihre Attribute und die Beziehungen untereinander. Alle Objekte besitzen jeweils eine Identifikationsnummer „ID" als Schlüsselattribut und auch objektspezifische Attribute (z. B. das Attribut „Geschlecht", „Name", „Staats-angehörigkeit", „Geburtsdatum" und „Altersgruppe" für das Objekt „Person"). Die

---

[3] https://kerndatensatz-forschung.de/index.php?id=version1

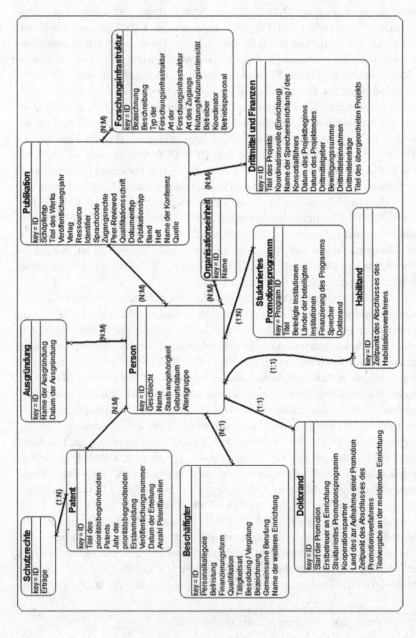

Abbildung 2.8 Das deutsche KDSF-Datenmodell (in Anlehnung an [AH20])

Beziehungen zwischen den Objekten werden über die jeweiligen IDs hergestellt und nach ihren Kardinalitäten (Mengenangaben) beschrieben. Ein Beispiel hierzu wäre: bei einem Beschäftigten handelt es sich immer um eine Person, dieser Beschäftigte bzw. diese Person kann jedoch mehrere Berufe gleichzeitig ausüben. Zusätzlich kann eine Person (in identischen oder unterschiedlichen Rollen) mehreren Organisationseinheiten zugeordnet sein und eine Organisationseinheit besteht normalerweise aus mehrere Personen. Für Publikation gilt grundsätzlich, dass diese von mehreren Personen (Schöpfer) verfasst werden können. Andererseits besteht ebenso die Möglichkeit, dass eine Person (Schöpfer) mehrere Publikationen veröffentlicht. Eine Publikation kann aus mehreren Projektkontexten stammen und ein Drittmittelprojekt kann mehrere Publikationen generieren. Die Beziehung wird über das Förderkennzeichen des Projektes bzw. eine Förderer-ID hergestellt.

Das KDSF-Datenmodell dient als Orientierungshilfe zur Interoperabilität und Langlebigkeit von Forschungsinformationen für Institutionen, die beabsichtigen, den KDSF in ihren technischen Systemen zu vertreten. Die Implementierung kann sowohl auf institutioneller Ebene als auch auf Ebene der FIS-Anbieter möglich sein. Beide Fälle können im deutschen Wissenschaftssystem beobachtet werden. Das XML-Schema des KDSF kann als Datenquelle vor dem Eintritt in FIS und/oder als Exportformat verwendet werden, um die Erstellung von Berichten zu erleichtern.

Die Verwendung von Standarddatenaustauschformaten trägt zur Entwicklung gemeinsamer und interoperabler Informationsinfrastrukturen bei, die sowohl für die Institutionen als auch für die einzelnen Forscher von Nutzen sind [ASAS19b]. Die Standardisierung ist für das Management von Forschungsinformationen in FIS unerlässlich, um die Zugänglichkeit, den Austausch und die Qualität von Daten zu verbessern. Es kann auch die Berichterstattung über die Forschungsleistung vereinfachen und den menschlichen Aufwand reduzieren, der derzeit erforderlich ist, um Forschungsinformationen zu sammeln, zu integrieren und zu aggregieren. Dadurch wird das Forschungsmanagement effizienter.

Da KDSF und CERIF ein gemeinsames Vokabular haben und die Definitionen des KDSF auf das CERIF-Datenmodell abbildbar sind, können die beiden Standards als ein grundlegendes Datenmodell für FIS angesehen werden. Ein Großteil der Elemente im KDSF ist auch in CERIF vorhanden, es fehlt aber der Aspekt der Nachwuchsförderung und Ausgründung [AH20]. Der wesentliche Unterschied zum KDSF ist, dass CERIF die Daten im Detail erfasst, während der KDSF auf eine aggregierte Darstellung von Forschungsinformationen zur Berichterstattung fokussiert. Eine starke Verknüpfung des KDSF mit den bereits definierten Konzepten in CERIF erscheint sinnvoll [AH20]. Detaillierte Informationen zu den Ergebnissen des Themas Abgleich des KDSF-Datenmodells mit dem internationalen verbreiteten CERIF-Standard zur Verarbeitung von Forschungsinformationen sind in der Arbeit [AH20] und auf der KDSF-Helpdesk Website [KDS20] zu finden. Nachdem die existierten Standards für die Verarbeitung von Forschungsinformationen in FIS vorgestellt wurden, sollen im folgenden **Abschnitt** 2.5 kurz die Ziele und Herausforderungen für die FIS-Anwendung behandelt werden.

2.5 Ziele und Herausforderungen für die Anwendung von FIS

FIS bieten eine ganzheitliche und fundierte Darstellung der wissenschaftlichen Aktivitäten und Ergebnissen sowie unterstützen das gesamte Informationsmanagement bzw. den Forschungsprozess an einer Institution. Das Hauptziel eines FIS ist es, Forschungsinformationen aus verschiedenen Quellsystemen zu sammeln, um sie verfügbar mit dem aktuellen Stand zu machen, wenn Benutzer sie benötigen. Eine doppelte Datenhaltung und damit eine zusätzliche Arbeit für die Benutzer sollte vermieden werden, z. B. bei dem Dokumentieren von Projekten, bei der Erstellung von Lebensläufen und Publikationen, sowie Statistiken und Forschungsberichten. Als weiteres Ziel hilft FIS als zentrales Instrument zur einheitlichen und kontinuierlichen Kommunikation [HB12] zwischen dem beteiligten Akteuren aus Wissenschaft und Verwaltung erfolgreicher zu gestalten und dabei die gezielte Auffindbarkeit von Forschungsinformationen für verschiedene Stakeholder zu erleichtern, wie z. B. Hochschulen und AUFs, die auf der Suche nach Kooperationspartnern sind und für die Verwaltung des strategischen Managements, Wissenschaftler die ihre Forschungsdaten speichern und ihre Forschungsergebnisse publizieren, Unternehmen bei der Vergabe von Forschungsaufträgen und das Finden von Kooperationspartnern, Medien und Öffentlichkeit bei der Recherche nach Forschungsergebnissen usw.

FIS stehen aus der Sicht der Hochschulen und AUFs sowie ihre Wissenschaftler vor einer besonderen Herausforderung. Hochschulen und AUFs wollen ihre Forschungsinformationen vollständig und einstimmig dargestellt haben, damit sie gerechte Vergleiche und Auswertungen für die Entscheidungen durchführen können. Dagegen haben Wissenschaftler Primärbedarf an Darstellung ihres Forschungsprofils (z. B. ihre Forschungsaktivitäten zu strukturieren, zu verwalten und zu veröffentlichen) und an einer umfassenden Recherche, z. B. nach laufenden und abgeschlossenen Forschungsprojekten, weil jeder Wissenschaftler sich einen Überblick verschaffen möchte, wer innerhalb und außerhalb der Institutionen an welchen Themen beteiligt ist und arbeitet sowie im allgemein Forschungsinformationen anderer Wissenschaftler finden und verwenden. Einen anderen wichtigen Aspekt für diese erwähnte Zielgruppe zum einen ist die Sicherstellung der Datenqualität, da meist zunehmende Anzahl an internen und externen Datenquellen beim Import ins FIS zur Verfügung stehen und dadurch Datenmängeln aufkommen können, welche zu fehlerhaften Forschungsberichterstattung führen können [AA18]. Zum anderen erscheinen andere Aspekte bzw. müssen notwendige Bedingungen bei FIS erfüllt werden, z. B. [AS19a]:

- Forschungsinformationen müssen für den Benutzer verfügbar und konsistent sein,
- Benutzer müssen die Forschungsinformationen interpretieren können und
- Forschungsinformationen müssen für den Benutzer relevant und verlässlich sein.

Somit hängen die Vorteile eines FIS mit den strategischen und betrieblichen Erfordernissen einer Hochschule oder AUF und ihrer Forscher zusammen.

Nachdem die Ziele und Herausforderungen von FIS beschrieben wurden, werden im nächsten **Abschnitt** 2.6 nun die verschiedenen Sichtweisen von FIS für die Stakeholder betrachtet.

2.6   Die verschiedenen Sichtweisen von FIS für Stakeholder

Ein weiterer Vorteil der das FIS anbietet, sind die verschiedenen Sichtweisen auf das FIS für die unterschiedlichsten und interessierten Anspruchsgruppen bzw. Stakeholder. So kann zum Beispiel ein Wissenschaftler auf seinem persönlichen und individuellen Profil, den Datenraum seiner Forschungsergebnisse betrachten und kann dadurch ebenfalls durch diese Informationen mühelos einen eigenen Lebenslauf erstellen und verwalten, sowie auch Publikationen, Projekten und andere wissenschaftliche Aktivitäten [FK13]. Diese können online im FIS-Portal veröffentlicht werden und somit kann sich jeder Wissenschaftler dafür entscheiden, sein Profil ganz oder teilweise öffentlich zugänglich zu machen. Deshalb ist es wichtig, die Interoperabilität zwischen dem FIS und mehreren internen Systemen einer Institution zu gewährleisten, wie z. B. dem akademischen Managementsystem, einer CV-Plattform für Forscher und allen weitverbreiteten und anerkannten externen Systemen, z. B. ORCID und ResearcherID. Ein Hauptmerkmal eines FIS ist das Vorhandensein von persistenten Identifikatoren für Forscher, Organisationen und Projekte. Es ermöglicht die Institutionen, Informationen über Forschung aus verschiedenen internen Systemen zu sammeln und mit externen Informationen zu kombinieren. Zum Beispiel das FIS muss Metadaten von Publikationen aus Scopus, Web of Science oder PubMed sammeln, importieren und synchronisieren, um den Publikationsprozess zu unterstützen.

Ein Institutsmanager kann wiederum den Datenraum seines Instituts betrachten und mit dessen Hilfe die Informationen nutzen, um Berichte für eine Vielzahl von Zwecken erstellen zu können.

Die Zentraladministration würden nur Informationen erhalten, die von Relevanz sind und die auf ihre Bereiche abgestimmt sind. So können zum Beispiel Forschungsförderungen Informationen zu Forschungsprojekten erhalten, Bibliotheken erhalten Informationen zu den Publikationen oder die internationale Abteilung einer Hochschule oder Forschungseinrichtung erhält Informationen zu Forschungskooperationen, die selbstverständlich nur international sind.

Im Folgenden werden die erwarteten Mehrwerte von FIS für mehrere Stakeholder herausgestellt und zusammengefasst [HB12], [FK13], [ETB+15], [HS16]:

Für Wissenschaftler:

- Arbeitserleichterung durch Einmaleingabe von Forschungsinformationen für mehrfache Nutzung

- einfache Befüllung von Publikations- und Projektlisten auf persönlichen und institutionellen Webseiten

- Funktionalitäten für die einfache Verwaltung von Lebensläufen und einfache Erstellung von Berichten

- einfache Möglichkeit zum Importieren und Exportieren von Informationen aus und von anderen Systemen

- Veröffentlichung von Preprints direkt auf der Oberfläche des FIS

- Unterstützung bei der Suche nach Forschungsmöglichkeiten, Forschungssponsoren und Mentoren usw.

- Finden von internen und externen Kooperationspartnern

Für die Forschungsförderung (z. B. Fakultäten, Abteilungen):

- einfache Erstellung von Forschungsberichten für Fakultäten, Institute usw.

- Ermöglichung der proaktiven Bereitstellung von Informationen

- leichte Findung der Zusammenarbeit mit externen Partnern (z. B. durch Suche nach Themen, Suche nach Unternehmen, EU-Partner usw.)

Für die Forschungsadministration (z. B. Hochschulleitung, Pressestelle):

- besseren Überblick über die Forschungsaktivitäten der Hochschulen

- schnelleren Wissensaustausch innerhalb der Hochschulen

- einfache Erstellung notwendiger Forschungsberichte bzw. Statistiken und Transparenz der Arbeitsprozesse und Antragsverfahren von Hochschulen

- standardisierte und nachhaltige Dokumentation der Forschungsaktivitäten und -ergebnisse

- Verbesserung des Hochschul- und Forschungsmarketings durch die Online-Präsenz der Verbreitung von Forschungsleistungen

Für die Bibliothekare:

- leichten und zuverlässigen Zugang zu Publikationen und Erleichterung bei deren Verwaltung durch die Integration in Online-Datenbanken (Web of Science, PubMed, Scopus, CrossRef usw.)

- Ermöglichung der Analyse und Berichterstellung

- einfache Integration von Informationen zu Wissenschaftlern, Projekten, Publikationen usw. in Bibliothekskatalog

Nach der Betrachtung der verschiedenen Sichtweisen von FIS für die Stakeholder, soll im nächsten **Abschnitt** 2.7 zunächst eine Übersicht über die Analyse des FIS-Marktes erstellt werden. Danach werden die Anbieter von FIS-Lösungen hinsichtlich ihrer Eignung für die Hochschulen und AUFs untersucht und kategorisiert.

2.7   FIS-Marktübersicht

FIS sind in den vergangenen Jahren immer mehr zu einem großen Teil der IT-Systemlandschaft von Hochschulen und AUFs geworden und unterstützten das Forschungsmarketing. Der weltweite Markt für FIS entwickelt sich sehr dynamisch und weiter: Ende 2002 bis 2017 gab es Wachstumsraten von 30 Prozent pro Jahr. Allein zwei bis vier Milliarden Euro wurden an Lizenzerlösen eingenommen. Der FIS-Markt wurde in den ersten Jahren von vielen spezialisierten Anbietern geprägt. Im Zeitablauf haben sich führende Spezialanbieter abgezeichnet, die durch ein geschicktes Marketing und stärkeren Vertrieb das Marktsegment dominierend besetzten. Die führenden Spezialisten für FIS Europaweit sind Elsevier, Symplectic, Clarivate Analytics, QLEO Science GmbH und VIVO Connect-Share-Discover. Gerade diese großen Anbieter besitzen komplette FIS-Suite, die nicht auf eine Branche spezialisiert werden. In der folgenden **Tabelle** 2.3 ist die Marktübersicht der Top fünf Anbieter von FIS-Software zu sehen. Diese Informationen wurde von dem Beratungsunternehmen AT-CRIS GmbH[4] bereitgestellt. AT-CRIS GmbH spezialisiert auf das Thema Forschungsinformationssysteme und Kerndatensatz Forschung (KDSF) und bietet durch seine Expertise eine Unterstützung bei der Implementierung an deutschen Hochschulen und AUFs.

Wie in der **Tabelle** 2.3 illustriert, wird der FIS-Markt in starkem Maße von den großen bekannten Unternehmen dominiert. Elsevier ist Marktführer im FIS-

Tabelle 2.3 Die Top fünf Anbieter von FIS-Tools

Rang	Anbieter	Umsatz in Mio. €	FIS-Produkt	FIS-Kunden	Lizenz
1	Elsevier	2.700	Pure	ca.210	Kommerziell
2	Symplectic	1.400	Elements	ca.80	Kommerziell
3	Clarivate Analytics	1.000	Converis	ca.50	Kommerziell
4	QLEO Science GmbH	1.1	FACTScience	ca.10-20	Kommerziell
5	VIVO Connect-Share-Discover	0.25+	VIVO	ca.148	Kommerziell

---

[4] https://at-cris.com/de/

Gesamtmarkt mit einem Umsatz von 2.700 Millionen Euro. Auf den Plätzen zwei und drei folgen Symplectic mit 1.400 Millionen Euro Umsatz und Clarivate Analytics mit 1.000 Million Euro Umsatz. Auf Platz vier folgt QLEO Science GmbH, das Unternehmen erwirtschaftete 1.1 Millionen Euro Umsatz. Platz fünf belegt VIVO Connect-Share-Discover mit einem Umsatz von 0.25 Millionen Euro. Diese Top „Big Five" FIS-Anbieter nehmen mehr als die Hälfte des FIS-Marktsvolumens weltweit ein und vereinen insgesamt 51 Prozent Anteil am FIS-Gesamtmarkt auf sich.

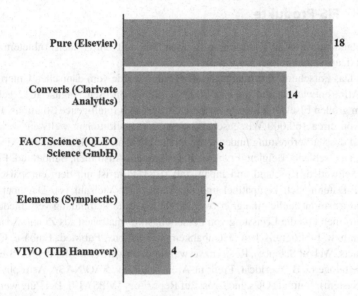

Abbildung 2.9 Die verwendeten Tools von FIS (N=51)

Durch die Umfrage [SAS19] wird deutlich aufgezeigt, welche FIS von den deutschen Hochschulen und AUFs am häufigsten genutzt werden (wie die Ergebnisse in der **Abbildung** 2.9 eindeutig präsentiert). Besonders beliebt ist das FIS von Pure mit 18 Nutzern, dicht gefolgt von Converis mit 14 Nutzern. Das FIS von FACTScience zeigt mit acht Nutzern und Elements mit sieben Nutzern auch eine relative hohe Beliebtheit bei den Nutzern an. Den letzten Platz mit vier Nutzer belegt das FIS von VIVO.

In Bezug auf den deutschen Markt wurde das neue FIS-Tool „HISinOne" im Dezember 2018 von einem deutschen Anbieter Hochschul-Informations-System

(HIS) eG. entwickelt und an deutschen Hochschulen und AUFs empfohlen. Das besondere hierbei ist, dass HISinOne alle erforderlichen Funktionen zur strukturierten Erfassung, Verwaltung und Auswertung des KDSF enthalten.

Im folgenden **Abschnitt** 2.8 werden die erwähnten Anbieter von FIS-Lösungen hinsichtlich ihrer Eignung für die Hochschulen und AUFs erarbeitet und es wird darauf eingegangen wie sich die FIS-Produkte für Hochschulen und AUFs voneinander unterscheiden können.

2.8 FIS-Produkte

Im Folgenden werden FIS-Produkte von den fünf weltweit größten Anbietern und einem deutschen Anbieter vorgestellt:

Pure: Das Forschungsinformationssystem Pure[5] wurde vom dänischen Unternehmen Atira entwickelt und im Jahr 2003 veröffentlicht. Seit August 2012 gehört es zum großen Elsevier-Konzern im Bereich Research Intelligence Solutions. Pure wird von circa 160.000 Wissenschaftlern an 250 Institutionen weltweit verwendet und dessen Verbreitung findet besonders in Dänemark, USA, England, Niederlande, Deutschland, Belgien, Frankreich, Österreich, Australien, Schottland, Finnland, Schweden, Russland und Japan statt [Els]. Pure ist mit dem europäischen CERIF-Datenmodell kompatibel und kann mit einer Vielzahl von Datenbanken und Informationsquellen integriert werden. Pure ist die Verbindung verschiedener Datenformen und die Erfassung von Forschungsinformationen aus Zitationsdatenbanken bzw. bibliografischen Datenbanken (wie Scopus, PubMed, Embase, CAB Abstracts, Web of Science), Referenzverwaltungssoftware (wie Mendeley), Bibliothekskataloge (z. B. Worldcat, Preprint-Archive (arXiv, SAO/NASA Astrophysics Data System), JournalTOCs und CrossRef Repository [MPSA19]. Bei Pure werden die Forschungsinformationen (wie z. B. Publikationen, Projekte, Anträgen, Bewilligungen, Auszeichnungen, Presse- und Medienberichten usw.) einer Institution aus zahlreichen internen und externen Quellen aggregiert. Gleichzeitig wird sichergestellt, dass sämtliche Daten, die vor allem für die Bestimmung von strategischen Entscheidungen nötig sind, vertrauenswürdig, umfassend und aktuell zur Verfügung gestellt werden. Mit Unterstützung von Berichtsmodulen bei Pure können Nutzer verschiedene Abfragen erstellt und gespeichert werden, ohne, dass dafür Programmierkenntnisse notwendig sind. Bei Pure handelt es sich um ein äußerst vielseitiges zentralisiertes System und kann vieles ermöglichen wie z. B., dass die Institutionen in der Lage sind Berichte zu erstellen und zu teilen, Leistungsbeurteilungen

---

[5] https://www.elsevier.com/solutions/pure

durchzuführen, Forscherprofile zu verwalten, Know-how zu entdecken und noch vieles mehr, während gleichzeitig Verwaltungsaufwand für Lehrkräfte, Forscher und Mitarbeiter reduziert werden [Pur].

Elements: Das Forschungsinformationssystem Elements[6] wurde vom Hersteller Symplectic gegründet und ist der kommerzielle Research Information Management System-Dienst der Digital Science[7]. Das Unternehmen Symplectic vertreibt Seamless Research Management in England, Australien und Deutschland und ihre Software wird von mehr als 350.000 Wissenschaftlern an über 100 Institutionen genutzt [Sym]. Mit Elements können Wissenschaftler, Administratoren und Bibliothekare auf der ganzen Welt, ihre wissenschaftlichen Aktivitäten erfassen, analysieren und präsentieren. Darüber hinaus lässt sich Elements in verschiedene institutionelle Systeme integrieren und umfasst digitale Repositorien, HR-Systeme, Finanzsysteme und andere Anwendungen [MPSA19]. Elements stellt Software und Service bereit, um die Institutionen zu helfen, ihre Forschungszusammenarbeitsnetzwerke durch automatisierte Datenintegration von verschiedenen internen und externen Quellen zu verstehen und den administrativen Aufwand durch die manuelle Eingabe zu minimieren. Außerdem bietet es ein stabiles Berichts-Framework für hochwertige Daten an, mit dem Administratoren individuelle Berichtsvorlagen erstellen sowie Visualisierungsfunktionen die Darstellung von Daten in einem leichten, verständlichen Format ermöglichen können [Sym].

Converis: Das Forschungsinformationssystem Converis[8] wurde vom deutschen Unternehmen Avedas AG (Thomson Reuters) im Jahr 2005 modular aufgebaut und seit 2013 gehört es zu Clarivate Analytics. Es verfügt über einen weltweiten Kundenstamm mit einer Konzentration von Anwendern in Europa. Der Hauptsitz ist in Karlsruhe (Deutschland), weitere Sitze befinden sich in Niederlande, Frankreich, Belgien, Luxemburg, England, Schweden, Schottland, Schweiz und Portugal. Die Daten im Converis sind mit CERIF-Datenmodell flexibel und kompatibel. Converis unterstützt Institutionen bei der Erhebung und Verwaltung von Daten über den gesamten Forschungslebenszyklus [Cla]. Dies bietet wichtige Vorteile für die wichtigsten Interessengruppen entlang des Forschungslebenszyklus, einschließlich Forschern, Doktoranden, Administratoren und Managern (z. B. Forschungsbüro, Bibliothek usw.) sowie für verschiedene Organisationseinheiten an [Cla]. Damit wird Converis zu einem zentralen Kommunikationsinstrument, bei dem alle relevanten Informationen für die beteiligten Stakeholder zur Verfügung stehen. Converis vereinfacht für sie die Datenpflege und macht die Forschungsinformationen trans-

---

[6] https://symplectic.co.uk
[7] https://www.digital-science.com
[8] https://www.clarivate.com

parent, augenblicklich verfügbar und damit können die Stakeholder ihren Erfolg genauer im Blick behalten und einfacher verfolgen. Ergänzend verfügt Converis über ein starkes Internet-Sicherheitssystem für das Management von Forschungsinformationen und bietet Webintegrationsdienste, um die Veröffentlichung aus anderen wissenschaftlichen Datenbanken wie Web of Science, Scopus, PubMed und DNB zu extrahieren [MPSA19].

FACTScience: Das Forschungsinformationssystem FACTScience[9] gehört zum Hersteller QLEO Science GmbH. Das Unternehmen QLEO wurde im Jahr 1998 unter dem Namen FACT GmbH auf Basis einer public private partnership mit der Charité – Universitätsmedizin Berlin gegründet [Qle]. Seit Gründung der FACTScience ist das Unternehmen mit der Software FACTScience auf Systemlösungen für wissenschaftliche Organisationen spezialisiert und bietet für sie ein integriertes Organisations-, Verwaltungs- und Reporting-Management [Qle]. FACTScience verfügt über Module von SAP, Customer-Relationship-Management (CRM) und Ressourcenmanagement für die direkte Einbindung der Mitarbeiter, um die entsprechende Datensätze einzutragen und zu bearbeiten. Des Weiteren ermöglicht diese Software die Bereitstellung von Daten im KDSF-Format und kann für die Erfüllung der umfangreichen Berichtspflichten einer Institution genutzt werden. Der Kundenkreis zum Unternehmen QLEO Science GmbH sind ein Viertel der medizinischen Fakultäten Deutschlands, Forschungseinrichtungen der Leibniz-Gemeinschaft sowie Schweizer Universitäten [Qle].

VIVO: Das Forschungsinformationssystem VIVO[10] ist vom Hersteller VIVO Connect-Share-Discover gegründet und ist eine Open-Source-Software bzw. semantische basierte Software, die von der Cornell University Library im Jahr 2004 für die Erforschung und Vernetzung von Wissenschaftlern entwickelt wurde. Seit 2013 ist Duraspace zum Inkubator geworden, um das VIVO-Projekt unter der akademischen Forschung auf der ganzen Welt weiterzuentwickeln und zu fördern. Das VIVO-Projekt wird von internationalen Agenturen unterstützt, wie z. B. Finanzierungsagenturen, Forschungseinrichtungen, gewinnorientierte Verlage sowie einer Vielzahl von Bemühungen im Bereich der Community für semantisches Web und Ontologie [Viv]. Des Weiteren unterstützen andere wichtige Partner die Vereinheitlichung des VIVO-Projekts und die Verbesserung der Interoperabilität, diese sind euroCRIS, CASRAI, Clarivate Analytics, Symplectic, ORCID usw. [Viv]. VIVO unterstützt die Institutionen und deren Wissenschaftler beim Erfassen, Aufzeichnen, Durchsuchen, Verwalten und Visualisieren von wissenschaftlichen Aktivitäten [Viv]. VIVO ermöglicht es vor allem Hochschulen und AUFs, ihre wissenschaft-

---

[9] https://www.qleo.de

[10] https://duraspace.org/vivo

lichen Aufzeichnungen zu präsentieren, Forschungsergebnisse in allen Disziplinen zu entdecken, Mitarbeiter zu finden, Netzwerkanalysen durchzuführen und die Auswirkungen der Forschung einzuschätzen. Die Forschungsinformationen im VIVO können manuell oder durch einen automatisierten Dateneingabeprozess aus zahlreichen Quellen wie HR-System, SAP, Publikationsrepositorien usw. übertragen werden. VIVO ist ein Netzwerk, in dem mehr als 140 Institutionen und Agenturen in mehr als 25 Ländern (wie z. B. Deutschland, Niederlande, Frankreich, Spanien, England, USA, Dänemark, Brasilien, Mexiko, Australien usw.) VIVO implementieren oder VIVO-kompatible Daten produzieren [Viv].

HISinOne: Das Forschungsinformationssystem HISinOne[11] wurde von dem deutschen Unternehmen HIS eG. als ein integriertes Verwaltungssystem für Organisationen entwickelt. HIS eG. ist ein Bestandteil des deutschen Hochschulsystems und dies gewährleistet ein langfristiges, nicht auf Gewinn ausgerichtetes Leistungsprofil, das am besten geeignet ist, um die Bedürfnisse des Hochschulsektors zu erfüllen. Im Jahr 2007 begann das Unternehmen HIS eG. die Entwicklung von HISinOne und ab Dezember 2018 ist die Softwaregeneration (Release 2018.12) mit dem KDSF-Modul vollständig abgeschlossen [His]. HISinOne ist eine webbasierte IT-Lösung und bietet eine Reihe von Modulen zur Unterstützung von Campus- und Ressourcenmanagementprozessen, z. B. das System unterstützt alle Strukturen und Prozesse des Student-Life-Cycle (Bewerbung, Zulassung, Prüfung, Alumni) der Lehre und Forschung sowie alle Akteure bei ihren wissenschaftlichen Aktivitäten [His]. Somit tritt eine Minimierung des Administrationsaufwands bzw. eine komfortable Arbeitserleichterung an der Hochschule ein. Zur Auswertung der Forschungsaktivitäten bzw. Ergebnisse können mit der integrierten Business Intelligence in HISinOne mehrere statistische Analysen und Berichte erstellt werden. HISinOne ermöglicht Schnittstellen zu anderen relevanten Systemen, z. B. Bibliothekssysteme und institutionelle Repositorien und ist mit dem CERIF-Standard kompatibel, um einen Austausch von Forschungsinformationen gewährleisten zu können.

Um das Verständnis bei der Auswahl der richtigen FIS-Anwendung für die Implementierung in den Hochschulen, AUFs und Bibliotheken zu erleichtern, wird eine vergleichende Bewertung der FIS-Produkte untersucht, die in der **Tabelle** 2.4 dargestellt wird.

Die aufgeführten Kriterien wurden basierend auf die allgemeinen Merkmalen bzw. die Anforderungen der Einrichtungen ausgewählt, die ein FIS haben sollten. Nachfolgend werden die wichtigsten Kriterien aufgezählt: Ein der vielen Funktionen von FIS ist es, die Forscherprofile und ihre Forscher von einem einzigen Punkt aus der Öffentlichkeit zugänglich zu machen. Forscherprofile verbreiten die

---

[11] https://www.his.de/hisinone

Tabelle 2.4 Kriterienkatalog zur Bewertung von FIS-Produkten (in Anlehnung von [MPSA19])

Kriterien		Pure	Elements	Converis	FACTScience	VIVO	HISinOne
Erstellung von Forscherprofilen und CVs	Erstellung und Weitergabe von Lebensläufen für Forscher	✓	✓	✓	✓	✓	✓
	Persönliche Webseite des Forschers	✓	✓	✓	✓	✓	✓
	Erreichung der Publikationsliste	✓	✓	✓	✓	✓	✓
	Integration in das HR-System	✓	✓	✓	✓	✓	✓
Webinterface mit externen Datenquellen	CrossRef	✓	✓	✓	✗	✓	✗
	DBLP	✓	✓	✗	✗	✗	✗
	ArXiv	✓	✓	✗	✗	✓	✗
	ORCID	✓	✓	✓	✓	✓	✓
	PubMed	✓	✓	✓	✓	✓	✓
	Scopus	✓	✓	✓	✓	✓	✓
	Web of Science	✓	✓	✓	✓	✓	✓
	Sharpa	✓	✓	✗	✗	✗	✗
	RePec	✓	✓	✗	✗	✗	✗
	WorldCat	✓	✗	✗	✗	✗	✗
	Embase.com	✓	✗	✗	✗	✗	✗
	CAB Abstracts	✓	✗	✗	✗	✗	✗
	Mendeley	✓	✓	✓	✗	✗	✗
	MathSciNet	✗	✓	✗	✗	✗	✗
	Journal TOC	✓	✗	✗	✗	✗	✗
	Google Books	✗	✗	✗	✗	✗	✗
	MLA Bibliography	✗	✗	✗	✗	✗	✗
	MS Academic Search	✗	✗	✓	✗	✗	✗
	SAO/NASA Astrophysics Data System	✓	✗	✗	✗	✗	✗
	Figshare	✗	✗	✗	✗	✗	✗
	Social Science Research Network (SSRN)	✗	✗	✗	✗	✗	✗
Integration mit Autoren- und Forscheridentifikatoren	Researcher ID	✓	✓	✓	✓	✓	✗
	ORCID	✓	✓	✓	✓	✓	✓
	Scopus ID	✓	✓	✗	✗	✓	✗
	Persistent/Handle URLs	✓	✓	✓	✓	✓	✓
Import und Export der Bibliographie	RefWorks	✓	✓	✓	✗	✓	✗
	EndNote	✓	✓	✓	✓	✓	✓
	BibTex	✓	✓	✓	✓	✓	✓
	RIS (Reference Information System)	✓	✓	✓	✗	✓	✗
	Reference Manager	✓	✓	✓	✗	✓	✓
	Google Scholar	✓	✓	✓	✗	✓	✗
	Mendeley	✓	✓	✓	✗	✗	✗
	InCites	✓	✓	✓	✗	✓	✗
Verbindung zu den institutionellen Repositories	DSpace	✓	✓	✓	✗	✓	✓
	ePrints	✓	✓	✓	✗	✓	✗
	Fedora	✓	✓	✓	✗	✓	✗
Tools zur Wirkungsanalyse	Altmetrics	✓	✓	✗	✗	✓	✗
	Bibliometrische Indikatoren	✓	✓	✓	✓	✓	✓
	Ranking der Forschung	✓	✓	✓	✓	✓	✓
Berichts- und Dashboard-Funktionen	Dashboard	✓	✓	✓	✓	✓	✓
	Network Reports	✓	✗	✓	✗	✓	✗
	Data export MS Excel (CERIF)XML)	✓	✓	✓	✓	✓	✓
	Standard Reports Per Module*	✓	✗	✓	✗	✗	✗
	HTML files	✓	✓	✓	✓	✓	✓
	Adobe® PDF	✓	✓	✓	✓	✓	✓
	Reporting Tools database	✓	✓	✓	✓	✓	✓
	Nutzerrechte	✓	✓	✓	✓	✓	✓
Online Support	Hotline	✓	✓	✓	✓	✓	✓
	E-Mail	✓	✓	✓	✓	✓	✓
	Online-Anleitungen	✓	✓	✓	✓	✓	✓
	Benutzerhandbuch	✓	✓	✓	✓	✓	✓
	Schulung	✓	✓	✓	✓	✓	✓

Forschung an die breite Community und wirken sich so auf sie aus. FIS erleichtert die Erstellung von Forscherprofilen, einschließlich Lebenslauf, Ausbildung, Forschungsinteresse, Berufserfahrung, Veröffentlichungen usw. Insgesamt können Forscher im FIS ihre persönliche Webseite erstellen, die ihnen hilft, die Verbreitung bei Benutzern und Förderorganisationen zu verbessern. Was die Erfassung der Daten betrifft, sind die potenziellen Aufgaben, die institutionelle Forschungsinformationen in einem einzigen Punkt zu verwalten. Es würde eine große Herausforderung darstellen, alle Forschungsinformationen von jedem Forscher zu erhalten.

Daher verfügt das FIS über eine Schnittstelle zu mehreren externen Datenquellen, Suchmaschinen, Zitationsdatenbanken und bibliografischen Datenbanken, Preprint-Servern und noch mehr. Dies hilft beim Importieren der Forschungsinformationen direkt über Webschnittstellen. Indes trägt eine eindeutige Autorenkennung dazu bei, dass der Forscher mit seiner vollständigen Liste von Forschungspublikationen, einschließlich Bildungsdetails, Zugehörigkeitsgeschichte, institutionellen und biografischen Informationen, ein vollständiges Profil der Autoren in einzelnen Kennungen erfassen kann. Standardisierte eindeutige Autorenkennungen werden von akademischen Hochschulen und AUFs, Verlagen, institutionellen digitalen Repositorien, Finanzierungsagenturen häufig verwendet. Bestimmte Verlage wie Thomson Reuters (Web of Science), Elsevier (Scopus) und ORCID haben damit begonnen, die Server für Zuweisung einer einzelnen Kennung ihres Forscherprofils und ihrer Forschung bereitzustellen. FIS hat sich ebenfalls mit verwaltenden Forscherinformationen integriert. Fernerhin wird FIS über verschiedene Programmiersprachen und durch ein Backend mit Datenbanken erstellt, sodass Datenbanken über Funktionen verfügen, mit denen Forschungsinformationen aus anderen Zitierformaten wie BibTex und direkt aus dem Referenzverwaltungssystem wie RefWorks, End-Note, Reference Manager, Mendeley und InCites usw. importiert werden können. FIS bietet Funktionen zum Exportieren von Bibliografien über Referenzverwaltungssoftware und Zitierstile an.

Da viele Hochschulen und AUFs die institutionellen Repositorien mit einem FIS kombiniert haben, haben sie die institutionelle Repository-Software wie Dspace, ePrints, Fedora usw. verwendet, um Forschungsinformationen unter einem Dach zu verwalten. Durch die Verbindung mit diesen Plattformen hat das FIS die Verbindung mit der wichtigsten Repository-Software hergestellt. Ein großer Vorteil des FIS ist, die Analyse der Auswirkungen auf die Forschung des Forschers im System. FIS bewertet Forscher anhand der Gesamtzahl der Veröffentlichungen, Zitate, des h-Index und der Sichtbarkeit über soziale Medien und anhand von weiteren Aspekten. Einige der in Altmetrics integrierten FIS können den Einfluss von Forschungsartikeln auf die Online-Aufmerksamkeit messen. Die bibliometrischen Indikatoren umfassen die Anzahl des Zitierens, Selbstzitierens, h-Index und der Artikel mehrerer Autoren.

Besonders attraktiv macht das FIS, wenn dessen Grundlage ein flexibles Dashboard und mehrere Berichtsoptionen bereitstellt. Das in FIS enthaltende Dashboard präsentiert die Statistiken der Forschungsinformationen auf optimale Weise. Forschungsberichte würden dazu beitragen, die Zeit des Administrators und der Forscher bei der Pflege der Forscherprofile zu verkürzen. FIS ist von Bedeutung bei der Erstellung von Statistiken in korrekter Interpretation aus den verfügbaren Daten unter Verwendung verschiedener statistischer Datenanalysewerkzeuge.

Ein weiteres ausschlaggebendes Kriterium für FIS ist die Offerte der Online-Unterstützung (per E-Mail oder Hotline) für Einrichtungen, Forscher und Bibliothekare, um FIS einfach und effektiv zu implementieren und zu pflegen. Online-Anleitungen unterstützen Forscher dabei, ein Bewusstsein für Funktionen und Einrichtungen zu schaffen, die im FIS verfügbar sind. Es gibt verschiedene FIS, die die unterschiedlichen Arten der Online-Unterstützung mit Nutzerrechten, Navigation, Workflow und Benutzerhandbuch bereitstellen.

Das FIS bietet mit seinen verschiedenen Funktionen und Unterstützungen ein breites Spektrum an Vorteilen und Zweckmäßigkeit an. Der Vergleich von FIS-Produkten heben das Hauptmanagement für Veröffentlichungen, das Fakultätsprofil, Berichte und die Möglichkeiten der Zusammenarbeit ausgewählter Software hervor. Die wichtigsten FIS sind die kommerziellen Produkte, Institutionen und Bibliotheken, die Verträge mit dedizierten Unternehmensdienstleistern abschließen müssen, um regelmäßigen Support und Fehlerbehebung zu erhalten. Institutionen können FIS implementieren, um entweder das Forscherprofil zu pflegen, ein institutionelles Repository zur Verwaltung der Fakultätsaktivitäten zu erstellen, einen Lebenslauf/eine Webseite der Fakultät zu erstellen und externe Forschung zu bewerten. Mehrere Freiwillige und Unterstützer haben zur Open-Source-Lösung für das Management von Forschungsinformationen beigetragen und ihre kontinuierliche Entwicklung und zusätzliche Plug-ins erfüllen die besonderen Anforderungen. Daher kann es schwierig sein, die beste FIS-Anwendung ohne geeignete Untersuchung auszuwählen. Zusammengefasst ist festzustellen, dass die betrachtenden Anbieter von FIS-Lösungen nur minimale Unterschiede zueinander aufzeigen und somit für Hochschulen und AUFs eine überragende Angebotsfläche zur Verfügung stellen. Alternativ, jedoch nicht eins zu eins vergleichbar, zu den kommerziellen FIS gibt es die kostenfreie Software, wie z. B. DSpace-CRIS, OMEGA-PSIR oder Business-Intelligence-Systemen, die als Open-Source-Lösungen verwendet werden können. Mittels der Umfrage wurde außerdem festgestellt, dass deutsche Hochschulen und AUFs die kein FIS nutzen, alternativ zum FIS operative Systeme (z. B. Enterprise-Resource-Planning (ERP), Campus-Management-Systeme (CMS), Projektdatenbanken (z. B. Typo3) und Office Anwendungen (z. B. Excel) verwenden.

Nachdem die konzeptionellen Grundlagen von FIS betrachtet und erläutert wurden, wird im **Kapitel** 3 die Datenqualität von FIS untersucht. Im Zusammenhang mit der zunehmenden Datenflut in Hochschulen und AUFs gewinnt insbesondere die Datenqualität zunehmend an Bedeutung. Die Zunahme der gesammelten Forschungsinformationen und ihrer Quellen stellt die Einrichtungen vor neuen und schwierigen Herausforderungen. Der Grund dafür ist nicht zuletzt die Absicht, die gesammelten Forschungsinformationen zu einer homogenen Menge zusammenzufassen, in einen logischen Kontext zu stellen und sie folglich für forschungsbezogene Entscheidungen bewerten und präsentieren zu können. Wenn diese Forschungsinformationen falsch, unvollständig oder nicht standardisiert sind, kann dies erhebliche Konsequenzen für die Einrichtung haben. Eine schlechte Datenqualität können zusätzliche Kosten oder Reputationsverluste hervorrufen. Wegen der steigenden Datenmenge und Anzahl an internen und externen Quellsystemen (wie z. B. Personen- und Projektdatenbanken, Publikationsdatenbanken usw.), wird es zunehmend schwieriger den Anforderungen an Datenbeschaffungs- und Transformationsprozessen gerecht zu werden. Sowohl bei manuell erfassten Forschungsinformationen als auch bei automatisierten Datenerhebungsprozessen kann ein Anstieg der Datenmenge zu mehr Qualitätsfehlern führen. Ebenso die Art und Anzahl der Nutzer kann Auswirkungen auf die Datenqualität haben. Hierbei müssen Forschungsinformationen kontinuierlich und regelmäßig mit bestimmten Maßnahmen gereinigt werden, denn entscheidend für die Nutzer und deren Akzeptanz für die implementierten Systeme ist die Sicherstellung der Datenqualität.

Untersuchung der Datenqualität in FIS 3

Dieses Kapitel geht vertiefend auf einzelne Besonderheiten von FIS mit einer positiven Auswirkung auf die Datenqualität ein, nebenher wird auf die vorkommene Datenqualitätsprobleme und deren konkreten Ursachen eingegangen. Als Lösung für die Sicherung der Datenqualität wird zunächst eine Qualitätsmessung in FIS mit den wichtigen objektiven Datenqualitätsdimensionen durchgeführt („*You cannot control what you cannot measure.*" [DeM82]). Dazu sollen Verfahren, die zur Verbesserung von Datenqualität in FIS führen, untersucht werden.

3.1 Die Besonderheiten von FIS

Die Verwendung des FIS an den Hochschulen und AUFs ist durch eine Reihe von Besonderheiten gekennzeichnet, die sich anders als sonstige klassische Datenbankanwendungen hervorheben und der besonderen Betrachtung benötigen. Diese werden wie folgt erörtert:

- **Dezentrale Datenerfassung**

Die Erfassung von Forschungsinformationen stellt den ersten Schritt im FIS dar und ist eine der Kernaufgaben, die einfach ist. Jeder Mitarbeiter der Forschungseinrichtung bzw. Wissenschaftler hat freien Zugang zum FIS und können ihre Forschungsaktivitäten bzw. -ergebnissen zu Personen, Publikationen und Projekten usw. im FIS manuell erfassen und bearbeiten. Dies ist ein häufiger Anwendungsfall sowohl in institutionellen als auch in community-bezogenen FIS [HS16].

Im Rahmen des Zulassungsverfahrens können wichtige Informationen zu den neuen Doktoranden erfasst werden, einschließlich ihres Bildungshintergrunds, ihres Lebenslaufs und ihrer formellen Dokumente (Ausweisdetails, Geburtsurkunde

O. Azeroual, *Untersuchungen zur Datenqualität und Nutzerakzeptanz von Forschungsinformationssystemen*, https://doi.org/10.1007/978-3-658-36702-2_3

usw.). Nach der Zulassung werden relevante Details automatisch gespeichert und in den Studienplan übernommen, wo der Doktorand und der/die Betreuer/-in ihre Aufsichtstreffen, Meilensteine und andere Aktivitäten planen können. Während des Studiums wird der Studienplan mit geplanten Aktivitäten und erzielten Ergebnissen abgeschlossen, um einen Überblick über die Fortschritte auf dem Weg zum Abschluss zu erhalten. Bei Bedarf können Fortschrittsausnahmen direkt im FIS ausgegeben werden und einen formalisierten Prozess durchlaufen. Wenn der Doktorand zum Abschluss bereit ist, werden relevante Details automatisch aus dem Studienplan übernommen, um das Formular für die Abschlussformalitäten auszufüllen. Dieser letzte Teil beinhaltet das Hochladen des Manuskripts der Abschlussarbeit, das Zuweisen von Prüfern und das Sammeln ihrer Bewertungsberichte, das Organisieren der öffentlichen Verteidigung, das Festlegen von Noten und das Erledigen anderer Formalitäten, um den Abschluss zu erreichen.

Neben der manuellen Datenerfassung stehen in FIS verschiedene Optionen zur automatischen Datenerfassung zur Verfügung. Dies beinhaltet einen automatisierten Datenimport von vorhandenen Systemen, mit denen interne und externe Anwendungssysteme verbunden werden können. FIS bietet viele Standardverbindungen bzw. Konnektoren zu anderen Systemen für eine effiziente Informationsverarbeitung an. Zum Beispiel für das „Graduate Student Management-Modul" erfolgt die Integration mit dem Anmeldeserver, dem Human Resources-System und dem Student Record System der Institution. Darüber hinaus hat der automatische Datenimport aus externen Online-Quellen und -Repositorien den großen Vorteil, dass Publikationsdaten nur einmal erfasst und validiert werden und anschließend für vielfältige Zwecke wie Websites, Lebensläufe, Publikationslisten und Referenzverwaltungssoftware verwendet werden können [SM12].

• **Heterogene Datenbestände**

Jede Hochschule bzw. AUF benötigt eine effiziente und zuverlässige Methode, um Forschungsinformation präzise aufzuzeichnen, zu aktualisieren und zu verfolgen. FIS sind eines der am weitesten verbreiteten Systeme zur Sammlung, Integration, Speicherung und Aufbereitung von Forschungsinformationen. Die Integration von Forschungsinformationen ist ein immanentes Merkmal von FIS. Nach Conrad bezieht sich Datenbank-integration üblicherweise auf die Integration von zwei oder mehr Datenbanken, bei denen es sich um Datenbanken im engeren Sinne handelt, das heißt die Daten werden von einem echten Datenbankverwaltungssystem verwaltet [Con02a]. Um meist folglich für Hochschulen und AUFs oder Entscheidungsträgern relevante Zwecken bzw. Entscheidungen auszuwerten und präsentieren zu können, werden Forschungsinformationen aus mehreren heterogenen Datenquellen mit unterschiedlichen Strukturen und Formaten in das FIS integriert. In der Literatur gibt es verschiedene Arten von Heterogenität der Datenquellen. Dies gilt, wenn sich zwei miteinander verbundene Informationssysteme syntaktisch, strukturell oder inhaltlich unterscheiden [LN07]. Die Gründe für heterogene Datenquellen sind allseitig und beruhen auf unterschiedlichen Faktoren: FIS basiert auf unterschiedlichen technischen Plattformen, wodurch technische Heterogenität entsteht. Letzteres beinhaltet auch die Verwendung unterschiedlicher Kommunikationsprotokolle bzw. Schnittstellen. Darüber hinaus wird FIS mit unterschiedlichen Datenmodellen implementiert. Es kann sowohl strukturelle als auch semantische Heterogenität der Quellen auftreten. Detaillierte Informationen zu den einzelnen Ansätzen finden sich in [Con02b]. Da das Zusammenführen (Integrieren) von Datenbeständen aus mehreren und unterschiedlichen heterogenen Quellen eine ständig auftretende Aufgabe ist und seit über 25 Jahren in der Forschung behandelt und dafür Lösungen entwickelt wurden [Con02a].

- **Schnittstellen zu bestehenden Systemen**

Für eine effiziente Datenverarbeitung sammelt FIS Daten aus externen und internen Quellen. Web of Science, PubMed, Scopus und Vertragsinformationen von Finanzierungsstellen sind einige Beispiele für externe Systeme, in die FIS integriert ist. Intern werden Verbindungen zu Anmeldeservern, HR, Finanzen, Preisgestaltung und Kostenrechnung, Studentenakten und institutionellen Repositorien hergestellt, um wichtige Informationen kontinuierlich am richtigen Ort auf dem neuesten Stand zu halten. Dies gilt auch für die Wissenschaftler in ihrer Einrichtung, die direkt in FIS nach ihren Veröffentlichungen in diesen Quellen suchen oder Suchprofile verwenden können, die die Benutzer automatisch über neue Übereinstimmungen auf dem Laufenden halten. Das Ergebnis wird als Liste übereinstimmender Veröffentlichungen dargestellt, bei denen der Benutzer seine Veröffentlichungen lediglich mit einem einzigen Klick bestätigen muss. Diese Veröffentlichungen werden von FIS importiert, das auch prüft und sicherstellt, dass keine Elemente dupliziert werden. Für Veröffentlichungen, die nicht in Online-Quellen verfügbar sind, aber in einem der Formate BibTeX, Endnote, Reference Manager (RIS) oder RefWorks gespeichert sind, kann der Benutzer die Datei einfach auf FIS hochladen.

Die Integration vorhandener Systeme und Datenbanken bilden in FIS zahlreiche Schnittstellen für den Datenaustausch zwischen den unterschiedlichen Systemen. Abgesehen davon ist FIS eine leistungsstarke Schnittstelle, die die verschiedenen institutionellen Systeme miteinander verbindet. FIS kann die internen Systeme der Einrichtung mit einer Vielzahl externer Datenquellen in einer einzigen Plattform kombinieren. Eines der Grundprinzipien von FIS besteht darin, die Wiederverwendung von Daten aus anderen internen und externen Quellen zu maximieren, um die Arbeitsbelastung für Forscher und Administratoren zu minimieren und eine hohe Datenqualität sicherzustellen.

- **Unterschiedliche Datenmodelle mit verschiedenen Modellierungssprachen**

Es entsteht ein hoher menschlicher Aufwand für das Sammeln, Integrieren und Aggregieren von Forschungsinformationen in FIS, da die Berichte über die Forschungsergebnisse von verschiedenen Einrichtungen angefordert werden, müssen diese Aufgaben wiederholt durchgeführt werden und erfordern daher noch mehr menschlichen Aufwand. Durch die Verwendung der Datenmodelle oder Standards, wie z. B. CERIF, CASRAI und KDSF in FIS könnten diese Aufgaben vereinfacht werden. Standardisierung ist nicht nur erforderlich, um die Entwicklung von FIS zu regulieren, sondern auch um ein höheres Maß an Interoperabilität zwischen ihnen zu ermöglichen [PSA14]. Daher würde die vollständige Einführung von Datenmodelle (wie CERIF) tatsächlich zu einer Erhöhung der Kompatibilität zwischen FIS führen [PSA14]. Im Allgemeinen bilden Datenmodelle den zentralen Kern der Datenmodellierung für jede Datenbank und sollen die Darstellung von Daten beschreiben [KSS14]. Für die Datenmodellierung werden verschiedene Sprachen verwendet, beispielsweise das weit verbreitete Entity-Relationship-Modell (ERM) zur Beschreibung der Eigenschaften eines Informationssystems. Dies ist wichtig, um die Komplexität eines Modells zu verringern und die Klarheit für den Betrachter zu verbessern.

- **Mehrbenutzerzugriff**

Auf alle Forschungsinformationen in FIS können mehrere Benutzer zugreifen, es können jedoch mehrere Benutzer die gleichen Daten zur selben Zeit ändern und verwalten. Jeder dieser Benutzer hat unterschiedliche Rechte und kann unterschiedliche Eingabe- und Ausgabe-Optionen haben. Benutzerrechte sind eines der Schlüsselelemente, um eine optimale Benutzererfahrung zu gewährleisten. Im FIS können die Benutzerrechte in einer flexiblen und granularen Weise festgelegt werden, das heißt, welche Entitäten, Attribute und Beziehungen für jede Benutzerrolle gelöscht, erstellt, bearbeitet, angezeigt oder verborgen werden können. Es ist auch möglich, die Workflows über die Benutzerrechte zu definieren, z. B. in welchen Schritten hat jede Benutzerrolle das Recht, was zu tun, welche E-Mail-Benachrichtigungen wann gesendet werden sollen usw. Es wird eine Reihe von Standardbenutzerrollen bereitgestellt, die Rollen können jedoch leicht angepasst oder neue Rollen hinzugefügt werden, um den spezifischen Anforderungen der Hochschule bzw. Forschungseinrichtung perfekt zu entsprechen. Die Standardbenutzerrollen für alle Bereiche sind Forscher, OrgAdmin (verantwortlich für eine bestimmte Organisationseinheit), Viewer (nur Rechte für alle Inhalte anzeigen) und SuperAdmin (volle Rechte für alle Inhalte) und für jeden Anwendungsbereich gibt es eine Reihe weiterer Benutzer Rollen standardmäßig, das heißt, „Pre-Award", „Post-Award Finance", „Abteilungsleiter", „Dekan", „Bibliothek", „Doktorand" und „Supervisor" usw.

● **Sprach- und Kulturraum abhängig**

Bibliografische Datenbanken sind ein Katalog der Bestände in einem bestimmten Repository, z. B. einer Bibliothek. Die vollständigen Veröffentlichungen sind selten in der Datenbank verfügbar, in der Regel werden nur Metadaten bereitgestellt. Dies bietet eine kurze Beschreibung der Arbeit (assoziative beschreibende Metadaten) und wo sich die Arbeit befindet (Navigations-Metadaten) [AJ05]. Darüber hinaus enthalten die bibliografischen Datenbanken mehrere Veröffentlichungen in Zeitschriften, Konferenzberichten, Buchkapiteln und Medien aus einer Vielzahl bibliografischer Nachschlagewerke aus der Zeit von 1500 bis etwa 1980, die sich auf verschiedene sprachliche und kulturelle Bereiche beziehen. Bei automatisiertem Datenimport aus unterschiedlichen Publikationsdatenbanken in FIS berücksichtigen die enthaltene Publikationsdaten (Metadaten) jeweils unterschiedliche Sprach- und Kulturräume, z. B. Autorennamen bzw. ihre wissenschaftliche Einrichtung und Zugehörigkeit mit unterschiedlicher Reihenfolge und Schreibweise.

● **Keine IT-Kenntnisse Erforderlich**

Auch wenn lange Implementierungszeiten, komplizierte Installationen und Upgrades sowie Betriebsprozesse und vor allem hohe Kosten vorhanden sind, integrieren dennoch viele das FIS bei sich, da keine besonders umfangreichen technischen Kenntnisse für die Benutzer während ihrer Arbeit mit dem FIS nötig sind. Die von FIS bereitgestellte Abfragesprache ist für nicht Programmierer bis zu einem gewissen Grad zu verstehen. Wenn sie z. B. einen Datensatz aktualisieren, einfügen, löschen und durchsuchen möchten, ist dies mit Hilfe der von FIS bereitgestellten Abfragen relativ einfach zu lösen. Jedoch ist das Hinzuziehen eines Programmierers unter gewissen Umständen notwendig.

Die Kombination dieser Besonderheiten macht FIS zu einem besonders schwierigen Integrationsproblem (siehe **Abschnitt** 3.5). Viele Hochschulen und AUFs verfügen nicht über die notwendige technische Unterstützung, die sie benötigen, um sich mit den ständig integrierten bzw. ändernden Datenquellen auseinander zu setzen. Darüber hinaus häufen sich die Probleme einer schlechten Datenqualität in

FIS weiter und verschlechtern sich zunehmend, wenn keine entsprechenden Maßnahmen ergriffen werden.

Nachdem die Besonderheiten von FIS erläutert wurden, soll im folgenden **Abschnitt** 3.2 der Begriff Datenqualität im Kontext von FIS definiert werden. Es wird deutlich, dass die Datenqualität im Zusammenhang mit forschungsbezogenen Entscheidungen immer wichtiger wird. Für FIS ist eine hohe Datenqualität nicht nur etwas, was der Betreiber wünscht, sondern eines der Hauptkriterien, die bestimmen, ob das Projekt erfolgreich ist und die gemachten Aussagen korrekt sind. Das Auftreten falscher Forschungsinformationen wirkt sich nicht nur auf das FIS und damit teilweise direkt auf den operativen Prozess aus, sondern kann auch weitreichende latente Folgen haben.

3.2   Begriffsdefinition der Datenqualität

Es existieren in der wissenschaftlichen Literatur eine Menge unterschiedliche Definitionen und Auffassungen über den Begriff Datenqualität und diese hängen vom Anwendungskontext ab. Datenqualität bezieht sich auf die Eignung zur Erfüllung bestimmter Zwecke. Es werden daher Daten berücksichtigt, die für eine bestimmte Verwendung durch Datennutzer geeignet sind [WS96]. Die Eignung der Daten für die Verwendung steht im Mittelpunkt des Datenqualitätsansatzes von [SLW97]. In der Literatur ist das Konzept der Autoren [WS96] eines der am häufigsten zitierten Konzepte zur Beschreibung und Bewertung der Datenqualität. Es zielt darauf ab, Merkmale der Datenqualität aus Sicht des Benutzers zu identifizieren und basiert auf einer empirischen Umfrage unter IT-Benutzern. Der Ansatz geht davon aus, dass der Benutzer von Daten die Datenqualität am ehesten beurteilen und bewerten kann. Es gilt das Konzept der Gebrauchstauglichkeit (fitness-for-use) [WS96]. Datenqualität wird gemäß dem Großteil der Literatur nach dem benutzerbezogenen Ansatz definiert. Dementsprechend sind Daten von hoher Qualität, wenn sie den Bedürfnissen des Benutzers entsprechen. Dies bedeutet aber auch, dass die Datenqualität nur individuell beurteilt werden kann. Qualität ist eine relative und keine absolute Eigenschaft [Jak19]. Die Qualität der Daten kann daher nur in Bezug auf ihre jeweilige Verwendung beurteilt werden. Neben dem Begriff Datenqualität gibt es in der Literatur häufig auch den Begriff Informationsqualität [NC11]. Da sich beide Begriffe in der Regel mit demselben Thema befassen und es bisher keine übereinstimmende Abgrenzung der Begriffe Daten und Informationen gibt, erscheint es zulässig, die Begriffe als umfangreiches Synonym einzusetzen.

In der **Tabelle** 3.1 werden die weitverbreiteten und vielzitierten Definitionen der Datenqualität von Experten veranschaulicht und gegenseitig konkurriert, um

Tabelle 3.1 Definitionen von Datenqualität

Autoren	Definitionen
Crosby [Cro79]	„Nach Philip B. Crosby wird Datenqualität wie folgt definiert: • Qualität wird als Grad der Übereinstimmung mit Anforderungen definiert („Quality is conformance to requirements") • Das Grundprinzip der Qualitätsplanung ist Vorbeugung • Null-Fehler-Prinzip muss zum Standard werden („zero defects") • Qualitätskosten sind die Kosten für Nichterfüllung der Anforderungen ..." [Wik21]
Wang und Strong [WS96]	„We define data quality as data that are fit for use by data consumers."
Redman [Red01]	„Data are of high quality if they are fit for their intended uses in operations, decision making, planning. Data are fit for use if they are free of defects and possess desired features."
Hinrichs [Hin02]	„Unter Datenqualität ist der Grad, in dem ein Satz inhärenter Merkmale Anforderungen erfüllt zu verstehen. Merkmale eines Datenproduktes sind die Übereinstimmung der Daten mit der Realität."
Olson [Ols03]	„Data quality is defined as follows: data has quality if it satisfies the requirements of its intended use. It lacks quality to the extent that it does not satisfy the requirement. In other words, data quality depends as much on the intended use as it does on the data itself. To satisfy the intended use, the data must be accurate, timely, relevant, complete, understood, and trusted."
Würthele [Wür03]	„Datenqualität ist ein mehrdimensionales Maß für die Eignung von Daten, den an ihre Erfassung/Generierung gebundenen Zweck zu erfüllen. Diese Eignung kann sich über die Zeit ändern, wenn sich die Bedürfnisse ändern."
Leser und Naumann [LN07]	„Datenqualität (auch Informationsqualität) beschreibt allgemein die Eignung von Daten für ihren vorgesehenen Zweck. Diese Eignung muss für jede Anwendung neu bestimmt werden."
Kamiske und Brauer [KB08]	„Nach DIN EN ISO 9000:2005 wird Qualität als das Vermögen einer Gesamtheit inhärenter Merkmale eines Produktes, Systems oder Prozesses, zur Erfüllung von Forderungen von Kunden und anderen interessierten Parteien definiert."
Svolba [Svo12]	„Data quality is the degree of excellence of data to precisely and comprehensively describe the practical situation of interest in an unbiased and complete way. The data must be appropriate to answer the business or functional question of interest without reducing the scope of the question and the applicability of the results. The data should be available, complete, correct, timely, sufficient, and stable."
Gebauer und Windheuser [MW15]	„Datenqualität ist die Gesamtheit der Ausprägungen von Qualitätsmerkmalen eines Datenbestandes bezüglich dessen Eignung, festgelegte und vorausgesetzte Erfordernisse zu erfüllen."

anschließend eine Definition von Datenqualität im Kontext von FIS abzuleiten. Die **Tabelle** 3.1 fasst verschiedene Aspekte des Datenqualitätsbegriffs aus der Literatur zusammen, jedoch gibt es noch keine einheitliche bzw. allgemeingültige Definition. Durch alle Definitionen in der Literatur, die berücksichtigt werden, kann der Begriff Datenqualität im Kontext von FIS nun als Erfüllungsgrad zum Einsatz bei bestimmten geforderten Verwendungszielen definiert werden und diese müssen korrekt, vollständig, konsistent und aktuell sein [ASA18b]. Verwendungszielen können von unterschiedlichen Beteiligten im Kontext von FIS aufgestellt werden, z. B. insbesondere von FIS-Nutzern, aber auch vom FIS-Administrator [ASA18b].

Um die Definition der Datenqualität im Kontext von FIS zu bestimmen, wurde anhand der durchgeführten Umfrage mit FIS nutzenden Hochschulen und AUFs aus Europa ermittelt, welche Aspekte den Begriff Datenqualität im Kontext von FIS beschreiben. Laut der Befragten sind die wichtigsten Aspekte der Datenqualität, zu einem die Qualität der Datenbereitstellung, sowie die Qualität der Dateninhalte und die Qualität der Datenstandards (wie in der **Abbildung** 3.1 dargestellt).

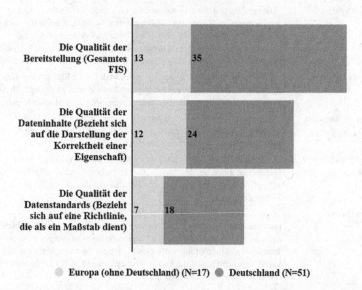

Abbildung 3.1 Aspekte zur Beschreibung der Datenqualität im Kontext von FIS (N = 68)

Um ein besseres Verständnis der Definition der Datenqualität von FIS zu erhalten, ist die Identifizierung von universalen Datenqualitätsdimensionen erforderlich, sodass die wichtigsten Dimensionen im Kontext von FIS deutlich hervorgebracht werden. Diese wird im nächsten **Abschnitt** 3.3 betrachtet.

3.3 Dimensionen der Datenqualität

Die Literatur beschreibt verschiedene Dimensionen der Datenqualität in Informationssystemen. Eine Datenqualitätsdimension ist ein anerkannter Begriff, der von Datenverwaltungsfachleuten verwendet wird, um ein Merkmal von Daten zu charakterisieren. [WS96] definierten eine Datenqualitätsdimension als eine Reihe von Datenqualitätsattributen, die einen einzelnen Aspekt oder ein Konstrukt der Datenqualität darstellen. Datenqualitätsdimensionen erleichtern erstens die Bewertung und Messung der Datenqualität und zweitens bieten sie einen Rahmen für die Erstellung von Datenqualitätsrichtlinien und Verbesserungsplänen an. Bei der Entwicklung dieser Maßnahmen muss die Einrichtung festlegen, was genau gemessen werden soll und welche Qualitätsdimensionen für ihre Mission und ihren Betrieb wichtig sind. Qualitätsdimensionen müssen jedoch in Bezug auf bestimmte Benutzerziele und -funktionen in einem bestimmten Kontext berücksichtigt werden, da alle Benutzer unterschiedliche Daten- und Informationsanforderungen haben. Viele Dimensionen sind multivariater Natur. Daher müssen die für die Einrichtung wichtigen Attribute klar identifiziert und definiert werden [LPFW06].

Die Datenqualität kann auf drei Ebenen bewertet werden: Informationsgehalt, Datenquelle und Qualität des Informationssystems. Die Autoren [TV86] identifizierten fünf Arten von Datenqualitätsdimensionen, die die Datenqualität besitzen kann: Vollständigkeit, Genauigkeit, Aktualität, Zuverlässigkeit und Gültigkeit [TV86]. Eine weitere intuitiv abgeleitete Klassifizierung wurde durch empirische Studien erhalten, an denen die Teilnehmer direkt teilnahmen, indem sie aufgefordert wurden, Attribute auszuwählen, die für ihre individuelle Wahrnehmung der Datenqualität wichtig waren. In der Studie von [WS96] wurden beispielsweise 137 Benutzer befragt, wobei 179 verschiedene Qualitätsdimensionen ermittelt wurden, die sich schließlich auf zwanzig Qualitätsdimensionen und anschließend auf vier primäre Datenqualitätskategorien reduzierten [WS96]. [LSKW02] sammelten Datenqualitätsdimensionen aus 115 Studien und unterschieden dabei zwischen Studien, die Attribute aus akademischer und praktischer Sicht verwendeten. Die Forscher passten die von [WS96] vorgeschlagenen Kategorien an und reduzierten die Datenqualitätsdimensionen auf vier Hauptkategorien [LSKW02]. In einer neueren Übersicht verglichen [KB05] zwölf frühere Studien mit einer Vielzahl von Datenqualitätsdimensionen und reduzierten die Anzahl der Dimensionen auf zwanzig, basierend auf der Häufigkeit, mit der jede Dimension in allen untersuchten Studien auftrat

[KB05]. Eine Zusammenfassung des Ergebnisses der Datenqualitätsdimensionen gemäß der Literatur unterscheidet sich nach objektiven und subjektiven Dimensionen zur Bewertung der Datenqualität [PLW02]. Objektive Qualitätsdimensionen können aus einer Datenquelle gewonnen werden, wodurch die Dimensionen gemessen und mit den realen Werten verglichen werden. Im Gegensatz dazu können subjektive Qualitätsdimensionen durch die Erwartungshaltung der Datennutzer bewertet werden. **Tabelle** 3.2 und 3.3 zeigen eine Übersicht über die Qualitätsdimensionen nach zwei Kategorien in Anlehnung an [WS96], [PLW02] und [Krc15], die zu hoher Datenqualität beitragen.

Tabelle 3.2 Objektive Datenqualitätsdimensionen

Objektive Dimensionen	Definition
Vollständigkeit	Informationen sind vollständig, wenn sie nicht fehlen und zu den festgelegten Zeitpunkten in den jeweiligen Prozess-Schritten zur Verfügung stehen
Korrektheit	Informationen sind korrekt, wenn sie mit der Realität übereinstimmen
Konsistenz	Informationen sind konsistent dargestellt, wenn sie fortlaufend auf dieselbe Art und Weise abgebildet werden
Genauigkeit	Informationen müssen in der geforderten Genauigkeit vorliegen
Aktualität	Informationen sind aktuell, wenn sie die tatsächliche Eigenschaft des beschriebenen Objekts zeitnah abbilden
Objektivität	Informationen sind objektiv, wenn sie streng sachlich und wertfrei sind
Verfügbarkeit	Informationen sind verfügbar, wenn sie einfach und schnell für den Anwender abgerufen werden können
Glaubwürdigkeit	Informationen sind glaubwürdig, wenn Zertifikate einen hohen Qualitätsstandard ausweisen oder die Informationsgewinnung und Verbreitung mit hohem Aufwand betrieben werden

Die Bewertung der Datenqualitätsdimensionen ist die wissenschaftliche und statistische Auswertung von Daten, um festzustellen, ob sie die Planungsziele eines Projekts erfüllen und von der richtigen Art, Qualität und Quantität sind, um ihre beabsichtigte Verwendung zu unterstützen. Um die Qualität von Daten messen zu können, müssen Bewertungen in mehreren Dimensionen vorgenommen werden [LPFW06]. Zu diesem Zeitpunkt basieren die meisten Bewertungen von Datenqualitätsdimensionen auf der Benutzererfahrung, die möglicherweise von der Wahrnehmung des Benutzers abhängt. Metriken in Bezug auf objektive Datenqualitätsdimensionen, die quantitativ bewertet werden können, werden entweder aus dem Dateninhalt oder aus Metadaten extrahiert, die die Daten beschreiben. Zu bewertende dateninhaltsbezogene Dimensionen sind Konsistenz, Genauigkeit, Aktualität und Verfügbarkeit. Zu den metadatenbezogenen Attributen gehören Vollständigkeit, Korrektheit, Datendomäne und Datentyp. Andere Dimensionen beziehen sich auf Benutzerbewertungen, wie z. B. Glaubwürdigkeit.

Tabelle 3.3 Subjektive Datenqualitätsdimensionen

Subjektive Dimensionen	Definition
Relevanz	Informationen sind relevant, wenn sie für den Anwender notwendige Informationen liefern
Interpretierbarkeit	Informationen sind interpretierbar, wenn sie in gleicher, fachlich korrekter Art und Weise begriffen werden
Verständlichkeit	Informationen sind verständlich, wenn sie leicht von den Anwendern nachvollziehbar und für deren Zwecke eingesetzt werden können

Subjektive Qualitätsdimensionen bewerten die Datenqualität aus Sicht von Datensammlern, Verwaltern und Datenkonsumenten und könnten einen umfassenden Satz von Datenqualitätsdimensionen übernehmen, die aus Sicht der Datenkonsumenten definiert werden [WS96], [PLW02]. Die Bewertung konzentriert sich auf die Managementperspektive und konzentriert sich darauf, ob die Daten für die Verwendung geeignet sind. Während dieses Prozesses können Fragebögen, Interviews und Umfragen entwickelt und verwendet werden, um diese Dimensionen zu bewerten. Ein Wert im Bereich von 0 bis 1 wird seit langem in Datenqualitätsmetriken verwendet [Dil92]. Die Datenerfassung erfolgt anhand einer Reihe von Fragen, die von Experten beantwortet werden. Diese Dimensionen sind wie z. B. Verständlichkeit, Interpretierbarkeit und Relevanz, die anhand der Benutzerbewertung bewertet werden.

Die zu den einzelnen vorgestellten Datenqualitätsdimensionen kann ein Erfüllungsgrad von 100 % erfüllen und wenn es nicht der Fall ist, sollte zumindest die Mindestqualität erreicht werden. Die *wichtigsten* bzw. *messbaren* Qualitätskriterien mit deren Metriken werden in **Abschnitt** 3.7 explizit aufgegriffen und im Kontext von FIS näher betrachtet.

Um die enorme Bedeutung der Datenqualität und deren Dimensionen besser einzuordnen, müssen die Probleme der Datenqualität und deren Ursachen, die in FIS auftreten, dargestellt werden [AA18]. In den nächsten **Abschnitten** 3.4 und 3.5 werden auf die verschiedenen Arten von Datenqualitätsproblemen in verschiedenen Informationssystemen (z. B. aus dem Bibliothekswesen, ERP-Systemen bzw. CRM-Systemen und Data Warehouse) und in FIS eingegangen.

3.4   Datenqualitätsprobleme im Vergleich mit anderen Informationssystemen

Die Zufriedenheit der Endbenutzer ist eines der wichtigsten Anliegen von Designern und Herstellern von Informationssystemen und bleibt ein schwer fassbares Ziel [SFOR19]. Ein Aspekt des Problems ist die Datenqualität. In vielen Systemen wie z. B. Bibliothekssystemen entsprechen die Suchergebnisse nicht den Anforderungen und Erwartungen der Suchenden [SFOR19]. Es gibt Hinweise darauf, dass diese Inkonsistenz auf der Qualität der in das System eingegebenen Daten beruht [Dal05], [Fad13].

Offene Forschungsinformationen werden häufig verwendet, um wichtige Entscheidungen anhand der Ergebnisse ihrer Analyse zu treffen. Seine Qualität hat großen Einfluss auf das Treffen von Entscheidungen. Diese werden normalerweise mit der Annahme verwendet, dass sie von hoher Qualität sind und ohne zusätzliche Aktivitäten (wie Qualitätsprüfungen) verarbeitet werden können [Nik18]. Im Bibliothekswesen ist die Datenqualität besonders wichtig, da qualitativ hochwertige Daten einen genauen und vollständigen Zugriff auf Online-Objekte gewährleisten und Benutzer genaue, fehlerfreie Daten erwarten. Die meisten Studien in der Literatur zu fehlerhaften Daten im Zusammenhang mit Bibliotheken haben sich auf Online-Bibliothekskataloge konzentriert [Bea05]. Da Bibliotheken jedoch immer mehr wissenschaftliche Literatur digital verfügbar machen [Aue20], wird das Problem der Datenqualität in digitalen Objekten an Bedeutung gewinnen. [RKB+16] identifizierte drei Hauptprobleme im Bereich Bibliothekswesen, die zu Fehlern führten und Benutzer daran hinderten, auf digitale Inhalte zuzugreifen. Das erste große Problem sind unvollständige oder ungenaue bibliografische Metadaten (für die Ermittlung erforderlich) und Bestandsdaten (für den Zugriff erforderlich). Das zweite sind Bibliografische Metadaten und Bestandsdaten, die nicht gleichzeitig verteilt werden. Bibliotheken und Dienstleister haben Schwierigkeiten, Wissensdatenbanken zu pflegen, wenn sie diese beiden Datentypen für ein einzelnes Objekt oder eine Sammlung zu unterschiedlichen Zeiten erhalten. Schließlich gibt es das Problem mit der Verteilung von Daten in mehreren Formaten. Das Bibliothekspersonal muss Zeit und Ressourcen aufwenden, um fehlerhafte Daten neu zu formatieren und in einigen Fällen zu korrigieren, was die Möglichkeit zusätzlicher Fehler mit sich bringt. Laut [RGBS14] werden Forschungsrepositorien bzw. Bibliothekssysteme aufgrund der Vielfalt wissenschaftlicher Daten zu einem integralen Bestandteil des Kommunikations- und Kollaborationsprozesses zwischen Wissenschaftlern und Forschungsgruppen. Datenqualitätsprobleme können jedoch den Prozess der Analyse, Integration und Wiederverwendung heterogener Datensätze behindern. Obwohl sich mehrere Forscher auf die Entwicklung neuer Methoden zur Verbesserung der Qualität der in Forschungsdaten-Repositorien oder Bibliothekssystemen gespeicherten Daten konzentriert haben, wurden die Datenqualitätsprobleme der Metadaten, die zur Beschreibung und Kommentierung von Datensätzen in diesen Arten von Repositorien verwendet werden, nur wenig in der Literatur untersucht [RGBS14]. Dennoch gibt es eine Vielzahl von Metadatenproblemen, die die Qualität zu beeinträchtigen scheinen [RGBS14]. Zum Beispiel [BCH03] skizzierten die Bereiche, in denen die Qualitätsprobleme der Metadaten am häufigsten auftreten. Diese sind: Rechtschreibfehler, Abkürzungen und andere ähnliche Dateneingabefehler sowie Mehrdeutigkeiten; Inkonsistenzen mit den Metadatenelementen des Autors und anderer Mitwirkender/Ersteller; Verwendung mehrerer Titelelemente; Verwendung einer korrekten und standardisierten Terminologie (im Fall des Subjekt-Metadatenelements); Inkonsistenzen mit dem Format des Datums-Metadatenelements.

Datenqualitätsprobleme wurden in früheren Untersuchungen analysiert und treten in verschiedenen Bereichen auf. Die Literatur zeigt Datenqualitätsprobleme aus verschiedenen Perspektiven, wobei Autoren häufig eine Form hierarchischer Organisation verwenden [LSB15]. Einige Autoren klassifizieren Qualitätsprobleme basierend auf ihrer Herkunft (einzeln/mehrfach) und Anwendungsebene (z. B. Instanz, Schema) [RD00], andere Arbeiten wie von [ORH05] betrachten Instanz- und Beziehungsebenen mit einer Unterscheidung zwischen Problemen, die mit einzelnen oder mehreren Instanzen/Beziehungen zusammenhängen. Datenqualitätsprobleme werden auch in Bezug auf Syntaktik, Semantik und Abdeckung (fehlende Objekte) betrachtet [MF03]. Die Arbeit von [BG05] verschmilzt die in [RD00] und [KCH+03] definierten Konzepte. Schließlich werden Datenqualitätsprobleme auch in Bezug auf ihre Beziehung zum Kontext betrachtet [GH13]. Nach [BM16] im Bereich Data Warehouse oder ERP-Systeme bzw. CRM-Systeme lassen sich zwei Hauptkategorien von Fehlern unterscheiden: systematisch und zufällig. Zu den Ursachen systematischer Fehler gehören: Programmierfehler; schlechte Definitionen für Datentypen oder Modelle und Verstöße gegen Regeln für die Datenerfassung. Zufällige Fehler können verursacht werden durch Tippfehler; Probleme bei der Datentranskription; unleserliche Handschrift; Hardwarefehler (z. B. Ausfall

oder Beschädigung) und Fehler oder absichtlich irreführende Aussagen von Mitarbeiter (oder anderen), die Primärdaten bereitstellen.

Nach [Ols03] ist der häufigste Grund für ungenaue Daten die anfängliche manuelle Dateneingabe durch einen Menschen in das System. Dies kann sich wie folgt
abspielen: Eine Person, die die Daten eingibt, macht einen einfachen Rechtschreibfehler, fügt einen korrekten Wert in das falsche Feld ein oder wählt das falsche
Element aus einem Dropdown-Feld aus. Zudem können korrekt eingegebene Daten
mit der Zeit ihre Genauigkeit in der Datenbank verlieren [Ols03]. Mit anderen Wor-
ten, Datenwerte ändern sich nicht, jedoch die Genauigkeit der Daten. Beispielsweise
können personenbezogene Daten in einer Datenbank sehr schnell ungenau werden
[Ols03]. Personen können ihren Nachnamen oder ihre Telefonnummern ändern.
Problematisch ist das Unternehmen dieses nicht häufig damit identifizieren, dass
sie Daten haben könnten, die im Laufe der Zeit an Genauigkeit verlieren und dass
die Daten häufig aktualisiert werden sollten. Es ist wichtig, diese Art von Daten
in der Datenbank zu ermitteln und einen Plan zu erstellen, um die Richtigkeit der
Daten regelmäßig zu überprüfen [Ols03].

Laut [BIJM11] ist es nicht einfach, das Niveau integrierter, konsistenter Kundendaten zu erreichen, das zur Unterstützung von CRM-Initiativen erforderlich ist.
Die meisten großen Unternehmen haben durchschnittlich fünf bis zehn Betriebsquellen, die Kundendaten enthalten [BIJM11]. Angesichts der Tatsache, dass eine
einzige integrierte Ansicht des Kunden der Eckpfeiler von CRM ist, besteht eine
häufige Gefahr darin, diese Ansicht über eine einzige integrierte Datenbank zu erreichen [BIJM11]. Für alle außer den einfachsten Unternehmen bleibt die universelle
Datenbank jedoch schwer zu fassen – sie wird durch die Komplexität mehrerer
Geschäftsbereiche, die geografische Vielfalt und einen Legacy-Anwendungsmix
außer Reichweite gehalten. Daher müssen die meisten CRM-Implementierungen in
Unternehmen Kundeninformationen verwenden, die aus mehreren Datenspeichern
stammen [BIJM11]. In dieser Umgebung erfordert die Ermittlung der am besten
geeigneten Betriebsquellen, aus denen Kundendatenelemente erfasst werden können, eine umfassende Analyse [BIJM11].

Branchenanalysten zeigen mit dem Finger auf schlechte Daten als einen der
Hauptgründe, warum Data Warehouse oder CRM-Projekte scheitern [BIJM11]. Da
schlechte Daten zu irreführenden, unvollständigen und verwirrenden Informationen
führen, verringert dies die Akzeptanz. Genaue Informationen und Berichte sind das
Blut eines effektiven Verkaufsteams [BIJM11]. Ohne sie verfügt das Management
nicht über die Daten, um gute Entscheidungen zu treffen, die Vertriebsmitarbeiter
verfügen nicht über die Tools, um Kunden zu gewinnen und das Unternehmen wird
Schwierigkeiten haben, CRM-Daten mit Daten in anderen Systemen abzustimmen

[BIJM11]. Das Ergebnis sind verlorene Chancen und Einnahmen, frustrierte Benutzer und Kunden sowie mangelnde Benutzerakzeptanz.

Um eine gleichbleibend hohe Datenqualität sicherzustellen, müssen die Benutzer geschult werden und Unternehmen müssen einen Datenqualitätsprozess erstellen und implementieren sowie verfügbare Technologien verwenden, um den Prozess nach Möglichkeit zu automatisieren [BIJM11]. Laut [Ols03] ist es wichtig für eine erfolgreiche Bewertung der Datenqualität zu verstehen, wo und wie schlechte Daten in Datenbanken gelangen sind. Oft können Ursachen für Daten schlechter Qualität auf die folgenden Quellen zurückgeführt werden: Erstdateneingabe, Datenverfall, Verschieben von Daten und Umstrukturierung von Daten und letztendlich Datennutzung. Nach [SFOR19] kann die Bewertung von Datenqualität wichtig sein, um Informationssysteme zum Abrufen von Informationen zu verbessern und Zeit für Endbenutzer zu sparen. Um Datenqualitätsprobleme in einer Organisation oder einem System zu lösen und Verbesserungen zu erzielen, ist es erforderlich, die Dimensionen von Datenqualität zu verstehen [SFOR19].

Während die oben genannten Studien einige Hinweise auf die Art der Probleme von Datenqualität lieferten, die im Zusammenhang mit informationsgesteuerten Repositorien (wie digitalen Bibliotheken und Repositorien von Informationsressourcen), Data Warehouse und ERP-Systeme bzw. CRM-Systeme gelten, ist dementsprechend wenig über FIS bekannt und sind unter keinen Umständen als übliche Probleme in FIS zu betrachten. Vielmehr dient diese Übersicht dazu, einen Überblick über mögliche Datenqualitätsprobleme zu verschaffen, diese können jedoch minimiert oder auch gar nicht in FIS vorkommen.

Die Quantifizierung der Probleme ist wichtig, um zu bestimmen, wo Bemühungen konzentriert werden sollten. Bevor Daten effektiv in FIS verwendet werden können, müssen sie analysiert und bereinigt werden. Das Abrufen von Daten, die für Managementanforderungen relevant sind, ist der erste Schritt im FIS-Prozess und eine der Kernaufgaben. Zunächst werden die relevanten Forschungsinformationen einer Universität aus den vielen verschiedenen Datenbeständen der einzelnen IT-Systeme über standardisierte Schnittstellen gesammelt, die auf standardisierten Datenmodellen basieren und mit unterschiedlichen Formaten umgehen können. Die Effizienz und Effektivität der Datenquellen und die darin enthaltenen Informationen sind von zentraler Bedeutung. Es basiert auf internen und externen Daten aus verschiedenen Betriebssystemen, die auf die gesamten FIS der Hochschulen und AUFs verteilt sind. Neben den internen Quellen werden auch externe Quellen für die Datenerfassung verwendet.

Im nächsten **Abschnitt** 3.5 werden die Datenqualitätsprobleme im Zusammenhang von FIS erörtert.

3.5   Datenqualitätsprobleme in FIS

Informationen über Forschungsaktivitäten und deren Ergebnissen in einem FIS zu
erfassen, zu integrieren, zu speichern und zu analysieren, ist an sich ein norma-
ler Vorgang [ASA18b], aber die Verarbeitung und Verwaltung dieser Informationen
bzw. Daten müssen in gesicherter und zweckmäßiger Qualität sichergestellt sein, da
Datenqualitätsprobleme dafür sorgen können, dass die Hochschulen und AUFs nach
außen unvorteilhaft repräsentiert werden und somit konkrete finanzielle Auswirkungen haben, sowohl für die wissenschaftliche Autorität als auch für den einzelnen
Forscher [AS19a]. Ohne ein Mindestmaß an Zuverlässigkeit und Genauigkeit der
Forschungsinformationen ist ein FIS für das Forschungsmanagement und die Wissenschaftspolitik im Wesentlichen unbrauchbar [AS19a].

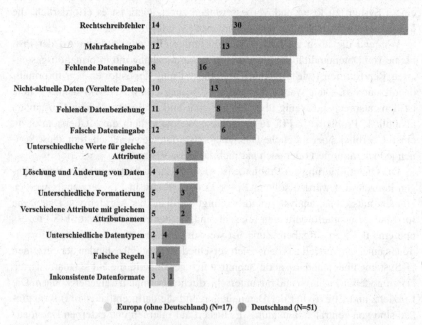

Abbildung 3.2 Datenqualitätsprobleme in FIS (N = 68)

Auf der Grundlage der durchgeführten Umfragen [SAS19], [AS19a] scheint es
in der Praxis eine ganze Reihe unterschiedlicher auftretender Probleme der Datenqualität in FIS zu geben (wie in der **Abbildung** 3.2 deutlich gezeigt). Aus Sicht

der FIS nutzenden Hochschulen und AUFs sind Rechtschreibfehler mit 21% in Europa und allein 44% in Deutschland einer der häufigsten Problemen. Dazu gehören noch Mehrfacheingaben mit rund 18% in Europa und 19% in Deutschland. Fehlende Dateneingabe stellen ebenfalls ein Problem dar mit jeweils ca. 12% in Europa und 24% für deutsche Hochschulen und AUFs. Auch nicht aktuelle Daten mit 15% in Europa und 19% in Deutschland sowie fehlende Datenbeziehungen mit 16% in Europa und 12% in Deutschland gehören zu den häufigsten Problemen. Daneben stellen auch falsche Dateneingabe, eine große Problematik, mit 18% in Europa und 9% in Deutschland, dar. Weitere Probleme sind unterschiedliche Werte für gleiche Attribute, Löschung und Änderung von Daten durch Forschende und unterschiedliche Formatierung.

Das Auftreten von Datenqualitätsproblemen steigt mit dem Anstieg an verschiedenen Datenquellen, Informationssystemen und Schnittstellen im Bereich Forschung an Hochschulen und AUFs [ASA19]. Die Datenquellen müssen zunächst in interne und externe Datenquellen unterschieden werden. Interne Datenquellen sind Informationssysteme einer Forschungseinrichtung, um interne Forschungsinformationen zu verwalten. Hierunter fallen insbesondere Datenbanken der zentralen Verwaltungen (z. B. Personalverwaltung mit Daten zu Beschäftigten (z. B. Personalinformationssystem und Identitätsmanagementsystem), Finanzbuchhaltung mit Daten zu Projekten (z. B. Finanzsystem, Geförderte Projekte Informationssystem), Bibliotheken mit Daten zu Publikationen der Forschungseinrichtung (Hochschulbibliographie sowie institutionellen Repositorien) und Campus-Management-Systeme zur Verwaltung von Studierenden, Kursen und Prüfungen usw.). Externe Datenquellen werden in FIS genutzt, um manuelle Eingaben zu ergänzen oder zu ersetzen. Dies gilt insbesondere für Publikationen. In vielen Forschungseinrichtungen müssen die Wissenschaftler ihre Publikationen melden. Diese Forschungsinformationen können dann mit externen Publikationsdatenbanken (z. B. PubMed, Web of Science, Scopus, die deutsche Nationalbibliothek (DNB) usw.) und Identifikatoren (z. B. CrossRef, Sherpa, ORCID und vieles mehr) ergänzt werden und teilweise nutzen die Forschungseinrichtungen lediglich externe Datenquellen für Publikationsdaten. Diese unterschiedlichen internen und externen Datenquellen werden in **Abbildung** 3.3 präzisiert.

Die Informationen von **Abbildung** 3.3 wurden von der Landesinitiativen CRIS.NRW[1] zur Verfügung gestellt, da CRIS.NRW in ihrer Einrichtung das FIS „Converis" von Clarivate Analytics nutzt und die deutschen Einrichtungen bei der Einführung von FIS und KDSF unterstützt. Converis ist als umfassende Lösung konzipiert, die Informationen über Forschungsergebnisse, Forschungsmitarbeiter,

---

[1] https://www.uni-muenster.de/CRIS.NRW/

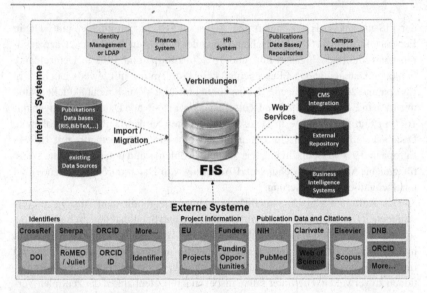

Abbildung 3.3 Interne und externe Datenquellen

Studenten, Organisationseinheiten, externe Kooperationen, Zuschussanträge und vieles mehr zusammenfasst, dabei werden die Entitäten auf sinnvolle und komplexe Weise miteinander verbunden. Anschließend werden dann die Methoden zur flexiblen und präzisen Visualisierung sowie Berichterstattung über diese Beziehungen bereitgestellt. Wie bei jedem FIS Projekt besteht eine wichtige anfängliche Herausforderung darin, alle relevanten Informationsquellen sowohl innerhalb als auch außerhalb der Hochschule bzw. AUF zu identifizieren und dann zu prüfen, welche Daten sie bereitstellen und wie sie ausgetauscht werden können.

Im Rahmen dieser vorliegenden Dissertation wird sich auf die spezifischen praktischen Fälle der Datenqualitätsprobleme in FIS konzentriert, die sich im Bereich Publikationsdaten während derer Integration in das FIS ergeben. Publikationen aus mehreren internen und externen Datenbanken oder Repositorien sind die meisten erfassten und verwalteten Metadaten bei FIS nutzenden Hochschulen und AUFs (siehe **Abbildung** 2.5). Eine schlechte Datenqualität bei Publikationsdaten ist eine Herausforderung und diese sollen, bevor sie ins FIS eingespielt werden, auf ihre Qualität geprüft werden. Darüber hinaus ist die Investition dafür sinnvoll, um Datenqualitätsprobleme zu lösen und einen hohen Grad an Qualität zu erreichen.

Im Auftrag vom DZHW Berlin wurden nach der Analyse einer Web of Science Publikationsdatenbank mit **56.864.403 Datensätzen** unterschiedliche Probleme der

Datenqualität festgestellt, die in den nachkommenden SQL-Beispielen formal aufgeführt sind, damit die Ergebnisse nachverfolgt werden können. Dabei stellten sich folgende Fehler heraus:

- **Namensänderungen von Autoren nach Heirat:** Diese sind die Standardfehler bei allen Publikationsdatenbanken. Wenn eine Autorin Julia Müller nach ihrer Heirat als Julia Stahlschmidt publiziert, wird dieses leider nicht erkennbar sein, obwohl es sich um dieselbe Person handelt.

- **Falsche Erfassung von Umlauten und Sonderzeichen in Eigennamen:** Diese ist eine Transkriptionsprobleme (z. B. Schoepfel, Schöpfel, Schopfel oder André, Andre). Ein anderes Problem ist, wenn Autoren mit anderen Namenformen erfasst werden, z. B. Schopfel, J oder Andre, F oder unterschiedliche Namensformen von gleichen Autoren in ORCID verwendet werden. Für das System ist es schwer zu identifizieren, ob es sich um dieselben Autoren handelt und wie viele Autoren dahinter stecken. Anhand der folgenden **Abbildungen** 3.4 und 3.5 werden diese Probleme durch Beispiele veranschaulicht.

```
Select Fullname, DOI
From WOS_B_2018.authors wa
JOIN WOS_B_2018.items_authors_institutions iai ON iai.FK_AUTHORS = wa.PK_AUTHORS
JOIN WOS_B_2018.items wi ON wi.PK_items = iai.FK_ITEMS
Where DOI = '10.1108/DTA-01-2017-0005'
;
```

▷ Abfrageergebnis ✕

✦ 🖳 🕅 🗟 SQL | Alle Zeilen abgerufen: 7 in 0,093 Sekunden

◊ FULLNAME	◊ DOI
1 Fabre, R	10.1108/DTA-01-2017-0005
2 Schopfel, J	10.1108/DTA-01-2017-0005
3 Schopfel, J	10.1108/DTA-01-2017-0005
4 Ferrant, C	10.1108/DTA-01-2017-0005
5 Ferrant, C	10.1108/DTA-01-2017-0005
6 Ferrant, C	10.1108/DTA-01-2017-0005
7 Andre, F	10.1108/DTA-01-2017-0005

Abbildung 3.4 Falsche Erfassung von Umlauten und Sonderzeichen

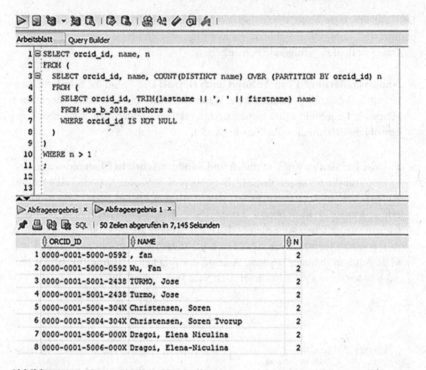

Abbildung 3.5 Unterschiedliche Namensformen von gleichen Autoren

- **Namen der Autoren im System werden in verschiedenen Ländern anders geschrieben**, z. B. im asiatischen Raum „Mi Xu" und im europäischen Raum „Maik Xu" oder im russischen Raum „Ковков Дзордз" und im europäischen Raum „Kovkov Dzordz".

- **Falsche, unvollständige und uneinheitliche Erfassung und Reihenfolge von Institutionsangaben der Autoren**: Die Erfassung der Institutionsangaben erfolgt nicht in der richtigen Reihenfolge. Das heißt, wenn die Reihenfolge der Angaben nicht der hierarchischen Struktur der zugehörigen Organisation entspricht. Beispiel: „Institut für Medizinische Physik und Biophysik, Charité – Universitätsmedizin Berlin" (siehe **Abbildung** 3.6).

- **Doppelte Erfassung der DOIs**: Eine DOI ist in verschiedenen Artikeln zugeordnet oder eine Publikation hat verschiedene/mehrere DOIs (siehe **Abbildung** 3.7).

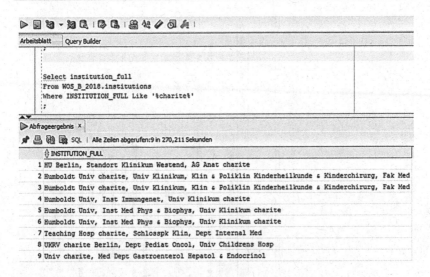

Abbildung 3.6 Falsche Erfassung und Reihenfolge von Institutionsangaben

- **Fehlerhafte Mehrfacherfassung von Institutionen**: Eine Institution wird mit verschiedenen Namensformen erfasst (siehe **Abbildung** 3.8).

Jede Forschungseinrichtung hat das Ziel, ihre Publikationen im Rahmen von Forschungsprojekten vollständig und korrekt zu erfassen und verfügbar/einsatzbereit zu machen. Diese sogenannten analysierten Fehler bzw. Qualitätsprobleme und deren Bewältigung müssen beseitigt und korrigiert werden und es muss dafür einen dauerhaften Workflow zur Sicherstellung aller möglichen Probleme der Datenqualität entwickelt werden, um eine erfolgreiche Installation und Akzeptanz eines FIS an Hochschulen und AUFs zu ermöglichen.

Mangelhafte Datenqualität führt zu Fehlentscheidungen, Unzufriedenheit der Mitarbeiter und steigenden Kosten [Ols03]. Um Fehler zu entdecken und damit förderlich umzugehen, müssen in Einrichtungen folgende Fragen beantwortet werden [ASAS19a]:

- Wird die Datenqualität in FIS schlechter oder besser?
- Welches Quellsystem verursacht die meisten/geringsten Probleme mit der Datenqualität in FIS?

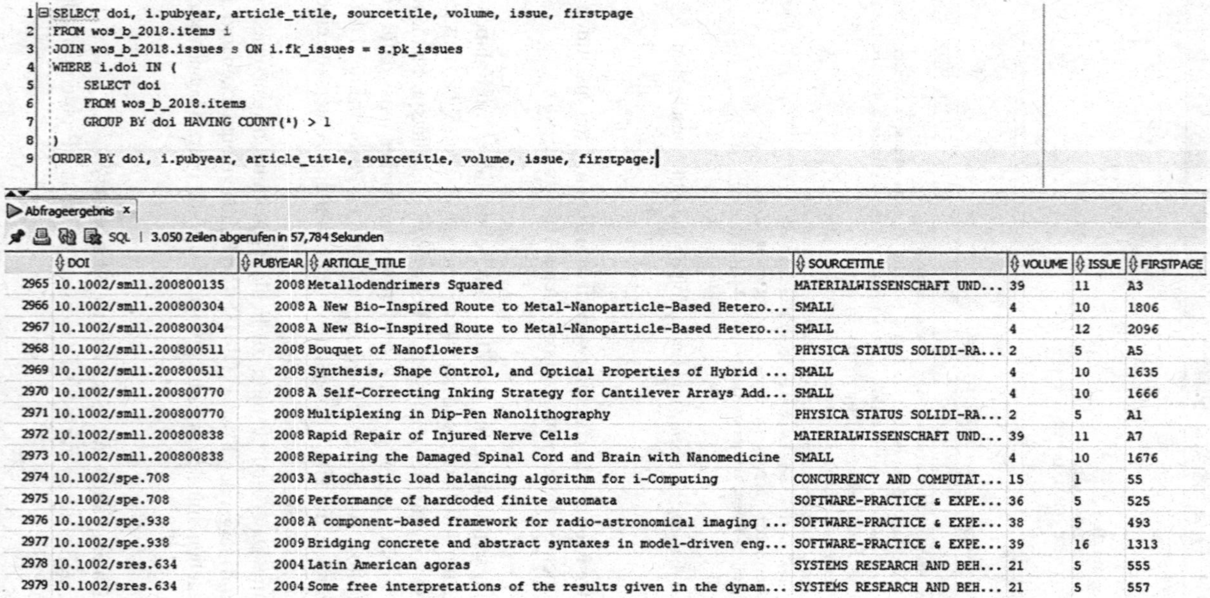

```
1 SELECT doi, i.pubyear, article_title, sourcetitle, volume, issue, firstpage
2 FROM wos_b_2018.items i
3 JOIN wos_b_2018.issues s ON i.fk_issues = s.pk_issues
4 WHERE i.doi IN (
5   SELECT doi
6   FROM wos_b_2018.items
7   GROUP BY doi HAVING COUNT(*) > 1
8 )
9 ORDER BY doi, i.pubyear, article_title, sourcetitle, volume, issue, firstpage
```

Abfrageergebnis ×

SQL | 3.050 Zeilen abgerufen in 57,784 Sekunden

	DOI	PUBYEAR	ARTICLE_TITLE	SOURCETITLE	VOLUME	ISSUE	FIRSTPAGE
2965	10.1002/smll.200800135	2008	Metallodendrimers Squared	MATERIALWISSENSCHAFT UND...	39	11	A3
2966	10.1002/smll.200800304	2008	A New Bio-Inspired Route to Metal-Nanoparticle-Based Hetero...	SMALL	4	10	1806
2967	10.1002/smll.200800304	2008	A New Bio-Inspired Route to Metal-Nanoparticle-Based Hetero...	SMALL	4	12	2096
2968	10.1002/smll.200800511	2008	Bouquet of Nanoflowers	PHYSICA STATUS SOLIDI-RA...	2	5	A5
2969	10.1002/smll.200800511	2008	Synthesis, Shape Control, and Optical Properties of Hybrid ...	SMALL	4	10	1635
2970	10.1002/smll.200800770	2008	A Self-Correcting Inking Strategy for Cantilever Arrays Add...	SMALL	4	10	1666
2971	10.1002/smll.200800770	2008	Multiplexing in Dip-Pen Nanolithography	PHYSICA STATUS SOLIDI-RA...	2	5	A1
2972	10.1002/smll.200800838	2008	Rapid Repair of Injured Nerve Cells	MATERIALWISSENSCHAFT UND...	39	11	A7
2973	10.1002/smll.200800838	2008	Repairing the Damaged Spinal Cord and Brain with Nanomedicine	SMALL	4	10	1676
2974	10.1002/spe.708	2003	A stochastic load balancing algorithm for i-Computing	CONCURRENCY AND COMPUTAT...	15	1	55
2975	10.1002/spe.708	2006	Performance of hardcoded finite automata	SOFTWARE-PRACTICE & EXPE...	36	5	525
2976	10.1002/spe.938	2008	A component-based framework for radio-astronomical imaging ...	SOFTWARE-PRACTICE & EXPE...	38	5	493
2977	10.1002/spe.938	2009	Bridging concrete and abstract syntaxes in model-driven eng...	SOFTWARE-PRACTICE & EXPE...	39	16	1313
2978	10.1002/sres.634	2004	Latin American agoras	SYSTEMS RESEARCH AND BEH...	21	5	555
2979	10.1002/sres.634	2004	Some free interpretations of the results given in the dynam...	SYSTEMS RESEARCH AND BEH...	21	5	557

Abbildung 3.7 Doppelte Erfassung der DOIs

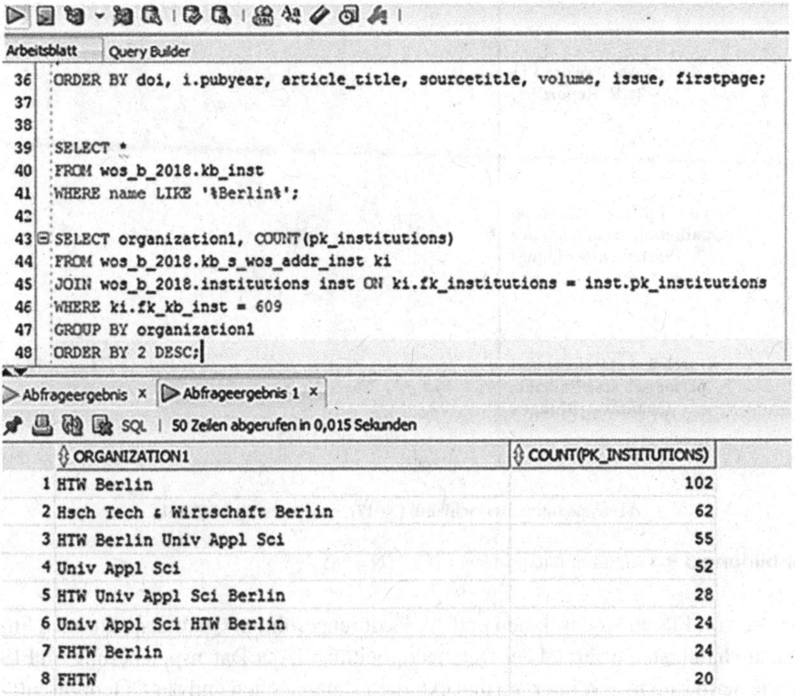

```
▷ 🖫 🏷 ▾ 🏷 🗟 ⦁ 🗟 🗟 ⦁ 🖴 ⚌ 🖉 🗟 🗛 ⦁

Arbeitsblatt   Query Builder

36  :ORDER BY doi, i.pubyear, article_title, sourcetitle, volume, issue, firstpage;
37  :
38  :
39  :SELECT *
40  :FROM wos_b_2018.kb_inst
41  :WHERE name LIKE '%Berlin%';
42  :
43 ⊟ SELECT organization1, COUNT(pk_institutions)
44  :FROM wos_b_2018.kb_s_wos_addr_inst ki
45  :JOIN wos_b_2018.institutions inst ON ki.fk_institutions = inst.pk_institutions
46  :WHERE ki.fk_kb_inst = 609
47  :GROUP BY organization1
48  :ORDER BY 2 DESC;|
```

```
▷Abfrageergebnis ×  ▷Abfrageergebnis 1 ×

🖈 🖳 🕮 🖳 SQL  |  50 Zeilen abgerufen in 0,015 Sekunden
```

◊ ORGANIZATION1	◊ COUNT(PK_INSTITUTIONS)
1 HTW Berlin	102
2 Hsch Tech & Wirtschaft Berlin	62
3 HTW Berlin Univ Appl Sci	55
4 Univ Appl Sci	52
5 HTW Univ Appl Sci Berlin	28
6 Univ Appl Sci HTW Berlin	24
7 FHTW Berlin	24
8 FHTW	20

Abbildung 3.8 Fehlerhafte Mehrfacherfassung von Institutionsangaben

• Können Muster oder Trends durch die Datenqualitätsprüfung in FIS erkannt werden?

Datenqualitätsprobleme werden durch Plausibilitätsprüfungen kontinuierlich erkannt und deren Behandlung bei FIS nutzenden Hochschulen und AUFs sind in **Abbildung** 3.9 expliziert. Die meisten Hochschulen und AUFs gaben an, Datenqualitätsprobleme durch eine Analyse des Systems mithilfe von Business-Intelligence-Tools, durch Berichterstellung entdeckt zu haben. Die Hälfte der Befragten identifizieren Probleme durch Datenmodellierung und formale Qualitätssicherung während der Entwicklung des FIS, während ein Drittel der Befragten die Qualität ihrer Forschungsinformationen durch etablierte, regelmäßige Qualitätsprüfungen kontrollieren. Andere Methoden scheinen weniger wichtig zu sein, wie manuelle Qualitätsprüfungen und formalisierte Datenkurationsprozesse.

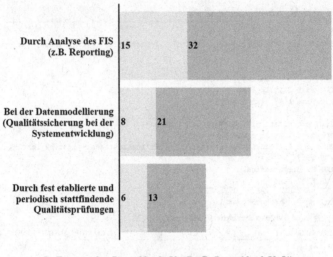

Durch Analyse des FIS (z.B. Reporting) 15 32

Bei der Datenmodellierung (Qualitätssicherung bei der Systementwicklung) 8 21

Durch fest etablierte und periodisch stattfindende Qualitätsprüfungen 6 13

Europa (ohne Deutschland) (N=17) ● Deutschland (N=51)

Abbildung 3.9 Datenqualitätsprüfung in FIS (N = 68)

Die von FIS an Hochschulen und AUFs durchgeführten Qualitätsprüfungen finden am häufigsten während der Datenverarbeitung in der Datenspeicherung im FIS
sowie beim Import von internen und externen Datenquellen und der Datenpräsentation statt [ASAS19a]. Das Importieren von Forschungsinformationen mit falscher
oder schlechter Qualität aus dem Quellsystem ist einer der häufigsten Gründe, die
zum Fehlschlagen des FIS Projekts führen. Schlechte Daten, die von Quellsystemen kommen, stammen normalerweise aus fehlerhaften Daten, die vom Menschen
eingegeben wurden oder aus fehlerhaften Daten, die von der Anwendung aktualisiert wurden. Es sollte auch beachtet werden, dass einige der Daten zum FIS aus
Textdateien und aus Excel-Dateien stammen. Es ist fast sicher, dass einige dieser Dateien manuell erstellt werden, indem mehrere Dateien kombiniert werden.
Andere Befragten sagten aus, dass sie speziell die Kontrolle der Veröffentlichungs-
datensätze (Input) überprüfen und dass alle Datensätze regelmäßig von geschulten
Bibliothekaren validiert werden, ohne anzugeben, welche Datensätze vorhanden
sind [AS19a].

Es ist nötig die auftretenden Datenqualitätsprobleme in FIS einzuordnen, damit
die Ursachen mangelnder Datenqualität identifizierbar werden, die durch die Datenquellen und deren Integration in das FIS entstehen. Im folgenden **Abschnitt** 3.6
werden die Ursachen für Datenqualitätsprobleme in FIS untersucht.

3.6   Ursachen für Datenqualitätsprobleme in FIS

Datenqualitätsprobleme in FIS sind grundsätzlich sehr vielfältig, was eine Kategorisierung der Ursachenbereiche mangelhafter Datenqualität von Forschungsinformationen sinnvoll erscheinen lässt. Die Ursachen von Datenqualitätsproblemen liegen

- in der Datenerfassung,

- in der Datenübertragung,

- und bei der Datenintegration von den heterogenen Datenquellen ins FIS.

Bei der *Erfassung von Forschungsinformationen* fallen Benutzerfehler (wie falsche Rechtschreibung, fehlende Eingaben, unvollständige, inkorrekte und nicht aktuelle Erfassung usw.) an [ASA19]. Die Ursachen für Eingabefehler liegen nicht nur bei den Sachbearbeitern, die in den Forschungseinrichtungen anfallende Forschungsinformationen selbst bearbeiten und eine potenzielle Fehlerquelle bilden können [ASA19]. Verursacher könnte auch die integrierten Informationen aus unterstützenden eingesetzten Softwaresystemen sein, die das Erzeugen von falschen Eingaben oder die Formatunterschiede bilden [ASA19]. Bei der *Übertragung und Integration* von verschiedenen heterogenen Systemen mit unterschiedlichen standardisierten Austauschformaten (z. B. das europäische CERIF-Datenmodell und das deutsche KDSF-Datenmodell) in einem FIS, können ebenfalls neue Datenqualitätsprobleme entstehen [ASA19]. Besonders problematisch ist das fehlerhafte Mapping von Forschungsinformationen von den Quellen ins FIS [QJ14]. Die Heterogenität von Informationssystemen und ihren Schemata erfordert jedoch häufig eine ausdrucksstärkere Mapping-Sprache, da die Beziehungen zwischen verschiedenen Datenmodellen nicht durch einfache Verknüpfungen mit Semantiken wie „sameAs" oder „isSimilarTo" erfasst werden können [ALN+13], [QJ14]. Darüber hinaus wurden die Forschungsinformationen in unterschiedlichen Datenmodellen und unterschiedlichen Strukturen vorgelegt und unabhängig voneinander erfasst [ASA19]. Zur Definition der einheitlichen Schnittstelle muss ein integriertes Schema entworfen werden, das sämtliche Aspekte der einzelnen Datenbanken abdeckt und gemeinsame Aspekte zusammenfasst [PVSV12]. Detaillierte Ausführungen zu diesen Ursachenbereichen und deren Beseitigung sind den Arbeiten [ASAS19b] und [ASA19] zu entnehmen.

Die hierbei erläuterten Ursachen für unzureichende Forschungsinformationen, verdeutlichen die Vielschichtigkeit von Datenqualitätsproblemen in der täglichen

Arbeit des FIS. Sie sind jedoch nur Ausgangspunkte, an denen solche Ursachen an Hochschulen und AUFs aufgespürt werden können und konzentrieren sich daher auf die Bearbeitung von Problemen mit der Datenqualität, wo gerade die Beseitigung der Ursachen eine bessere Datenqualität der Forschungsinformationen verspricht.

Anhand der folgenden **Tabelle** 3.4 werden weitere Ursachen für Datenqualitätsprobleme in FIS zusammengestellt und illustriert.

Tabelle 3.4 Ursachen für Datenqualitätsprobleme in FIS (in Anlehnung an [AA18])

FIS-Prozesse	Datenqualitätsprobleme
Datenerfassung	Tippfehler/Schreibfehler, unvollständige Angaben, fehlende Angaben, inkorrekte Angaben, nicht aktuelle Angaben, duplikate/redundante Angaben und widersprüchliche Angaben
Datenübertragung	Systemtechnische Probleme bei der Übertragung von den Datenquellen zum FIS (z. B. in Form von fehlerhaften Datenträgern), falsche Datenverarbeitungsprozesse für die Vorbereitung oder Follow-up der Übertragung (z. B. aus einer internen/externen Datenbank oder aus Datenmodellen exportieren)
Datenintegration	Fehler in der Migration (ETL-Prozess), duplizierte Daten, Verlust von Daten

Nachdem die Erläuterung und Untersuchung der Datenqualitätsprobleme in FIS und deren Ursachen, stellt sich die Frage nach der Sicherung der Qualität der Daten in FIS. In der wissenschaftlichen Literatur existieren verschiedene Auffassungen über die Korrektur und Aufspürung der Datenfehler in unterschiedlichen Datenbanken und Informationssystemen (z. B. Content-Management-Systeme, Customer-Relationship-Management-Systeme, Enterprise-Resource-Planning-Systeme und Data-Warehouse-Systeme usw.), aber wie erwähnt wurde bislang in FIS nicht in dem Masse betrachtet. In vorliegender Dissertation werden spezielle Methoden und Maßnahmen eingesetzt, welche kontinuierlich als Prozessablauf nach [Red96], [Wan98], [Eng99] und [LPFW06] durchlaufen werden müssen, um die Datenqualität nachhaltig zu verbessern. Methoden und Maßnahmen lassen sich in vier grundlegende Schritte unterteilen, die Messung der Daten, die Analyse der Daten, die Bereinigung und die Überwachung der Daten betreffen. Zusammen stellen sie einen bewährten und praktischen Ansatz von Data Governance dar bis hin zu kontrolliertem Datenmanagement in FIS, die es den Hochschulen und AUFs ermöglichen, ihre Forschungsinformationen zu messen, zu analysieren, zu bereinigen und zu kontrollieren. Diese Schritte werden in den folgenden **Abschnitten** 3.7, 3.8 und 3.9 genauer beschrieben. Das Endergebnis soll zudem untersuchten Fallbeispiel ein Konzept bzw. Framework zur Bewertung und Verbesserung von Datenqualitätsproblemen für die FIS nutzenden Einrichtungen sein.

3.7 Messung der Datenqualität in FIS

Dieser Abschnitt basiert auf den Ergebnissen des Scientometrics-Beitrags „Data measurement in research information systems: metrics for the evaluation of data quality" [ASW18] und des BIS2019-Beitrags „Quality of Research Information in RIS Databases: A Multidimensional Approach" [ASAS19a] und des Algorithms-Beitrags „How to Inspect and Measure Data Quality about Scientific Publications: Use Case of Wikipedia and CRIS Databases" [AL20].

Um eine aussagekräftige Messung der Datenqualität in FIS zu erreichen, müssen zuerst die relevanten objektiven messbaren Qualitätsdimensionen geordnet werden. Diese Aufgabe gehört zu FIS-Nutzern, außerdem müssen Forschungseinrichtungen bzw. Wissenschaftler für sich entscheiden, welche Dimensionen für sie wichtig sind und Priorität haben und wie diese kontrolliert und gemessen werden sollen [ASA18b], da viele Dimensionen multivariat sind [ASW18]. Eine allgemeine quantitative Definition der Metrik einer Datenqualitätsdimension sieht wie folgt aus [LPFW06]:

$$\text{Bewertungskennzahl} = 1 - \frac{\textit{Anzahl unerwünschter Ergebnisse}}{\textit{Anzahl aller Ergebnisse}} \tag{3.1}$$

Nachdem in **Abschnitt** 3.3 alle Datenqualitätsdimensionen definiert und betrachtet wurden, werden in dieser Dissertation nur die vier Datenqualitätsdimensionen *Korrektheit*, *Vollständigkeit*, *Konsistenz* und *Aktualität* im Kontext von FIS betrachtet. Diese vier objektiven Dimensionen wurden deshalb untersucht, weil sie zum einen in vielen wissenschaftlichen Veröffentlichungen und in deutschen und internationalen Umfragen mit FIS-Experten, besonders intensiv diskutiert wurden und zum anderen, hat sich bei diesen vier untersuchten objektiven Dimensionen und deren Metriken in vorliegendem Artikel [ASW18] herausgestellt, dass diese außergewöhnlich einfach zu messen sind und eine besonders repräsentative Abbildung der Berichterstattung für die FIS nutzenden Hochschulen und AUFs abbilden bzw. zu einer verbesserten Entscheidungsgrundlage führen [ASW18], [ASA18b].

Im Rahmen der durchgeführten Umfrage wurden die relevanten Dimensionen für die Prüfung und Messung der Datenqualität in FIS untersucht und dabei festgestellt, was für Hochschulen und AUFs von besonderer Bedeutung sind. Für die Befragten sind in erster Linie Korrektheit, Vollständigkeit, Konsistenz und Aktualität der Forschungsinformationen sehr wichtig (wie in der folgenden **Abbildung** **3.10** verdeutlicht).

Im Bereich der Datenquellen ist eine Kontrolle der Datenqualität vorteilhaft, da eine Verbesserung der Datenqualität bereits in diesem Bereich dafür sorgen würde, dass die Daten für alle Systeme und Bereiche, die sie anschließend für alle gewünschten bzw. zukünftigen Verwendungen nutzen wollen, korrekt sind [ASA18b], [ASW18].

Um die Datenqualität in FIS zu messen und zu überwachen, sollten die Datenqualitätsdimensionen objektiv messbar sein und automatisch erfasst werden. Zu diesem Zweck können zum einen die übermittelten Datenquellen abgefragt werden, um einerseits die Qualität der Daten zu bewerten. Andererseits können gespeicherte Qualitätswerte für die Auswahl, Zusammenführung und Differenzberechnung von Daten verwendet werden [Kle09]. Objektive Metriken werden in zwei Arten klassifiziert einmal aufgabenunabhängige und aufgabenabhängige [BCFM09]. Die auf-

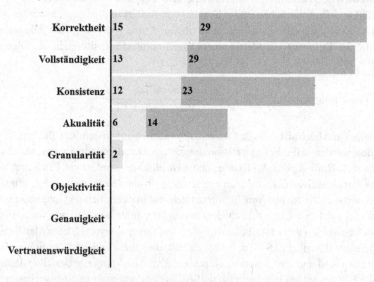

Abbildung 3.10 Datenqualitätsdimensionen in FIS (N = 68)

gabenunabhängige Metrik bewertet die Qualität von Daten ohne kontextbezogene Kenntnis der Anwendung, während die aufgabenabhängige Metrik für bestimmte Anwendungskontexte definiert ist und Geschäftsregeln, Unternehmens- und behördliche Vorschriften sowie Einschränkungen enthält, die von der Datenbankverwaltung bereitgestellt werden. Beide Metriken sind in drei Klassen unterteilt: Vereinfachung, Min- oder Maximalwert und gewichteter Durchschnitt [BCFM09]. Für größere Datenquellen sollten gute Stichproben- und Extrapolationstechniken verwendet werden. Automatische Bewertungen sollten so oft wie möglich durchgeführt werden und zudem einfache Verfahren angewendet werden, um FIS nicht unnötig stark zu belasten. Damit können die Korrektheit, Vollständigkeit, Konsistenz und Aktualität der Forschungsinformationen überprüft oder zumindest gut beurteilt werden.

Forschungsinformationen, die zu 80 % (gut) bis 100 % (sehr gut) der Korrektheit, Vollständigkeit, Konsistenz und Aktualität von Daten entsprechen, stellen ein präzises Abbild von realen Systemzuständen zu Informationssystemzuständen dar und können zur Begründung der Datenqualität herangezogen werden [WW96]. Da eine solche Argumentation zur Verbesserung der Datenqualität gemacht werden kann [WW96]. Darüber hinaus kann der jeweilige Erfüllungsgrad der Anforderungen vom Datennutzer bestimmt werden. Anhand der folgenden **Abbildung** 3.11 wird ein Modell zur Klassifizierung von Datenqualitätsdimensionen in FIS vorgestellt.

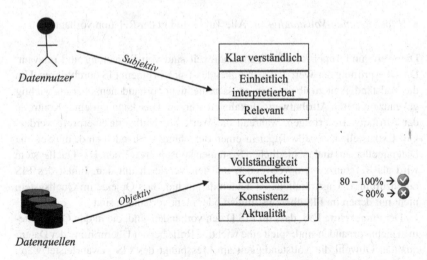

Abbildung 3.11 Klassifizierung von Datenqualitätsdimensionen in FIS (in Anlehnung von [ASAS19a])

In den unteren **Abschnitten** 3.7.1, 3.7.2, 3.7.3 und 3.7.4 werden für die wichtigsten vier Datenqualitätsdimensionen Metriken gefunden und es wird erläutert, wie diese Dimensionen bei einem FIS gemessen werden können. Die Messung der Datenqualität fokussiert sich dabei auf einem praxisnahen Anwendungsbeispiel von Publikationsdaten aus Web of Science.

3.7.1 Vollständigkeit

Bei der Vollständigkeit von Forschungsinformationen ist die besondere Bedeutung von Nullwerten und Leerstellen zu beobachten. Die Dimension der Vollständigkeit kann in fünf verschiedene Typen unterteilt werden [SMB05]:

- *Wert-Vollständigkeit*: Es stehen alle als relevant definierten Attributwerte eines Tupels zur Verfügung.

- *Tupel-Vollständigkeit*: Alle Attributwerte eines Tupels sind verfügbar.

- *Attribut-Vollständigkeit*: Alle Werte eines Attributs (einer Spalte) sind verfügbar.

- *Relation-Vollständigkeit*: Alle Werte in der gesamten Relation sind verfügbar.

- *Tupel-Relation-Vollständigkeit*: Alle Tupel sind in der Relation vorhanden.

Die Wert- und Tupel-Relation-Vollständigkeit sind von Bedeutung und relevant. Die Überprüfung der Wert-Vollständigkeit lässt sich in einem FIS durchführen. Um die Vollständigkeit zu überprüfen, müssen die nicht vorhandenen, aber als wichtig gekennzeichneten Attributwerte, lokalisiert werden. Dies kann mit einer Kontrolle der Attributwerte erfolgen, während die Werte auf Nullwerte überprüft werden. Um festzustellen, ob alle Tupel in einer Beziehung vorhanden sind, müssen die Datenquellen aus unterschiedlichen Systemen konsultiert werden. Das Quellsystem wird als Referenzsystem verwendet, um den Vergleich mit dem Inhalt des FIS durchzuführen. Unstimmigkeiten deuten darauf hin, dass Objekte im Quellsystem nicht mit denen im FIS übereinstimmen oder nicht vorhanden sind.

Der umgekehrte Fall, dass im FIS Daten vorhanden sind, die in den Quellsystemen nicht vorhanden sind, spielt eine wichtige Rolle bei der Überprüfung der Datenqualität. Obwohl die Vollständigkeit am Messpunkt des FIS gewährleistet wäre, würde dies nicht unbedingt auf eine hohe Datenqualität hinweisen. Das Auftreten solcher Ereignisse ist darauf zurückzuführen, dass im Quellsystem ein manueller Löschvorgang stattgefunden hat, der jedoch vom FIS nicht verstanden wurde. Die

Ursache für einen solchen Fehler kann in fehlender Kommunikation an den Regeln liegen, die das Löschen von Daten in FIS verbieten. Die Metrik für die Datenqualitätsdimension Vollständigkeit hat den Grund, eine objektive, zielorientierte und weitgehend automatisierte Messung auf Attributwert-, Tupel-, Beziehungs- und Datenbankebene zu ermöglichen [HK11], die wie folgt gemessen werden kann [LPFW06]:

$$Q_{Vollständigkeit} = 1 - \frac{Anzahl\ unvollständiger\ Einheiten}{Anzahl\ der\ überprüften\ Einheiten} \qquad (3.2)$$

Wenn NULL in FIS zur Berechnung der Vollständigkeit verwendet wird, muss berücksichtigt werden, dass NULL drei verschiedene Bedeutungen haben kann [Cor13]:

1. Ein Wert existiert nicht
2. Ein Wert existiert, ist aber unbekannt
3. Es ist nicht bekannt, ob ein Wert existiert

In der ersten Bedeutung zählt NULL nicht als Unvollständigkeit, in der zweiten steht es für Unvollständigkeit und in der dritten Bedeutung wäre beides möglich [BS06]. Abhängig von der Granularität der Vollständigkeit kann zwischen Datensatz-Vollständigkeit, Spalten-Vollständigkeit und Tabellen-Vollständigkeit unterschieden werden [Cor13]. Die Datensatz-Vollständigkeit bezieht sich auf die Anzahl der NULL-Werte aller Spalten eines Datensatzes, die Spalten-Vollständigkeit auf die einer einzelnen Spalte in Bezug auf alle Werte dieser Spalte [Cor13]. Durch die Tabellenvollständigkeit wird die Anzahl aller NULL-Werte in einer Tabelle im Vergleich zu allen Werten in der Tabelle festgelegt [Cor13].

Anhand der folgenden **Tabelle** 3.5 wird ein Beispiel für die Messung der Vollständigkeit in einer Publikationsliste veranschaulicht.

Tabelle 3.5 Beispiel für die Messung der Vollständigkeit (in Anlehnung von [ASW18])

AuthorID	Firstname	Lastname	DOI	ARTICLE_TITLE	PUBTYPE	PUBYEAR	Tuple completeness
352908	Sven	Svenson	https://doi.org/10.1061/ 9780784412350.0029	Compressibility characteristics of a soft soil stabilized by deep mixing-Volumetric creep deformations	P	2007	1
353035	Jacob	NULL	NULL	Arsenic in the contemporary antitumour chemotherapy	NULL	2015	0.25
353463	Jamila	Morjane	NULL	The quality-a factor for competitiveness of organizations	P	NULL	0.5
353585	Olivia	NULL	https://doi.org/10.1016/j. enganabound.2011.08. 010	CMRH method as iterative solver for boundary element acoustic systems	J	2017	0.75
353759	Jean	Jackson	https://doi.org/10.1061/ 9780784412138.fm	Ground reaction force analysis in normal gait using footwear with various heel heights on different surfaces	P	2014	1
Columns completeness	1	0.5	0.5	1	0.75	0.75	1 − (6/ 35) = 0.83

Das Ergebnis besagt, dass die Publikationsdaten aus Web of Science zu 83 % vollständig sind.

Für das Beispiel in der **Tabelle** 3.5 wurde einen handlichen Python-Code geschrieben, um die Vollständigkeit der Publikationsdaten zu messen, bevor sie in das FIS integriert werden. Die FIS Mitarbeiter kann seine interne oder externe Datenquelle als Datei bei Python importieren, den bereitgestellten Code kopieren und als Skript ausführen. Abschließend berechnet dieser Code den Grad der Vollständigkeit für den Nutzer. Der Code für die Messung der Vollständigkeit ist in **Listing** 3.1 dargestellt.

```python
firstline=1
sl={}
z=0
al=0
ali=0
y=0
f=open("output_completeness.html","w",encoding="utf-8")
with open("input.txt","r",encoding="utf-8") as file:
    for line in file:
        if firstline==1:
            f.write("<table><tr><td>"+line.strip().replace("\t","</td><
td>")+"</td><td>Tuple completeness</td></tr>")
            z=len(line.strip().split("\t"))-1
            firstline=0
            continue
        p=line.strip().split("\t")
        if len(p)<z: continue
        y+=1
        s=-2
        i=0
        u=0
        for pp in p:
            s+=1
            if u>0: al+=1
            u+=1
            if pp=="NULL":
                i+=1
                ali+=1
                sl[s]=sl.get(s,0)+1
        completeness=1.0-(i*0.25)
        f.write("<tr><td>"+line.strip().replace("\t","</td><td>")+"</td
><td>"+str(round(completeness,2))+
        "</td></tr>")
    vr=[]
    for xx in range(z):
        if xx in sl: vr.append(str(round(1.0-float(sl[xx])/y,2)))
        else: vr.append("1.0")
    vr.append(str(round(1.0-float(ali)/al,2)))
    f.write("<tr><td>Column completeness</td><td>"+"</td><td>".join(vr)
+"</td></tr></table>")
f.close()
```

Listing 3.1: Vollständigkeitsmessung

3.7.2 Korrektheit

Die Korrektheit bzw. Fehlerfreiheit bestimmt, inwieweit die Forschungsinformationen korrekt sind, d. h. inwieweit zwei Werte V und V' übereinstimmen [ASW18]. Dabei entspricht dem Wert in der realen Welt [ASW18]. Die Korrektheit kann wie folgt gemessen werden [LPFW06]:

$$Q_{Korrektheit} = 1 - \frac{Anzahl\ unkorrekter\ Dateneinheiten}{Gesamtzahl\ der\ Dateneinheiten} \qquad (3.3)$$

Die Metrik der Korrektheit muss verwendet werden, um zu bestimmen, wie die Granularität einer Dateneinheit angegeben wird (z. B. Datenbank, Tabelle, Spalte) und woraus sich ein Fehler ergibt [SMB05]. Korrektheit kann sich entweder auf eine Spalte, eine Tabelle oder sogar auf eine gesamte Datenbank beziehen [ASW18]. So kann z. B. die Tabellen- oder Datenbank-Korrektheit ermittelt werden, während die Beziehung zwischen den korrekten Werten und allen Werten berechnet wird [ASW18]. Bei einer vollständigen Tabelle werden alle korrekten Zellenwerte ermittelt und relativ zur Anzahl aller Zellen in der Tabelle gezählt [BS06].

In der Literatur tauchen die Begriffe bzw. Konzepte der syntaktischen und semantischen Korrektheit im Zusammenhang mit der Datenqualität auf [SMB05]. [Hel02] verlangt als Indikator für die syntaktische Korrektheit, dass *„die Daten mit der angegebenen Syntax (Format) übereinstimmen"*. Dies bedeutet, dass beispielsweise die falsche Schreibweise eines Attributwerts erkannt wird [ASW18]. Ein Verstoß gegen die syntaktische Korrektheit liegt dann vor, wenn anstelle des korrekten Attributwerts „Artikel" der Attributwert „Arikel" existiert [ASW18]. Die semantische Korrektheit ist nicht erfüllt, wenn ein Attributwert zwar syntaktisch korrekt ist, aber ein falscher Wert zugewiesen wurde [ASW18]. Dies ist der Fall, wenn beispielsweise für einen Artikel der falsche Autor hinterlegt ist [ASW18]. Diese Definitionen werden nicht übernommen, da es beim FIS die Vorgabe gibt, dass ein Datensatz dann korrekt ist, falls er (unter Berücksichtigung der vorgenommenen Transformationen bei der Befüllung) mit den Daten der Quellsysteme übereinstimmt [ASW18].

Wenn alle Attributwerte exakt nach den in den Geschäftsregeln definierten Transformationsregeln geladen wurden, kann ein Datensatz als korrekt bewertet werden [ASW18]. Bei eins-zu-eins-Transformationen müssen die Werte sowohl im Quellsystem als auch im FIS identisch sein [ASW18]. Die Korrektheit ist gegeben, wenn

mit den Transformationen, mit denen Werte berechnet und erst danach im FIS abgelegt werden können, richtig sind [ASW18].

Basierend auf dieser Definition kann eine Bewertung der Korrektheit im FIS
erfolgen. Ähnlich wie bei der Prüfung der Aktualität wird die Korrektheit der Daten
überprüft. In diesem Fall wird die Korrektheit des Inhalts geprüft. Genauer gesagt
wird ein Tupel betrachtet. Dies ist im Quellsystem und im FIS für die Korrespondenz
und damit auch für Korrektheit [ASW18].

Wenn berechnete Datensätze in einem FIS untersucht werden sollen, müssen die
Schritte in einer Art Test zurückverfolgt und reproduziert werden, um die Daten
der Quellsysteme vorschlagen zu können [ASW18]. Eine solche Untersuchung ist
aufgrund ihrer Komplexität sehr anstrengend und mühsam [ASW18]. Dies kann
zur Nichterfüllung des Kriteriums führen. Gleiches gilt für Berechnungen, die ihre
Originaldaten in unterschiedlichen Quellsystemen speichern und nicht gleichzeitig
zur Verfügung stehen [ASW18].

Problematisch ist auch die Kontrolle der historischen Daten im FIS, wenn im
Quellsystem keine historischen Daten vorhanden sind, ist ein Vergleich mit den
historischen Daten des FIS nicht praktikabel [ASW18]. In diesem Fall muss die
Korrektheit der Daten überprüft werden, solange diese noch aktuell sind [ASW18].
Wurden die Daten zum Zeitpunkt des Ladens geprüft, kann davon ausgegangen
werden, dass sie auch im archivierten Zustand korrekt sind [ASW18]. Ein Sonderfall
der Korrektheitsprüfung liegt vor, wenn ein oder mehrere Datensätze während des
aktiven Ladevorgangs vom Quellsystem in das FIS geändert werden [ASW18].
Eine Kontrolle würde hierbei einen Fehler im FIS erkennen, was allerdings ein
Trugschluss wäre [ASW18].

Die folgende **Abbildung** 3.12 zeigt ein Beispiel für falsche Daten in einer Publikationsliste und berechnet den Grad der Korrektheit dieser Informationen anhand
des Attributes „Name eines Autors".

Das Beispiel macht deutlich, dass die Metrik der Korrektheit in den Namen des
Autors ganz unterschiedlich bestimmt werden: Unter der Berücksichtigung vom
Nachnamen „Wetterbaum" und „Weizenbaum" beträgt der Wert der Metrik für
Korrektheit 70 %, während man den Vornamen „Sven" und „Bird" betrachten würde,
ergibt sich ein Wert von 0.0 %, da beide Seiten keinen gemeinsamen Charakter haben
[ASW18].

Alternativ zu diesem Beispiel wird der *Levenshtein-Distanz* verwendet.
Levenshtein-Distanz berechnet die Mindestanzahl von Einfügen-(Insertion),
Löschen-(Deletion), Ersetzen-(Substitution) und Übereinstimmung-(Match) Operationen, um eine bestimmte gegebene Zeichenkette in eine zweite, ebenfalls gegebene Zeichenkette umzuwandeln sowie Zeichenketten ungleicher Länge zu trans-

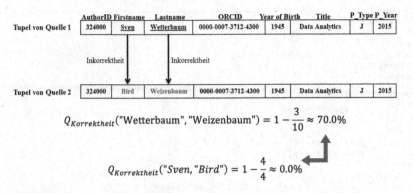

$$Q_{Korrektheit}(\text{"Wetterbaum", "Weizenbaum"}) = 1 - \frac{3}{10} \approx 70.0\%$$

$$Q_{Korrektheit}(\textit{"Sven", "Bird"}) = 1 - \frac{4}{4} \approx 0.0\%$$

Abbildung 3.12 Beispiel für die Messung der Korrektheit (in Anlehnung von [ASW18])

formieren bzw. den Aufwand anhand der minimalen Anzahl dieser Operationen zu messen [Lev66].

Die folgende **Abbildung** 3.13 illustriert die Messung der Levenshtein-Distanz mit deren Operatoren am Beispiel des Autornamens „Sven Wetterbaum". Infolge der Levenshtein-Distanz sind in diesem Beispiel sieben Substitutionsschritte erforderlich.

S	v	e	n	W	e	t	t	e	r	b	a	u	m
B	i	r	d	W	e	i	z	e	n	b	a	u	m
S	S	S	S	M	M	S	S	M	S	M	M	M	M

Abbildung 3.13 Messung der Korrektheit mithilfe von Levenshtein-Distanz (in Anlehnung von [ASW18])

Für das Beispiel in der **Abbildung** 3.12 zur Messung der Korrektheit von Publikationsdaten kann der vorliegende Code (siehe **Listing** 3.2) verwendet werden.

```
firstline=1
sl={}
z=0
y=0
stan=[]
coral=[]
with open("standard.txt","r",encoding="utf-8") as file:
    for line in file:
        if firstline==1:
            firstline=0
            continue
        p=line.strip().split("\t")
        stan.append(p[1:])
c=0
firstline=1
f=open("output_correctness.html","w",encoding="utf-8")
with open("input.txt","r",encoding="utf-8") as file:
    for line in file:
        if firstline==1:
            f.write("<table><tr><td>"+line.strip().replace("\t","</td><
td>")+"</td><td>Correctness</td></tr>")
            z=len(line.strip().split("\t"))-1
            firstline=0
            continue
        bad=0
        al=0
        p=line.strip().split("\t")[1:]
        if len(p)<z: continue
        for xx in range(len(p)):
            al+=1
            if stan[c][xx]!=p[xx]: bad+=1
        correctness=1.0-(float(bad)/al)
        coral.append(correctness)
        f.write("<tr><td>"+line.strip().replace("\t","</td><td>")+"</td
><td>"+str(round(correctness,2))+"</td></tr>")
        c+=1
correctnessall=sum(coral)/len(coral)
f.write("</table><br />Overall correctness: "+str(round(correctnessall
,2)))
f.close()
```

Listing 3.2: Korrektheitsmessung

3.7.3 Konsistenz

Konsistenz (Widerspruchsfreiheit) kann aus verschiedenen Perspektiven betrachtet werden [ASW18]. In FIS steht Konsistenz für die Einhaltung der Integritätsregeln, die für bestimmte Felder, Tupel, Attribute oder Beziehungen definiert sind [ASW18]. Die spezifische Regelmenge definiert logische Zusammenhänge, die von der geprüften Datenmenge eingehalten werden müssen [HGHM15].

Allgemein betrachtet kann Konsistenz als Widerspruch zwischen zwei oder mehr verwandten Datenelementen (z. B. Postleitzahl und Ort) beschrieben werden

[BS06]. Darüber hinaus ist die Konsistenz des Formats auch für das gleiche Daten-element wichtig. Die Überprüfung der Konsistenz kann durch eine Messung der Datenqualität innerhalb des FIS durchgeführt werden, um redundant gespeicherte Daten auf Widersprüche zu untersuchen [ASW18].
Konsistenz kann wie folgt gemessen werden [LPFW06]:

$$Q_{Konsistenz} = 1 - \frac{Anzahl\ inkonsistenter\ Einheiten}{Anzahl\ durchgeführter\ Konsistenzprüfungen} \quad (3.4)$$

Zur Verdeutlichung wird nachfolgend ein Beispiel der Datenqualitätsdimension Konsistenz anhand von Autoren verschiedener Publikationen bestimmt. Zuerst wird die Publikationsliste von verschiedenen Autoren in der folgenden **Abbildung** 3.14 dargestellt und danach wird der Grad der Konsistenz dieser Informationen berech-net.

	AuthorID	Firstname	Lastname	ORCID	Year of Birth	Title	P_Type	P_Year
Tupel von Quelle 1	123400	Alien	Scott	0000-0007-6255-159X	1962	Computer Graphics World	P	2009
	191100	Virginia	Lopez	0000-0002-3712-3820	1955	Information Technology for Development	J	2013
	211110	Thomas	Hills	0000-0008-1287-1752	1965	Technology Services Quarterly	P	2014
	323990	Jens	Jackson	0000-0001-6255-2330	1973	Database	J	2018

Inkonsistenz · Inkonsistenz

	AuthorID	Firstname	Lastname	ORCID	Year of Birth	Title	P_Type	P_Year
Tupel von Quelle 2	123400	Alien	Scott	0000-0007-6255-159X	1962	Computer Graphics World	P	2009
	191100	Virginia	Kubrick	0000-0004-0212-4785	1955	Information Technology for Development	J	2013
	211110	Thomas	Hills	0000-0008-1287-1752	1965	Technology Services . Quarterly	P	2014
	323990	Jens	Jackson	0000-0001-6255-2330	1973	Database	J	2018

Abbildung 3.14 Beispiel für inkonsistente Daten in einer Publikationsliste (in Anlehnung von [ASW18])

Für die Autorin Virginia Lopez sind die Datenquellen sowohl in Bezug auf ihren Nachnamen als auch in Bezug auf ihre ORCID widersprüchlich. Der Hintergrund dieser Unstimmigkeiten kann vielfältig sein und sich beispielsweise aus der Tatsache ergeben, dass die Autorin ihr ORCID-Profil nicht regelmäßig aktualisiert oder nach einer Namensänderung eine neue ORCID registriert hat [ASW18]. Ebenso können

die operativen Systeme hinter dem Datenimport veraltete oder falsche Daten enthalten [ASW18]. Hierzu wird der Grad des Konsistenzfehlers für das obige Beispiel
wie folgt berechnet:

$$Q_{Konsistenz} = 1 - \frac{2}{32} \approx 0.9375 \tag{3.5}$$

Das Ergebnis drückt aus, dass die Angaben zur Publikationsliste der Autoren zu
93.75 % nicht widersprüchlich sind.

Um die Konsistenz von Publikationsdaten zu messen, kann dafür folgender Code
(siehe **Listing** 3.3) genutzt werden.

```
firstline=1
sl={}
z=0
y=0
stan=[]
coral=[]
with open("input2.txt","r",encoding="utf-8") as file:
    for line in file:
        if firstline==1:
            firstline=0
            continue
        p=line.strip().split("\t")
        stan.append(p[1:])
c=0
firstline=1
f=open("output_consistency.html","w",encoding="utf-8")
with open("input.txt","r",encoding="utf-8") as file:
    for line in file:
        if firstline==1:
            f.write("<table><tr><td>"+line.strip().replace("\t","</td><
td>")+"</td><td>Consistency</td></tr>")
            z=len(line.strip().split("\t"))-1
            firstline=0
            continue
        bad=0
        al=0
        p=line.strip().split("\t")[1:]
        if len(p)<z: continue
        for xx in range(len(p)):
            al+=1
            if stan[c][xx]!=p[xx]: bad+=1
        consistency=1.0-(float(bad)/al)
        coral.append(consistency)

        f.write("<tr><td>"+line.strip().replace("\t","</td><td>")+"</td
><td>"+str(round(consistency,2))+"</td></tr>")
        c+=1
consistencyall=sum(coral)/len(coral)
f.write("</table><br />Overall consistency: "+str(round(consistencyall
,2)))
f.close()
```

Listing 3.3: Konsistenzmessung

Als alternative Messung könnte man die Levenshtein-Distanz für dieses Beispiel der ORCID und des Autors verwenden [ASW18]. **Abbildung** 3.15 zeigt die Berechnung der Levenshtein-Distanz mit ihren Operatoren. Aufgrund der Levenshtein-Distanz für dieses Beispiel enthält der Name von der Autorin fünf Substitutionsschritte und zwei Löschschritte und für ihre ORCID sind sieben Substitutionsschritte erforderlich und der Rest bleibt unverändert [ASW18].

L	o	p	e	z	-	-	0000-0008-1287-1752
K	u	b	r	i	c	k	0000-0004-0212-4785
S	**S**	**S**	**S**	**S**	**D**	**D**	**MMMM-MMMS-SMSS-SMSS**

Abbildung 3.15 Messung der Konsistenz mithilfe von Levenshtein-Distanz (in Anlehnung von [ASW18])

3.7.4 Aktualität

Die Aktualität prüft nach, wie aktuell ein Datenwert ist [ASW18]. Da eine aktive Prüfung zu kostenintensiv oder in manchen Fällen gar nicht möglich wäre, basiert die Aktualitätsmetrik auf einer Schätzung [KKH07]. Mit der Schätzung tritt eine Wahrscheinlichkeit ein, die abschätzt, wie aktuell die untersuchten Datenwerte sind. Für die Aktualitätsmetrik werden wieder einige Parameter definiert [HK09]:

- „A" ist ein Datenattribut (z. B. „Berufsstatus")

- „w" ist ein entsprechender Datenwert (z. B. „Student")

- „Alter(w,A))" ist das Alter des Datenwerts. Dies kann aus dem Messungszeitpunkt und dem Datenerfassungszeitpunkt errechnet werden

- „Verfall(A)" ist ein empirisch ermittelter Wert, der die Verfallsrate des Datenwerts des Datenattributs beschreibt

Kombiniert kann die Metrik für die Datenqualitätsdimension Aktualität wie folgt gemessen werden [HK09]:

$$Q_{Aktualität}(w, A) = \exp^{(-\text{Verfall}(A).\text{Alter}(w,A))} \tag{3.6}$$

$Q_{Aktualität}(w, A))$ symbolisiert eine Wahrscheinlichkeit für die Aktualität des Datenattributs(A) des Datenwerts(w). In der oben genannten **Formel** 3.6 wird die Annahme getroffen, dass der Verfall (Verfall(A)), also die Gültigkeitsdauer, exponentiell verteilt ist. Diese wird genommen, da sich aus empirischen Daten herauslesen lässt, dass diese am besten zu einer Lebensdauerverteilung dieses Datenattributs passt [KKH07]. Bei unveränderlichen Daten, wie Geburtsort oder Geburtsdatum, ist der Verfall(A) = 0. Dieses angewendet auf **Formel** 3.6: Metrik für die Datenqualitätsdimension Aktualität ergibt somit eins („1") [HK09].

$$Q_{Aktualität}(w, A) = \exp^{(-\text{Verfall}(A).\text{Alter}(w,A))} = \exp^{(-0.\text{Alter}(w,A))} = \exp^{(0)} = 1$$
$$(3.7)$$

Dasselbe gilt für Datenwerte, bei denen Alter(w,A) ist [ASW18]. Dies kann auftreten, wenn der Beobachtungszeitpunkt gleich dem Erfassungszeitpunkt ist. Daraus resultiert Folgendes:

$$Q_{Aktualität}(w, A) = \exp^{(-\text{Verfall}(A).\text{Alter}(w,A))} = \exp^{(-\text{Verfall}(A).0)} = \exp^{(0)} = 1$$
$$(3.8)$$

Hier wird ein Beispiel für die Berechnung der Datenqualitätsdimension Aktualität anhand der Stammdaten einer Person veranschaulicht. Im ersten Schritt werden die entscheidenden Attribute der Verfallsraten herausgesucht. Diese Werte können entweder verfügbaren Statistiken entnommen werden oder falls nicht verfügbar, auf der Grundlage subjektiver Einschätzungen von Experten [KKH07]. Das Statistische Bundesamt enthält Angaben über die Dauer der Gültigkeit von Namen (gemeint Nachnamen) und Adressen [ASW18]:

- **Nachname** 2 % der Personen ändern den Nachnamen

- **Vorname** 0 % der Personen ändern den Vornamen

- **Adresse** 10 % der Personen ändern ihre Adresse

- **E-Mail** 40 % der Personen ändern ihre E-Mail-Adresse

Im nächsten Schritt werden die Gewichtungen (gi) für jedes Attribut angewendet. Dies sind Aussagen über die Wichtigkeit der Attribute für den Eigentümer der

Informationen [ASW18]. Der jedem Bereich zugewiesene Wert reicht von null bis eins und in diesem Beispiel werden die Attribute mit 1.0 gewichtet [ASW18]. Die Aktualität der einzelnen Attribute ist in der folgenden **Tabelle** 3.6 zu sehen.

Tabelle 3.6 Beispiel für die Berechnung der metrischen Aktualität   (in Anlehnung an [KKH07])

Attributes (Ai)	Firstname	Lastname	Address	E-Mail address
gi	1.00	1.00	1.00	1.00
Alter(T,Ai,Ai) [Jahr]	0.50	0.50	2.00	0.50
Verfall(Ai) [1/Jahr]	0.00	0.02	0.10	0.40
$Q_{Aktualität} = \exp^{(-\text{Verfall}(Ai)*\text{Alter}(T,Ai,Ai))}$	**1.00**	**0.99**	**0.82**	**0.82**

Um eine Gesamtauskunft über die Aktualität liefern zu können, müssen nun die Werte des Attributs Aktualität und die Gewichtungen verwendet werden [ASW18]. Dieser Schritt muss aggregiert vorgenommen werden [MW15].

$$Q_{Aktualität(T,A1,...,A4)}$$
$$= 1 - \frac{1.00 * 1.00 + 0.99 * 1.00 + 0.82 * 1.00 + 0.82 * 1.00}{1.00 + 1.00 + 1.00 + 1.00} \approx 0.9075$$
$$(3.9)$$

Das Ergebnis erklärt, dass die Daten speziell für die Stammdaten einer Person zu 90.75 % aktuell sind.

Die Anforderungen an die Aktualität gelten als nicht erfüllt, wenn der Befüllungs- oder Ladeprozess nicht zu Stande gekommen ist. Dadurch wären die Daten nicht getreu der Gegenwart und nicht aktuell. Gleiches gilt bei nicht Vollendung des Ladeprozesses, bei Abbruch oder bei Überschreitung des zeitlichen Rahmens des Befüllungsprozesses. Die Messbarkeit der Aktualität kann nicht direkt über die enthaltenen Daten vorgenommen werden. Dafür werden Metadaten benötigt. Metadaten enthalten Informationen zu Status, Dauer, Zeit und sowohl zum Auftreten von Fehlern als auch zu deren Ursachen. Mit Hilfe dieser Punkte kann die Anforderung an die Aktualität im FIS gemessen werden.

Für das Beispiel in der (siehe **Tabelle** 3.6) kann der folgende Code (siehe **Listing** 3.4) verwendet werden, um die Aktualität von Publikationsdaten zu messen.

```
import time, math
from datetime import date
from datetime import datetime
#t=date.fromisoformat('04.02.2020')
#print (t)
today = date.fromtimestamp(time.time()).strftime("%d.%m.%Y")
#print (today.strftime("%d.%m.%Y"))
#oo="04.02.2020"
#ddd = datetime.strptime(oo, '%d.%m.%Y').date()
#print ((today-ddd).days)
f=open("timeliness.htm","w",encoding="utf-8")
decline={}
with open("decline.txt","r",encoding="utf-8") as file:
    for line in file:
        p=line.strip().split("\t")
        decline[p[0]]=float(p[1])
standard={}
first=1
header=[]
with open("standard.txt","r",encoding="utf-8") as file:
    for line in file:
        record=line.strip().split("\t")
        if first==1:
            first=0
            header=record
            continue
        record=line.strip().split("\t")
        standard[record[0]]={}
        for i in range(len(record)):
            if header[i] not in decline: continue
            standard[record[0]][header[i]]={}
            if "|" in record[i]:
                g=record[i].split("|")
                for u in g:
                    if "[" in u:
                        w=u.split("[")
                        standard[record[0]][header[i]][w[0]]=w[1][:-1]
                    else:
                        standard[record[0]][header[i]][u]=today
            else:
                standard[record[0]][header[i]][record[i]]=today
```

```
assessed_records=0
timeliness_sum=0
first=1
with open("input.txt","r",encoding="utf-8") as file:
    for line in file:
        record=line.strip().split("\t")
        if first==1:
            first=0
            header=record
            f.write("<table border=\"1\"><tr><td><strong>"+"</strong></
    td><td><strong>".join(header)+"</strong></td><td><strong>Record
    timeliness</strong></td></tr>\n")
            continue
        timrec=0
        assessed_values=0
        if record[0] not in standard:
            print (record[0]+" not found in standard")
            continue
        for i in range(len(record)):
            if header[i] not in decline: continue
            if record[i] in standard[record[0]][header[i]]:
                valuetime=standard[record[0]][header[i]][record[i]]
                age=float((datetime.strptime(today, '%d.%m.%Y').date()-
    datetime.strptime(valuetime, '%d.%m.%Y').date()).days)/365
                print (age)
                timfield=math.exp(-decline[header[i]]*age)
                timrec+=timfield
                assessed_values+=1
            else:
                print (record[0]+" field "+header[i]+" can not be
    assessed")
        if timrec>0:
            record_timeliness=timrec/assessed_values
            record_timeliness2=str(round(record_timeliness,2))
        else:
            record_timeliness="NULL"
            record_timeliness2="Not assessed"
        f.write("<tr><td>"+"</td><td>".join(record)+"</td><td>"+str(
    record_timeliness2)+"</td></tr>\n")
        if record_timeliness!="NULL": timeliness_sum+=record_timeliness
        assessed_records+=1
f.write("</table>")
if assessed_records>0:
    dataset_timeliness = timeliness_sum/assessed_records
    f.write("<br />Overall timeliness: "+str(round(dataset_timeliness
    ,2)))
f.close()
```

Listing 3.4: Aktualitätsmessung

3.7.5   Zusammenfassung der Ergebnisse

Die Messung der Datenqualität in FIS ist eine unverzichtbare Grundlage für deren
dauerhafte Verbesserung. Die resultierenden Dimensionen sind relativ einfach messbar und beziehen sich auf Vollständigkeit, Korrektheit, Konsistenz und Aktualität
der Daten. Diese ermöglichen eine objektive, effektive und weitgehend automatisierte Messung innerhalb des FIS. Darüber hinaus haben die Ergebnisse der Messungen der Metriken gezeigt, dass Messungen bei jedem FIS theoretisch möglich sind
und dass eine hohe Datenqualität es Hochschulen und AUFs z. B. FIS erfolgreich
zu betreiben erlaubt [ASW18]. Insofern muss die Überprüfung der Datenqualität
immer unter besonderer Berücksichtigung ihres Kontexts erfolgen [ASW18].

Nach der Messung der Datenqualitätsdimensionen gilt es im nächsten Schritt für
die Überwachung und Verbesserung der Datenqualität in allen Einrichtungen zu sorgen. Vor diesem Hintergrund bietet das hier vorgestellte Konzept einen geeigneten
Ansatz bzw. ein entwickeltes Framework als Prozessablauf nach BPMN (Business
Process Modeling Notation) an. Das Framework (wie in der **Abbildung** 3.16 illustriert) sollte als Modell bzw. Grundlage dafür dienen, wie die Qualität der Daten

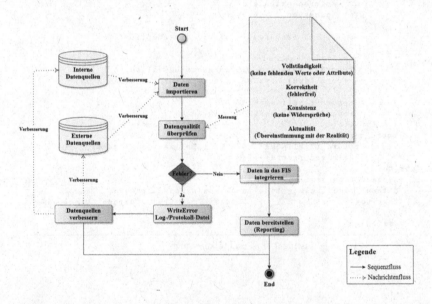

Abbildung 3.16 Framework zur Qualitätsmessung und -verbesserung in FIS (in Anlehnung
von [ASW18])

des FIS in alle nutzenden Einrichtungen gemessen, sichergestellt, überwacht und verbessert wird.

Zu Beginn des Frameworks werden interne und externe Datenquellen einer Einrichtung durch die Verwaltung oder dem technischen Personal gesammelt und anschließend werden diese Datenerfassungen einer Kontrolle sowie einer Messung unterzogen, um die Vollständigkeit, die Korrektheit, die Konsistenz und die Aktualität der Datensätze zu erfassen. In diesem Fall gibt es zwei Möglichkeiten, entweder werden die Datensätze als fehlerhaft erkannt oder sie erweisen sich als vollständig und korrekt, sodass sie direkt in das FIS geladen werden können. Bei Auftreten fehlerhafter Datensätze ist eine Korrektur und Aktualisierung der Datensätze durch die Verwaltung oder das technische Personal vorzunehmen. Außerdem werden die verbesserten Datensätze dann erneut anhand der vier Dimensionen überprüft. Nur dann ist es ratsam, die verbesserten Daten in das FIS zu laden. Zuletzt werden die in das FIS geladenen Daten angezeigt. Mithilfe von Portalen, Berichten und anderen Front-End-Anwendungen werden die vom System kommenden Informationen visualisiert. Hier werden dem Anwender die aufbereiteten Informationen und Analysen in übersichtlicher Form von verschiedenen Anwendungskomponenten zur Verfügung gestellt.

Bisher wurde keine Messung der objektiven Datenqualität mit Python programmiert, um die Datenqualität in FIS zu bewerten. Dafür wurde ein einsatzbereiter Makro-Service aufbereitet, damit die FIS nutzenden Hochschulen und AUFs anhand der Messergebnisse mit den vorgestellten Programmcode eine Aussage über ihre Datenqualität in FIS treffen können. Der Programmcode inklusive Package ist unter folgender Webseite[2] verfügbar und steht zum Downloaden bereit. Weitere Details bzw. Ergebnisse über die Messung der vier objektiven Datenqualitätsdimensionen können mithilfe von Python-Code in Publikationsdaten aus Wikipedia und Web of Science in der Arbeit [AL20] entnommen werden.

3.7.6 Einfluss von Datenqualitätsdimensionen auf die Gesamtqualität in FIS

Um eine Aussage über die Abhängigkeitsbeziehung der Datenqualitätsdimensionen für den Verbesserungsprozess in den FIS zu treffen, müssen alle wichtigen Dimensionen zueinander berücksichtigt werden. Für eine solche Betrachtung und Einschätzung von Reliabilität (Zuverlässigkeit) und Validität (Gültigkeit), basierend auf den Ergebnissen der quantitativen Erhebung wird mithilfe von einem flexiblen

---

[2] https://github.com/OtmaneAzeroualDZHW/Forschungsinformationssysteme

Framework als Strukturgleichungsmodell (engl. Structural Equation Modeling, kurz SEM) beurteilt. SEM ist eine leistungsstarke multivariate Technik, die zunehmend in wissenschaftlichen Untersuchungen zum Testen und Bewerten multivariater Kausalzusammenhänge eingesetzt wird [BN11]. Es bietet Tests für die Konsistenz und Plausibilität des angenommenen Modells im Vergleich zu den beobachteten Daten sowie ermöglicht dem Forscher, direkte und vermittelte Beziehungen zu analysieren [Kli11].

Die Datenqualität in FIS wird anhand der Variablen Korrektheit, Vollständigkeit, Konsistenz und Aktualität gemessen. Das Framework als SEM zur Unterstützung der Datenqualitätsmessung in FIS ist in **Abbildung** 3.17 ersichtlich. Das Framework ermöglicht die Messung der beobachtbaren Variablen der Datenqualitätsdimensionen. Sie repräsentieren die latenten Variablen des Konstruktors. Jede latente Variable wird durch direkt beobachtbare bzw. feststellbare Variablen operationalisiert. In diesem Framework wird ein Reflexionsmodell verwendet, da die latenten Variablen die jeweiligen Indikatoren beeinflussen. Die Zahl neben dem Pfeil beschreibt dabei die Beziehung zwischen der latenten Variable und dem entsprechenden Indikator. Diese Zahl ist als Faktorladung zu interpretieren und gibt an, wie stark die Reliabilität und Validität der latenten Variable ist. Das entwickelte Framework kann Einrichtungen bei jedem Schritt von Entwurf, Ausführung, Analyse und Verbesserung bis zur Bewertung und Überwindung von Datenqualitätsproblemen eines FIS unterstützen.

Um die Reliabilität (Zuverlässigkeit) und Validität (Gültigkeit) der Skalen für Datenqualitätsdimensionen und Konstruktionsfaktoren für den Verbesserungsprozess in den FIS zu bewerten, wurde eine statistische Analyse mit R auf den Daten der durchgeführten Umfrage zur Beurteilung der Cronbachs-Alpha Analyse und Hauptkomponentenanalyse angewendet. Um sicherzustellen, dass die Befragten unsere Fragen über Datenqualitätsdimensionen genau beantworten können, wurde sich auf Hochschulen und AUFs beschränkt, die FIS bereits lange nutzen. Für die Umfrage kam eine Likert-Skala in Anwendung, mit vier Antwortmöglichkeiten von *sehr wichtig* bis *unwichtig*. **Abbildung** 3.18 stellt ein Auszug der Umfrage dar.

Cronbachs-Alpha bestimmt die Reliabilität der Dimensionen und sein Wert liegt zwischen 0 und 1, wobei Werte unterhalb von 0.5 als „untragbar" und oberhalb von 0.7 als „ziemlich gut" gelten [Rin09]. In **Tabelle** 3.7 wird die Reliabilität des Koeffizienten für jedes einzelne Kriterium berechnet und angezeigt.

Das Ergebnis für die Dimensionen Konsistenz und Aktualität betrugen jeweils 0.72, für das Kriterium Korrektheit betrug es rund 0.73 und für das Kriterium Vollständigkeit betrug es 0.79. Der Gesamt Cronbachs-Alpha Wert gilt mit 0.74, als ein guter Wert. Daher zeigen die Cronbachs-Alpha-Reliabilitätskoeffizientwerte, dass das Instrument zur Berechnung zuverlässig ist und alle Dimensionen für jedes Konstrukt eine relative Konsistenz aufweisen.

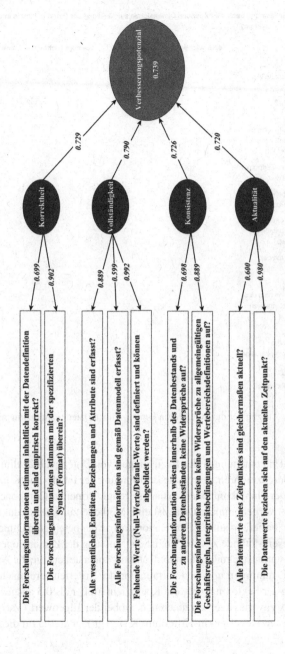

Abbildung 3.17 Strukturgleichungsmodell für die Datenqualitätsdimensionen in FIS (in Anlehnung von [ASAS19a])

Wie wichtig sind Ihrer Meinung nach die folgenden Dimensionen zur Messung der Datenqualität in Ihrem Forschungsinformationssystem?

	sehr wichtig	wichtig	weniger wichtig	unwichtig
* Alle wesentlichen Entitäten, Beziehungen und Attribute sind erfasst.	○	○	○	○
* Alle Daten sind gemäß Datenmodell erfasst.	○	○	○	○
* Fehlende Werte (Null-Werte / Default-Werte) sind definiert und können abgebildet werden.	○	○	○	○
* Alle Datenwerte eines Zeitpunktes sind gleichermaßen aktuell.	○	○	○	○
* Die Datenwerte beziehen sich auf den aktuellen Zeitpunkt.	○	○	○	○
* Die Daten stimmen inhaltlich mit der Datendefinition überein und sind empirisch korrekt.	○	○	○	○
* Die Daten stimmen mit der spezifizierten Syntax (Format) überein.	○	○	○	○
* Die Daten weisen innerhalb des Datenbestands und zu anderen Datenbeständen keine Widersprüche auf.	○	○	○	○
* Die Daten weisen keine Widersprüche zu allgemeingültigen Geschäftsregeln, Integritätsbedingungen und Wertebereichsdefinitionen auf.	○	○	○	○

Abbildung 3.18 Auszug der durchgeführten Umfrage über Datenqualitätsdimensionen

Um weitere Untersuchungen der Beziehungen von Datenqualitätsdimensionen bzw. Faktoren durchzuführen, wurde die Bestimmung der Inhalt- und Konstruktvalidität mithilfe der Hauptkomponentenanalyse (engl. Principal Components Analysis, kurz PCA) vorgenommen. Diese ist eine Methode zur Datenreduktion oder Faktorextraktion basierend auf der Korrelationsmatrix der beteiligten Dimensionen. Das Ziel mit dieser Methode zu arbeiten, ist die Messung der Dimensionen mit der orthogonalen Rotationstechnik „Varimax-Rotation" zu erstellen, die die Anzahl der Zusammenhänge minimiert und die Interpretation der Kriterien vereinfacht [JC16]. Zur Berechnung der Faktoren wurde ein Koeffizient größer als 0.5 ausgewählt, um die Faktormatrix zuverlässiger vorzunehmen, wobei der Eigenwert (Varianz) größer als 1 und Kaiser-Meyer-Olkin-Kriterium (KMO) größer als 0.5 für die Messung

Tabelle 3.7 Ergebnis des Cronbachs-Alpha für Datenqualitätsdimensionen (in Anlehnung an [ASAS19a])

Dimensionen	Anzahl der Items	Alpha
Korrektheit	2	0.729
Vollständigkeit	3	0.790
Konsistenz	2	0.726
Aktualität	2	0.720
Insgesamt Cronbachs-Alpha		**0.739**

der Angemessenheit der Stichprobe ist. Die Korrelation der Faktorenwerte werden als Ladungen bezeichnet und diese erklären den Zusammenhang zwischen Dimensionen und Faktor auf. Anhand der Faktorladungen kann man erkennen, welche Dimensionen mit welchem Faktor hoch korrelieren und welche Dimensionen diesem Faktor zugeordnet werden können.

Folgende **Tabelle** 3.8 zeigt die Ergebnisse und Berechnung der Hauptkomponentenanalyse für die Validität der Datenqualitätsdimensionen.

Der KMO-Wert für Items der Dimensionen Korrektheit betrug 1.2, für die Vollständigkeit 1.64, für die Konsistenz 0.86 und für die Aktualität lag der KMO-Wert bei 0.8. Somit lagen die KMO-Werte bei allen vier Dimensionen über 0.5, was darauf hinweist, dass die Stichprobengröße angemessen war und für jeden Faktor genügend Items vorhanden waren. Alle Faktoren der geprüften Dimensionen hatten

Tabelle 3.8 Ergebnis der Hauptkomponentenanalyse für Datenqualitätsdimensionen (in Anlehnung an [ASAS19a])

Dimensionen	Anzahl der Items	Faktor Ladungen	Eigenwert	% der Varianz
Korrektheit	KorrQ1	0.699	1.73	19.34
	KorrQ2	0.902		
Vollständigkeit	VollQ1	0.889	5.01	51.84
	VollQ2	0.599		
	VollQ3	0.992		
Konsistenz	KonsQ1	0.698	1.33	15.75
	KonsQ2	0.889		
Aktualität	AktQ1	0.600	1.01	13.07
	AktQ2	0.980		

eine Faktorladung von mehr als 0.5, was bedeutet, dass alle Items mit dem gleichen Faktor geladen werden können. Für die ersten beiden Faktoren Korrektheit und Vollständigkeit lag die extrahierte Varianz zu einem bei 19.34 % und zu anderen bei 51.84 %. Der Eigenwert bei beiden Faktoren ist damit größer als 1. Bei den Faktoren Konsistenz und Aktualität ist der Eigenwert allerdings auch größer als 1, mit einer extrahierten Varianz von 15.75 % und 13.07 %. Somit gelten für alle Faktoren, dass die Items mit verwandten Dimensionen verglichen werden und in einem Faktor gruppiert werden können.

Als Gesamtbeurteilung des Frameworks lässt sich zusammenfassen, dass die Datenqualitätsdimensionen den Verbesserungsprozess in den FIS beeinflussen. Die Analyseergebnisse belegen die gute Reliabilität und Validität der neun Items zur Datenqualität in FIS. Das Ergebnis der Hauptkomponentenanalyse zeigt, dass die Items hoch valide im Konstrukt waren und gute statistische Eigenschaften zum Testen der entwickelten Hypothesen demonstrieren. Für wissenschaftliche Einrichtungen, die Probleme mit der Integration verschiedener Informationssysteme bzw. externen Datenquellen haben, ist es ratsam, diese vier verlässlichen und validen Dimensionen zu berücksichtigen, um Datenbearbeitungsprozesse zu optimieren und die Datenqualität im FIS sicherzustellen.

3.8   Analyse der Datenqualität in FIS

Dieser Abschnitt basiert auf den Ergebnissen des International Journal of Information Management-Beitrags „Analyzing data quality issues in research information systems via data profiling" [ASS18] und des Kreativität + X = Innovation-Beitrags „Datenprofiling und Datenbereinigung in Forschungsinformationssystemen" [AA18] und des Informatics-Beitrags „ETL Best Practices for Data Quality Checks in RIS Databases" [ASA19] und des Information Services and Use-Beitrags „Solving problems of research information heterogeneity during integration – using the European CERIF and German RCD standards as examples" [ASAS19b].

Die Integration verschiedener Informationssysteme ist immer ein aufwendiger und sensibler Prozess für die Einrichtungen und spielt in FIS eine bedeutende, aber häufig vernachlässigte Rolle [ASAS19b]. Um strukturelle und inhaltliche Datenqualitätsprobleme zu vermeiden und dadurch die effektive Nutzung von Forschungsinformationen zu reduzieren, erfolgt die Analyse von Forschungsinformationen innerhalb der Datenintegration [ASS18], [AA18].

Datenintegration wird als Synonym für den Begriff Informationsintegration verwendet und ist in der Literatur sehr unterschiedlich definiert, z. B. in [BLN86] und [Con97]. In dieser Dissertation wird Datenintegration definiert als *„Korrekte, voll-*

ständige und effiziente Zusammenführen von Daten und Inhalt verschiedener, hete-
rogener Quellen zu einer einheitlichen und strukturierten Informationsmenge zur
effektiven Interpretation durch Nutzer und Anwendungen" [LN07]. Ziel der Datenintegration ist es, einen Mehrwert aus den kombinierten Daten oder Informationen
zu erzielen [ASAS19b]. Allgemeiner umfasst die Datenintegration Begriffe wie
Informationsfusion oder Datenkonsolidierung [CSS99].

Die Forschungsinformationen, die in das FIS integriert werden, müssen selbst
auch einige Anforderungen erfüllen [ASAS19b]. Die Datenintegration ist nur dann
sinnvoll, wenn folgende Fragen geklärt und beantwortet wurden [ASAS19b]:

• Welche Daten oder Informationen gibt es?

• Welche Daten oder Informationen werden benötigt?

• Sind die gesammelten Datenquellen vertrauenswürdig?

• Sind die Daten oder Informationen vollständig, korrekt, konsistent und aktuell?

• Stimmen die Daten- oder Informationsformate mit dem FIS-Format überein?
Wenn nicht, können diese konvertiert werden?

• Können die heterogenen Daten- oder Informationsformate verschiedener Systeme transformiert werden, um sie interoperabel (vergleichbar) zu machen?

Diese Fragen veranschaulichen einen wichtigen Aspekt der Integration von Forschungsinformationen. Die Datenquellen sollten kontrolliert werden, um ihre Zuverlässigkeit und Glaubwürdigkeit zu gewährleisten und die gesammelten Daten müssen ständig gepflegt werden, z. B. das Aktualisieren von nicht mehr benötigten
Daten oder Informationen oder das Löschen von alten Daten oder Informationen
[ASAS19b].

In einem FIS werden Forschungsinformationen aus allen relevanten Datenquellen und Informationssystemen (diese Ebene enthält beispielsweise Datenbestände
aus der Verwaltung) einer Einrichtung zusammengeführt und in einem einheitlichen
Schema vorgehalten [ASA19]. Das Befüllen von FIS erfolgt über den ETL-Prozess
mit dem Ziel, die Informationen oder Daten aus den verschiedenen Strukturen zu
bereinigen und zu standardisieren, um sie dauerhaft im FIS zu speichern [ASS18],
[ASAS19b]. Der Begriff steht für Extraktion, Transformation und Laden und wird
als Datenbeschaffungsprozess verstanden [ASS18]. Eine Vielzahl an Definitionen

und Erklärungen dieses Begriffs sind in [SVS05], [Vas09], [VS09] und [SV18] zu finden.

Während eines ETL-Prozesses werden zuerst Forschungsinformationen aus Quellsystemen extrahiert. In der folgenden Transformationsphase werden Forschungsinformationen bereinigt, verarbeitet und in das Zielschema transformiert. Anschließend werden während der Ladephase die zuvor extrahierten und transformierten Daten in das Zielsystem (FIS) geschrieben. Dieser Vorgang ist identisch wie die Überführung der Unternehmensdaten in das Data Warehouse (DWH). ETL-Prozesse spielen im Allgemeinen eine wichtige Rolle bei der Datenintegration und werden überall eingesetzt, wo Daten aus verschiedenen Quellsystemen in andere Datenhaltungssysteme übertragen und an neue Anforderungen angepasst werden müssen. Die wissenschaftliche Einrichtungen können entweder die ETL-Prozesse programmieren oder mit Hilfe von Tools entwickelt und ausgeführt werden. Aufgrund der hohen Komplexität von ETL-Prozessen wird in den meisten Fällen die Verwendung eines Tools dringend empfohlen [KC04]. Der Vorgang vom ETL-Prozess im Kontext von FIS wird anhand der folgenden **Abbildung** 3.19 dargestellt. Detaillierte Untersuchungen bzw. Betrachtungen vom ETL-Prozess während der Datenintegration im Kontext von FIS, um die verschiedenen Arten von Datenheterogenitätsprobleme zu überwinden und gleichzeitig die Datenquellen in eine gemeinsame Struktur zu übertragen, sind in den Arbeiten [ASA19] und [ASAS19b] zu finden.

Um die Qualität der Daten in FIS erfolgreich zu überprüfen und zu entscheiden, ob Datenprobleme in Quellsystemen durch Korrekturen im Rahmen des ETL-Prozesses verbessert oder behoben werden können. Data Profiling kann jedoch verwendet werden, um die Struktur von Datenquellen besser zu verstehen, potenzielle Fehler zu erkennen und automatisch zu korrigieren. Diese erkannten Fehler werden nicht in den Daten behoben, sondern korrigieren nur die zugehörigen Metadaten und bilden dann die zu lösenden Datenqualitätsprobleme.

Im nächsten **Unterabschnitt** 3.8.1 wird der Begriff Data Profiling erklärt und dessen Methoden mit der verwendeten Software vorgestellt, die auf Forschungsinformation anwendbar sind, um die Einrichtungen die Möglichkeit zu schaffen auf den vorhandenen Daten eine detaillierte und ausführliche Analyse und Bewertung durchführen zu können.

3.8.1 Data Profiling

Data Profiling ist ein neuer Begriff und wird als Synonym für Datenanalyse verwendet [ASS18], [AA18]. Beim Data Profiling wird ein automatisierter Prozess zur Analyse und Bewertung vorhandener Datenbestände verstanden [Ols03]. Data

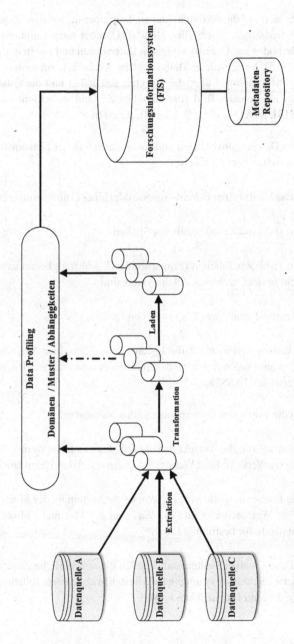

Abbildung 3.19 Datenintegration in das FIS (in Anlehnung an [ASS18])

Profiling bezieht sich auf die Aktivität, kleine, dafür aber informative Zusammen-
fassungen einer Datenbank zu erstellen [Joh09]. Darüber hinaus umfasst es eine
Vielzahl von Methoden zur Untersuchung von Datensätzen und zur Erstellung von
Metadaten [AGN15]. Verschiedene Methoden bzw. Techniken zur systematischen
Analyse liefern Informationen über die Struktur, den Inhalt und die Qualität der
Datensammlung, um genaues Bild vom aktuellen Zustand zu bekommen und zu
gewinnen [ASS18], [AA18], wie z. B. [Ols03], [Ora09]:

- Erkennen von Dateninkonsistenzen und Redundanzen in der Datenquelle (z. B.
  fehlende Datensätze oder Nullwerte)

- Spalten, die das Muster einer E-Mail-Adresse oder eines Datumformats enthalten

- Anomalien und Ausreißer innerhalb von Spalten

- Beziehungen zwischen Tabellen (Primärschlüssel, Abhängigkeiten usw.), auch
  wenn sie nicht in der Datenbank dokumentiert sind

- Eine one-to-many-Beziehung (1:N) zwischen Spalten.

Data Profiling konzentriert sich auf die Instanzanalyse einzelner Attribute. Dazu
können die folgenden Fragen zu vorhandenen Daten beantwortet werden, um Qua-
litätsdaten zu verwalten [ASS18]:

- Entsprechen die Daten den korrespondierenden Metadaten?

- Sind die Daten vollständig, korrekt und aktuell? Gibt es leere Werte? Wie viele
  unterschiedliche Werte gibt es? Werden die Daten dupliziert/redundant?

- Enthalten die Daten anormale Muster? Wie ist die Verteilung der Muster in den
  Daten? Welche Wertebereiche gibt es? Was sind die Maximal-, Minimal- und
  Durchschnittswerte für bestimmte Daten?

- Weisen die Daten in allen Spalten und Tabellen die erforderliche Zuordnung zu
  der spezifizierten Schlüsselbeziehung auf? Bestehen abgeleitete Relationen über
  Spalten, Tabellen und Datenbanken hinweg?

Um die Forschungsinformationen in FIS zu analysieren, bietet das Data Profiling drei Analysearten an (siehe **Abbildung** 3.20): „Attribut-Analyse", „Funktionale Abhängigkeit" und „Referenzielle Analyse" [Ora09]. Diese werden näher beschrieben.

Attribut-Analyse: Hier werden sowohl allgemeine als auch detaillierte Informationen über die Struktur, den Inhalt von Daten gesucht, die in einer bestimmten Spalte oder einem bestimmten Attribut gespeichert sind [ASS18], [AA18]. Dies beinhaltet eine Auswahl möglicher Standardmethoden [Ora09]:

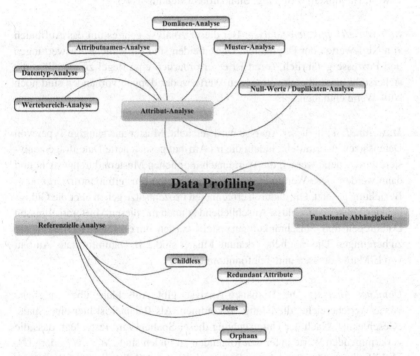

Abbildung 3.20 Data-Profiling-Analysearten (in Anlehnung an [ASS18], [AA18])

- *Attributnamen-Analyse*: Die Attributnamen-Analyse bezieht sich auf die Attributbezeichnung. Hier sollen Attributbezeichnung auf den Datentyp und Inhalt der Daten übereinstimmen (z. B. ist bei der „Autor_ID" mit einem numerischen Wert zu rechnen).

- *Datentyp-Analyse*: Mit Hilfe dieser Analyse können Informationen zu den im Attribut gefundenen Datentypen ermittelt werden. Das Ziel der Datentyp-Analyse ist das Herausfinden von Metriken wie z. B. Datentyp, Zeichenlänge sowie Skalierung und Genauigkeit der Bereiche, damit dadurch z. B. Unstimmigkeiten in der Speicherung herausgefunden werden.

- *Wertebereich-Analyse*: In dieser Analyse werden verschiedene statistische Kennzahlen zur Analyse der Daten eingesetzt (wie z. B. Minimum, Maximum, Mittelwert, Häufigkeitsverteilung, Standardabweichung usw.).

- *Null-Werte/Duplikaten-Analyse*: Bei dieser Analyse geht es um das Auffinden von Null-Werte oder Duplikaten. Diese beiden sind für jegliche Auswertungen und Prozesse gefährlich, somit ist es erforderlich eine Regel zu erstellen, die sicherstellt, dass alle eingetragenen Werte weder doppelt vorhanden sind noch Null-Werte enthalten.

- *Musteranalyse*: In dieser Analyse wird versucht, Muster und gängige Typen von Datensätzen zu ermitteln, indem die im Attribut gespeicherte Datenfolge analysiert wird. Zuerst werden die Werte nach möglichen Mustern durchgesucht und dann werden diese Werte mit den herausgefilterten Mustern identifiziert und in Beziehung gesetzt. Die dadurch errechneten Prozentsätze geben über die Gültigkeit der Muster Aufschluss. Anschließend können mit diesen Musterergebnissen Datenregeln und -einschränkungen erstellt werden, um erkannte Datenprobleme zu bereinigen. Die mögliche erkannte Muster sind z. B. Datumformate, Aufbau von E-Mail-Adressen und Telefonnummern usw.

- *Domänen-Analyse*: Die Domänen-Analyse gibt Aufschluss über mögliche Werte/Wertebereiche, die häufig vorkommen. Als Beispiel ist hier eine Spalte „Geschlecht". Nach der Untersuchung dieser Spalten wird festgelegt, dass die vorkommenden Werte unter den folgenden zu finden sind „M", „W" oder „U". Mithilfe dieser Domäne können Regeln abgeleitet und die erlaubten Werte eingeschränkt werden. Darüber hinaus erleichtert solch eine Regel die Aggregation und erhöht die Korrektheit der Daten.

Funktionale Abhängigkeit: Eine wichtige Form der Abhängigkeit, die auch für die Datenqualität relevant ist, ist die funktionale Abhängigkeit und der Anwendungsfall, ist die Schemanormalisierung [AGN15]. Ziel der Analyse funktionaler Abhängigkeiten ist es, die Existenz von Beziehungen und Korrelationen zwischen

Werten zu entdecken [ABEM15]. Funktionale Abhängigkeiten können in zwei Gruppen unterteilt werden: Schlüsselattribute und abgeleitete Attribute [ABEM15]. Diese Analyse zeigt Informationen über Spaltenbeziehungen an. So kann beispielsweise nach einem Attribut gesucht werden, das ein anderes Attribut innerhalb eines Objekts bestimmt. Hierzu werden Wenn-Dann-Regeln mit einer hohen Confidence-Kennzahl überprüft.

Tabelle 3.9 zeigt ein Beispiel für den Inhalt der Publikationsliste, bei dem das Attribut „Erscheinungsjahr" vom Attribut „Titel" abhängig ist.

Tabelle 3.9 Beispiel für die funktionale Abhängigkeit (in Anlehnung an [ASS18])

AuthorID	Name	ORCID	TITLE	PUBYEAR
353035	Alien Scott	0000-0007-1222-2301	Datenintegration	2011
400015	Virginia Mic	0000-0123-1201-0111	Big Data	2015
410003	Olivia Svenson	0450-1254-3598-F156	Datenbanken	2017

Referenzielle Analyse: Die referenzielle Analyse versucht, Aspekte ihrer Datenobjekte zu erkennen, die sich auf andere Objekte beziehen. Der Zweck dieser Analyseart besteht darin, einen Einblick darüber zu geben, wie das Objekt, mit dem man ein Profil erstellt, mit anderen Objekten in Beziehung steht oder verbunden ist. Da zwei Objekte in diesem Analysetyp verglichen werden, wird eines häufig als Parent-Objekt und das andere als Child-Objekt bezeichnet. Hierbei finden die Ausdrücke zur Kennzeichnung der zu überprüfenden Objekte Verwendung. Die Ausdrücke sind redundante Attribute, Joins, Orphans und Childless. Mit Hilfe der Ausdrücke dieser Analyse können Referenzregeln festgelegt bzw. berechnet werden. **Tabelle** 3.10 zeigt ein Beispiel der Referenzanalyse. Die Publikationsliste ist das untergeordnete *Child-Objekt*, das von „Titel und Erscheinungsjahr" das übergeordnete *Parent-Objekt* erbt.

Eine Referenzanalyse dieser beiden Objekte würde ergeben, dass der Titel „Datenbanken" aus der Tabelle Publikationsliste ein *Orphan* ist und „Projektmanagement", „Data Analytics" und „Cloud Computing" aus der Tabelle Titel und Erscheinungsjahr ein *Childless* sind. Es wird auch ein *Join* in der Spalte Titel angezeigt. Basierend auf diesen Ergebnissen können Referenzregeln abgeleitet werden, die die Kardinalität zwischen den beiden Tabellen bestimmen.

Data Profiling ist eine Informationsanalysetechnik für Forschungsinformationen, die in FIS gespeichert und für weitere Analyse geeignet sind. Der Analyseprozess wird durch das verwendete Data-Profiling-Tool beeinflusst. Basierend auf

Tabelle 3.10 Beispiel für die Referenzanalyse (in Anlehnung an [ASS18])

(Child)				
AuthorID	Name	ORCID	TITLE	PUBYEAR
353035	Alien Scott	0000-0007-1222-2301	Datenintegration	2011
400015	Virginia Mic	0000-0123-1201-0111	Big Data	2015
410003	Olivia Svenson	0450-1254-3598-F156	Datenbanken	2017

(Parent)	
TITLE	PUBYEAR
Datenintegration	2011
Projektmanagement	2014
Big Data	2015
Data Analytics	2015
Cloud Computing	2016

dem praktischen Beispiel für Publikationsdaten aus Web of Science wurde mit dem DataCleaner-Tool[3] ein Data Profiling erstellt, um die Qualitätsprobleme der Publikationsdaten zu analysieren und zu verbessern.

Die bekanntesten Tools für die Datenqualität sind Microsoft SQL Server Integration Services (SSIS) und Data Quality Services (DQS). SSIS bietet eine breite Palette von Funktionen für die Datenmigration und das Design von ETL-Prozessen, mit denen Benutzer Daten aus beliebigen Quellen sammeln und während der Migrations- und Integrationsvorgänge anreichern können. SSIS wird hauptsächlich für eine Reihe von Datenmigrationsaufgaben verwendet [Nik18]. DQS ist ein wissensbasiertes Datenqualitätstool (SQL Server-Komponente), das zur Analyse und Verbesserung der Datenqualität entwickelt wurde. Seine Hauptfunktionskomponenten sind: Wissensbasis, Datenabgleich, Datenbereinigung und Datenprofilerstellung. DQS hat mehrere Nachteile (z. B. die Möglichkeit, nur eine Tabelle pro Zeit zu analysieren; Einschränkungen der Domainformate; der minimale Schwellenwert für die Datenübereinstimmung beträgt 80 % und hoher Ressourcenverbrauch bei der Analyse größerer Datenmengen, z. B. CPU-, Festplatten- und Speicherauslastung steigen auf 100 %) [Nik18]. Die meisten verfügbaren Datenqualitätstools wie von Experian Information Solutions, Informatica, Information Builder, Microsoft Corporation und Oracle Corporation sind jedoch kostspielig. In letzter Zeit wurde eine Reihe von kommerziellen Open-Source-Tools für die Datenqualität entwickelt, mit

---

[3] https://datacleaner.org

denen Unternehmen täglich die Datenqualität aufrechterhalten bzw. unterschiedliche Ziele erreichen können. Im Bereich Data Profiling und Data Cleansing bieten DataCleaner, Ataccamas Data Quality Analyzer, Pentaho Kettle, SQL Power Architect, Talend Open Studio und Talend Open Profiler die meisten erforderlichen Funktionen. Diese sind stärker auf Datenintegrations-, Bereinigungs- und Anreicherungsverfahren ausgerichtet und umfassen eine Reihe herunterladbarer Komponenten, mit denen diese Tools eine Verbindung zu einer Vielzahl von Datenquellen herstellen können.

Um das Verständnis bei der Auswahl des richtigen Datenqualitätstools für die vorliegende Dissertation zu erleichtern, wird eine vergleichende Bewertung der Open-Source-Tools untersucht, die in der **Tabelle** 3.11 verdeutlicht wird. Insbesondere wird über die Evaluierung von Tools berichtet, die nach der Open-Source-Methode entwickelt oder als Testversionen kostenlos verteilt wurden. Die Tools wurden auf der Grundlage der Leistungsmerkmale und der Art der angesprochenen Datenqualitätsprobleme bewertet. Der Bericht konzentriert sich auch auf praktische Werkzeuganwendungen in Datenqualitätsprogrammen, die Datenmanagementinitiativen unterstützen.

Open-Source-Tools bieten die Art der Hebelwirkung, indem sie auf Problembereiche hinweisen und dabei helfen, die zur Behebung der Probleme erforderlichen Ressourcen zu quantifizieren. Bei jeder Toolauswahl sollte es zunächst einen konkreten Plan geben, der Zweck, Umfang und erwartete Ergebnisse ausführlich abdeckt. Hier können Datenqualitätstools einen erheblichen Mehrwert bieten. Alle erwähnten bzw. betrachteten Tools verfügen über eine Benutzeroberfläche, die dem Benutzer Funktionen bietet, die zur Aufrechterhaltung der Datenqualität erforderlich sind. In den meisten Fällen reichen sie jedoch aus, um die Datenqualität auf einem akzeptablen Niveau zu halten. Die meisten von diesen Tools wurden mit Schwerpunkt auf einzelnen Funktionen entwickelt und eignen sich besonders für Projekte mit geringem Budget. Die Ergebnisse in der Tabelle zeigten, dass DataCleaner in den drei Kernfunktionsbereichen den breitesten Funktionsumfang bietet sowie einen schnellen Einblick in mögliche Ursachen von Datenqualitätsproblemen ermöglicht. Pentaho Kettle und Ataccamas Data Quality Analyzer sind das zweitwichtigste Tool. SQL Power Architect, Talend Open Studio und Talend Open Profiler bieten die geringste Anzahl von Funktionen.

DataCleaner wurde im Jahr 2017 von Gartner Inc. als eine Datenprofilierungs-Engine entwickelt. Die Software ist eine Open Source-Anwendung zum Profilieren, Validieren und Vergleichen von Daten und kann als kostenlose Alternative Software für die Durchführung der Master Data Management (MDM) Methoden angesehen werden. Es profiliert und analysiert große und kleine Daten innerhalb von Minuten, entdeckt Muster, fehlende Werten und Zeichensätzen mit dem Pattern Finder,

Tabelle 3.11 Kriterienkatalog zur Bewertung von Datenqualitätstools

Kernfunktionalität / Bereich	Kriterium	Talend Open Studio	Talend Open Profiler	DataCleaner	Pentaho Kettle	Ataccamas Data Quality Analyzer	SQL Power Architect
Datenbereinigung	Adressprüfung und Adressvalidierung	Ja	Nein	Ja	Nein	Nein	Nein
Datenbereinigung	Record Matching und Identity Resolution	Ja	Nein	Ja		Ja	Nein
Datenbereinigung	Datendeduplizierung	Ja	Nein	Ja	Nein	Nein	Nein
Datenbereinigung	Datentransformation	Ja	Nein	Ja	Nein	Nein	Nein
Datenbereinigung	Syntaxanalyse, Standardisierung, Anreicherung, und Zusammenführung	Ja	Nein	Ja		Ja	Nein
Datenintegration	Datenzugriff	Ja	Nein	Ja	Ja	Ja	Ja
Datenintegration	Business Modeler and Job Designer	Ja	Nein	Ja	Nein	Nein	
Datenintegration	Datenverbreitung	Nein	Nein	Ja	Ja	Ja	Ja
Datenintegration	Datenverband	Nein	Nein	Nein	Ja	Ja	Ja
Datenintegration	Metadatenverwaltung	Ja	Nein	Ja	Ja	Ja	Ja
Datenintegration	Datenextraktion, -transformation und -konsolidierung	Ja	Nein	Ja	Ja	Ja	Ja
Data Profiling	Drill-through-Analyse	Nein	Nein	Ja	Ja	Ja	Nein
Data Profiling	Datenmustererkennung	Nein	Ja	Ja	Ja	Ja	Ja
Data Profiling	Musterbibliothek	Nein	Ja	Ja	Nein	Nein	Nein
Data Profiling	Dokumentation der Geschäftsregeln	Nein	Ja	Nein	Nein	Nein	Nein
Data Profiling	Tabellenübergreifende Redundanzanalyse	Nein	Nein	Nein	Ja	Ja	Ja
Data Profiling	Domänenanalyse	Nein	Ja	Ja	Ja	Ja	Ja
Data Profiling	Tabellenstrukturanalyse	Nein	Ja	Nein	Ja	Ja	Ja
Data Profiling	Spaltenwert-Frequenzanalyse und verwandte Statistiken	Ja	Ja	Ja	Nein	Ja	Ja

ermittelt die Häufigkeit des Wertverteilungsprofils, filtert die Kontaktdetails (z. B. Adressen, E-Mails und Telefonnummern), erkennt Duplikate auch über mehrere Quellen mithilfe von Fuzzy-Logik, führt die Duplikatwerte zusammen usw. Diese Aktivitäten helfen Benutzern bei der Verwaltung und Überwachung der Datenqualität, um sicherzustellen, dass ihre Daten nützlich und für eine Geschäftssituation anwendbar sind. DataCleaner funktioniert mit CSV-Dateien, Excel-Tabellen, CRM-Systemdateien, relationale Datenbanken (RDBMs) und NoSQL-Datenbanken. Es bietet Integration mit Spark, Hadoop, Microsoft SQL Server, Oracle, IBM DB2, MySQL usw. Darüber hinaus enthält es einige webbasierte Funktionen und ein Benutzerhandbuch [PVA16]. Die Software wurde in Java entwickelt und die JDBC-Konnektivität wird zum Verbinden der Daten verwendet [PVA16].

Die Auswahl des DataCleaner-Tools in der Dissertation erfolgte zum einen auf Basis der Untersuchung und Bewertung von verschiedenen Open-Source-Tools, welches sich letztendlich als ideale Lösung erwiesen hat, zum anderen aufgrund dessen Bekanntheitsgrades sowie deren umfassenden, kostengünstigen Plug-and-Play-Lösung für die Verbesserung der Datenqualität. Des Weiteren ergab die Auswertung der wissenschaftlichen Studien [PNVT10], [PVA16], [ERW19], dass Data-Cleaner eine größere Unterstützung gegenüber den anderen Tools zur Erstellung von Datenprofilen sowie zur Überwachung der Datenqualität darstellt.

Mit DataCleaner können Forschungsinformationen aus unterschiedlichen Datenquellen konsolidiert, analysiert, transformiert und bereinigt werden, um Qualitätsinformationen bereitzustellen und Forschungsmetadaten zu verwalten. Darüber hinaus reduziert DataCleaner den Aufwand und die Kosten für die Bearbeitung der Daten. Der Prozess von DataCleaner besteht aus vier Schritten:

1. Datenquellen importieren
2. Datenprofil erstellen
3. Daten profilieren
4. Profilergebnisse anzeigen und Datenregeln ableiten

Abbildung 3.21 zeigt ein Praxisbeispiel für die Untersuchung und Bereinigung der Publikationsliste von Web of Science und ihres Inhalts in der Analysephase mithilfe eines DataCleaner-Tools.

Die erste Phase (**1**) demonstriert die importierten Publikationsdaten und die Komponenten der Analyse (z. B. Datums- /Zeitanalysator, Zeichensatzverteilung, Vollständigkeitsanalysator, Muster, Duplikaterkennung, Werteverteilung, Referenzdaten-Matcher, Referentielle Integrität, String Analyzer usw.). Neben der Analyse von Forschungsinformationen zur Gewährleistung der Datenqualität bietet DataCleaner eine Vielzahl von Techniken und Komponenten (z. B. Datentransfor-

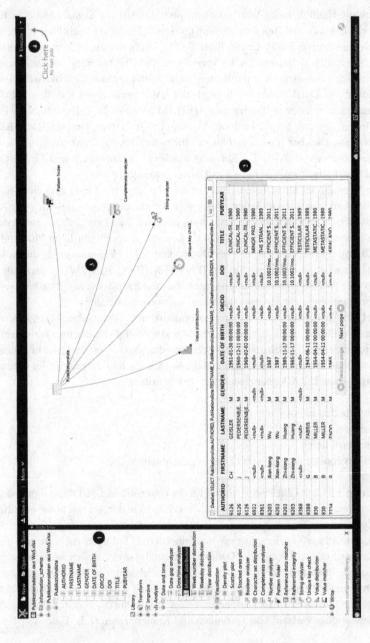

Abbildung 3.21 Analyse der Publikationsdaten mithilfe des DataCleaner-Tools

mation und Datenbereinigung) zur Verwendung, die alle wichtigen Bereiche der Datenqualität abdecken. In der zweiten Phase (2) werden die importierten Publikationsdaten in das System übertragen und dann als Tabelle geöffnet, um die Daten erneut zu überprüfen. In der dritten Phase (3) werden die erforderlichen Komponenten ausgewählt und mit der Tabelle verkabelt, sodass zwischen den Komponenten ein Pfeil wie in der Grafik erstellt wird. Mit einem Klick auf die rechte Maustaste, kann im Kontextmenü die Option „Verknüpfen mit..." gewählt werden, um die Verknüpfung zu den ausgewählten Komponenten herzustellen. Wenn alles korrekt verknüpft wurde, kann in der vierten Phase (4) in der oberen rechten Ecke des Fensters auf die Schaltfläche „Ausführen" geklickt werden. Danach wird das Ergebnisfenster angezeigt und es enthält eine Registerkarte für jeden ausgewählten Komponententyp, die ein Ergebnis/einen Bericht erzeugt.

Die Ergebnisse der durchgeführten Qualitätsanalyse für die Publikationsdaten aus Web of Science mit dem DataCleaner-Tool sind in den folgenden **Abbildungen** 3.22, 3.23 und 3.24 übersichtlich dargestellt. Die gewonnenen Data-Profiling-Ergebnisse werden tabellarisch oder grafisch ausgewertet. Diese können auch in HTML exportiert und auf einem Server veröffentlicht werden. Mit DataCleaner können Benutzer an Hochschulen und AUFs einfach und schnell komplexe Datenqualitätsregeln erstellen und verwenden.

3.8.2   Zusammenfassung der Ergebnisse

Zusammenfassend lässt sich sagen, dass Data Profiling die problematischen Daten identifiziert und die Metadaten automatisiert. Gleichzeitig können typische Datenfehler in den Daten korrigiert werden. Nachdem die Forschungsinformationen in das FIS übertragen wurden, können verschiedene Data-Profiling-Methoden durchgeführt werden. Dies beinhaltet die Bewertung der Vollständigkeit, die Ermittlung von Mustern, harten Duplikaten, redundante Datensätze und Null-Werten, die Anzeige von Unterschieden und die Validierung von Attributen usw. Diese Methoden wurden in dieser Dissertation vorgestellt, zum einen um den aufgetretenen Datenfehler in FIS zu erkennen, zu analysieren und zu beheben. Zum anderen können diese in den Hochschulen und AUFs Projektkosten sparen und den Zeitaufwand minimieren. Data Profiling ist eine wichtige Komponente zur Analyse und Verbesserung der Datenqualität, bevor Forschungsinformationen in ein FIS integriert werden können. Die wissenschaftlichen Einrichtungen müssen Data Profiling möglichst frühzeitig einsetzen, um ihre Forschungsinformationen kennenzulernen, zu analysieren und daraus Regeln abzuleiten, die im Rahmen von Datenqualitätsmessungen gezielt ausgewertet werden. Bei der Implementierung von Data Profiling helfen Tools (wie

	AUTHORID	FIRSTNAME	LASTNAME	GENDER	DATE OF BIRTH	ORCID	DOI	TITLE	PUBYEAR
Row count	550	550	550	550	550	550	550	550	550
Null count	0	234	227	223	225	121	474	0	0
Blank count	0	0	0	0	0	0	6	0	0
Entirely uppercase count	0	267	198	0	0	0	0	317	0
Entirely lowercase count	0	0	0	327	0	0	49	0	0
Total char count	2703	819	2250	327	5815	7722	1662	48805	2200
Max chars	6	14	20	1	19	18	32	237	4
Min chars	2	1	2	1	4	18	16	11	4
Avg chars	4,915	2,592	6,966	1	17,892	18	21,868	88,736	4
Max white spaces	0	2	1	0	1	0	0	32	0
Min white spaces	0	0	0	0	1	0	0	0	0
Avg white spaces	0	0,057	0,003	0	0,926	0	0	10,324	0
Uppercase chars	0	497	1517	0	0	0	2	24428	0
Uppercase chars (excl. first letters)	0	174	1195	0	0	0	0	23857	0
Lowercase chars	0	271	726	327	0	0	201	17191	0
Digit chars	2703	0	0	0	4310	6435	1147	342	2200
Diacritic chars	0	0	7	0	0	0	0	0	0
Non-letter chars	2703	51	324	0	5815	7722	1451	7186	2200
Word count	550	334	324	327	626	429	76	6228	550
Max words	1	3	2	1	2	1	1	33	1
Min words	1	1	1	1	1	1	1	1	1

Abbildung 3.22 Datentyp-Analyse

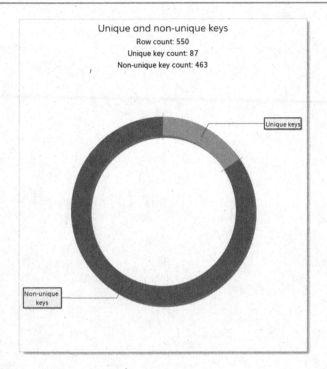

Abbildung 3.23 Null-Werte/Duplikaten-Analyse

DataCleaner, Ataccamas Data Quality Analyzer und Talend Open Profiler), die vornehmlich kommerziell und sowohl für kleine Anwendungskontexte als auch in Form umfassender Anwendungssuiten zur Datenqualität und Datenintegration verfügbar sind. Mit den entsprechenden Tools können Auffälligkeiten und Datenfehler aus den größten Datenmengen erkannt und zusammen mit dem zuständigen Projektleiter oder dem Systemadministrator in zusätzliche Datenqualitätsregeln umformuliert werden.

Data Profiling analysiert Daten und Spalten und führt viele Iterationen durch, um Defekte und Anomalien in den Daten zu erkennen. Mithilfe von Data-Cleansing-Prozessen (diese werden im **Abschnitt** 3.9.1 untersucht) sind diese Fehler zu korrigieren und aufzubessern. Um die Datenqualität der Forschungsinformationen in FIS zu analysieren und zu verbessern, kann der folgende entwickelte Meta-Prozessablauf nach BPMN (siehe **Abbildung** 3.25) als Grundlage für die nutzenden Einrichtungen herangezogen werden und soll als Hilfe dienen, um aufzuzeigen, wie

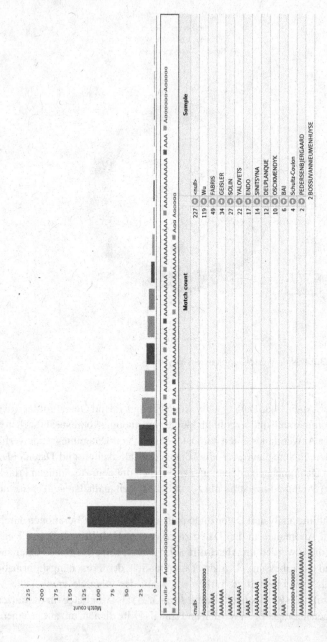

Abbildung 3.24 Muster- und Domänen-Analyse

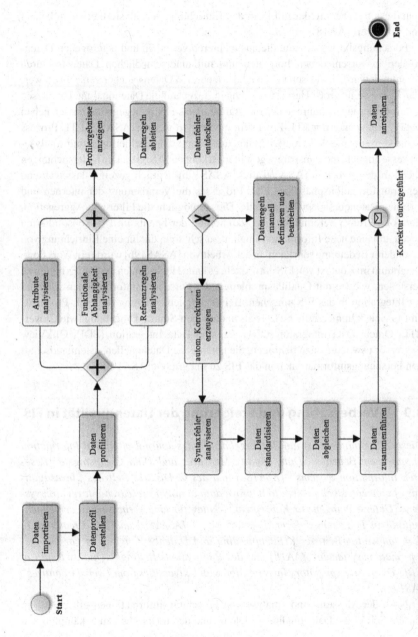

Abbildung 3.25 Meta-Prozessablauf (in Anlehnung an [AA18])

man diese bei Datenfehler in FIS in den Einrichtungen analysiert, erkennt, behebt und verbessert [AA18].

Forschungsinformationen, die aus mehreren verteilten und heterogenen Datenquellen in verschiedenen Formaten und mit unterschiedlichen Datenstrukturen gesammelt wurden, müssen in einen oder mehreren Datenspeicher verschoben werden. Dies ist eine große Herausforderung in Bezug auf die Datenqualität. Um diesen Herausforderungen während der Integration in das FIS zu begegnen, müssen neben Data Profiling auch der ETL-Prozess implementiert werden [ASA19]. ETL-Prozess ist die konsequente Weiterentwicklung, um komplexe Modellierungs- und Analyseprozesse einfach und transparent gestalten zu können [ASA19]. Die Untersuchungen haben in den Arbeiten [ASA19] und [ASAS19b] deutlich gezeigt, dass während der Transformationsphase des ETL-Prozesses die Verarbeitung der internen und externen Datenquellen erfolgen sollte. Dies ermöglicht die Filterung, Aggregation, Harmonisierung, Bereinigung und Validierung der bereits im FIS konsolidierten Daten, um eine neue Informationsqualität zu schaffen, die für eine Einrichtung von besonderer Bedeutung sein kann. In der Arbeit von [ASAS19b] wurde ein Workflow-Diagramm im Kontext von FIS entwickelt, es kann Hochschulen und AUFs helfen zu verstehen, wie sie mit Qualitätsproblemen der Forschungsinformationen während der Integration in das FIS umgehen. Bei der Implementierung des ETL-Prozesses gibt es viele kommerzielle ETL-Tools in der Open-Source-Umgebung (wie Clover-ETL, Oracle Data Integrator (ODI), Pentaho Data Integration (PDI), QlikView Expressor usw.), die dazu beitragen, die heterogene Datenquellensystemlandschaft von Forschungsinformationen in das FIS zu integrieren [ASA19].

3.9 Verbesserung und Steigerung der Datenqualität in FIS

Dieser Abschnitt basiert auf den Ergebnissen des Journal of Digital Information Management-Beitrags „Data Quality Measures and Data Cleansing for Research Information Systems" [ASA18a] und des GvDB2018-Beitrags „Investigations of concept developement to improve data quality in research information systems (Untersuchungen zur Konzeptentwicklung für eine Verbesserung der Datenqualität in Forschungsinformationssystemen)" [ASA18b] und des Kreativität + X = Innovation-Beitrags „Datenprofiling und Datenbereinigung in Forschungsinformationssystemen" [AA18] und des Publications-Beitrags „Quality Issues of CRIS Data: An Exploratory Investigation with Universities from Twelve Countries" [AS19a].

Nach der Messung und Analyse von Forschungsinformationen gilt es nun in diesem Schritt die Datenqualitätsprobleme und deren Ursachen zu bekämpfen und

für die Verbesserung der Datenqualität in FIS zu sorgen. Das Entfernen von verun-
einigten Daten ist ein wesentlicher Bestandteil der Datenverarbeitung und -pflege
[MF03]. Dies hat zur Entwicklung von Methoden des Data Cleansing geführt, damit
die Verwendbarkeit vorhandener Daten korrigiert und verbessert werden soll. Ohne
saubere und korrekte Forschungsinformationen wird der Nutzen von FIS gemindert.
Data Cleansing umfasst verschiedene Methoden oder Verfahren zum Erkennen, Korrigieren, Ersetzen, Ändern oder Entfernen von Datenfehlern in FIS.

In den nächsten **Unterabschnitten** 3.9.1 und 3.9.2 werden die Methoden bzw.
Techniken des Data Cleansing und mögliche Maßnahmen zur Verbesserung und
Steigerung der Datenqualität in FIS vorgestellt und aufgezeigt, wie diese auf die Forschungsinformationen angewendet werden sollen, sodass Hochschulen und AUFs
ihre Qualität der Forschungsinformationen verbessern können.

3.9.1 Data Cleansing

Data Cleansing oder Data Scrubbing (dt. Datenbereinigung) beschreibt den Prozess
der Identifikation und Berichtigung von Fehlern, der die Qualität von vorgegebenen
Datenquellen in FIS erhöhen soll [AA18], [ASA18b]. Die Forschungsinformationen
in FIS müssen bereinigt, integriert und mit Qualitätsinformationen angereichert
werden [AA18]. Data Cleansing erfasst alle nötigen Aktivitäten, um „verunreinigte
bzw. schmutzige" Daten wie zum Beispiel nicht vollständig, inkorrekt, nicht aktuell,
inkonsistent oder redundant zu bereinigen [ASA18a], [ASA18b], [AA18].

Der Prozess des Data Cleansing ist direkt an die Datenerfassung gebunden, um
die Datenqualität zu verbessern und zukünftige Fehler zu reduzieren [AA18]. Der
Data-Cleansing-Prozess lässt sich grob wie folgt gliedern [HH09], [MM09]:

1. Definieren und Ermitteln von Fehlertypen
2. Suchen und Identifizieren von fehlerhaften Instanzen
3. Korrektur der aufgedeckten Fehler

Im Rahmen des Data Cleansing wird eine große Vielfalt spezieller Methoden
und Technologien innerhalb des Data-Cleansing-Prozesses eingesetzt [AA18],
[ASA18b]. [RD00] unterteilen diese in fünf aufeinanderfolgenden Phasen (*Syntaxanalyse, Berichtigung/Standardisierung, Anpassung/Abgleich, Zusammenführung*
und *Anreicherung*). Diese sind für die Datenqualität in FIS von entscheidender
Bedeutung und können damit die Grundlage für einen höheren Informationsgehalt
und bessere Analyseergebnisse in einer Einrichtung bilden.

Im Folgenden werden die fünf angewendeten Methoden von Data Cleansing ausführlich mit einem Praxisbeispiel für die Identifizierung von Datensätze mit Fehlern in einer Publikationsliste aus Web of Science mithilfe vom DataCleaner-Tool erläutert, um aufzuzeigen, wie man mit Data-Cleansing-Prozessen die Qualität der Datenquellen verbessern kann. Beim Data-Cleansing-Prozess werden fehlende Einträge ergänzt und ausgefüllte Felder werden nach festgelegten Regeln automatisch an ein bestimmtes Format angepasst [ASA18a].

1. *Syntaxanalyse*
   Das Parsing bildet die erste Komponente des Data Cleansing. Es wird zur Erkennung von Syntaxfehlern durchgeführt und hilft dem Anwender, die Attribute genau zu verstehen und zu transformieren. Das folgende Ergebnis des DataCleaner-Tools (siehe **Abbildung** 3.26) zeigt, wie das Parsen die einzelnen Elemente eines Eingabedatensatzes identifiziert und isoliert.

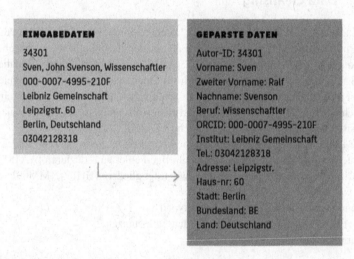

Abbildung 3.26 Parsing der Daten (in Anlehnung an [AA18])

2. *Berichtigung/Standardisierung*
   Die Berichtigung und Standardisierung ist weiterhin notwendig, um die geparsten Daten auf ihre Korrektheit zu überprüfen, zu korrigieren und dann anschließend zu standardisieren. Standardisierung bildet die Voraussetzung für ein erfolgreiches Matching und es führt kein Weg an der Verwendung einer zweiten verlässlichen Datenquelle vorbei. Für Adressdaten empfiehlt sich eine postali-

sche Validierung. Das Ergebnis (siehe **Abbildung** 3.27) verdeutlicht, wie die Daten korrigiert und standardisiert werden. Dieselben Kriterien werden später in der Abgleichsphase wieder ins Spiel kommen.

3. *Anpassung/Abgleich*

Es gibt verschiedene Arten von Matching (Anpassung/Abgleich): zum De-duplizieren, zum Abgleichen gegen über verschiedenen Datenmengen, zum Konsolidieren oder zum Gruppieren. Die Anpassung ermöglicht das Erkennen von gleichen Daten. Zum Beispiel Redundanzen können erkannt und zu weite-ren Informationen verdichtet werden. Das Ergebnis der Anpassung/Abgleichung der Daten ist in der **Abbildung** 3.28 zu sehen. Es werden verwandte Einträge gefunden. Trotz der Ähnlichkeiten zwischen den Datensätzen sind nicht alle Informationen redundant. Die Abgleichfunktionen werten die Daten in den ein-zelnen Sätzen detailliert aus und ermitteln, welche redundant sind und welche eigenständig.

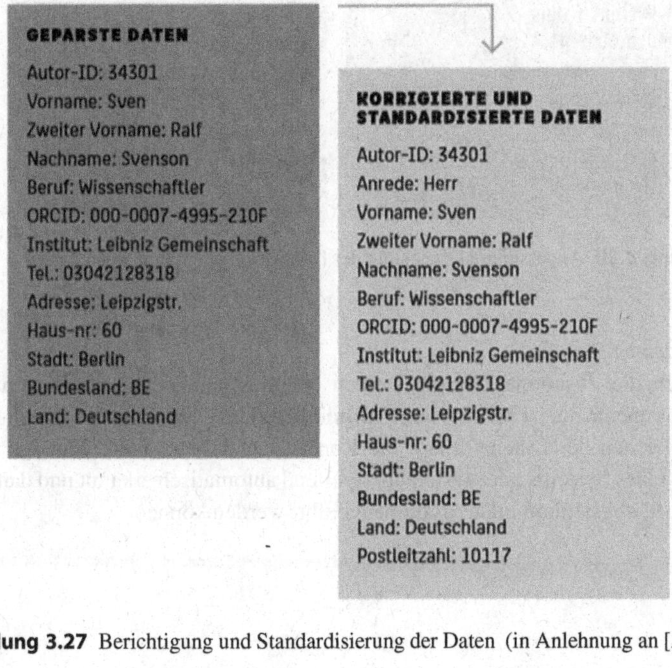

GEPARSTE DATEN

Autor-ID: 34301
Vorname: Sven
Zweiter Vorname: Ralf
Nachname: Svenson
Beruf: Wissenschaftler
ORCID: 000-0007-4995-210F
Institut: Leibniz Gemeinschaft
Tel.: 03042128318
Adresse: Leipzigstr.
Haus-nr: 60
Stadt: Berlin
Bundesland: BE
Land: Deutschland

KORRIGIERTE UND STANDARDISIERTE DATEN

Autor-ID: 34301
Anrede: Herr
Vorname: Sven
Zweiter Vorname: Ralf
Nachname: Svenson
Beruf: Wissenschaftler
ORCID: 000-0007-4995-210F
Institut: Leibniz Gemeinschaft
Tel.: 03042128318
Adresse: Leipzigstr.
Haus-nr: 60
Stadt: Berlin
Bundesland: BE
Land: Deutschland
Postleitzahl: 10117

Abbildung 3.27 Berichtigung und Standardisierung der Daten (in Anlehnung an [AA18])

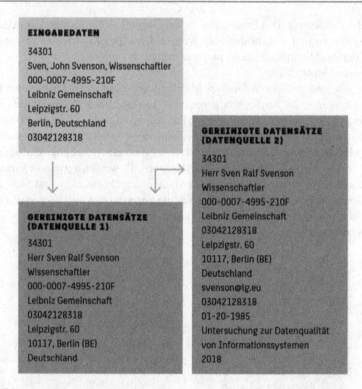

Abbildung 3.28 Anpassung/Abgleichung der Daten (in Anlehnung an [AA18])

4. *Zusammenführung*

   Durch die Zusammenführung werden übereinstimmende Datenelemente mit
   Zusammenhängen erkannt (siehe **Abbildung** 3.29). Das Zusammenführen und
   Abgleichen der Daten fördern die Konsistenz, da verwandte Einträge innerhalb eines Systems oder systemübergreifend automatisch erkannt und dann verknüpft, abgestimmt oder zusammengeführt werden können.

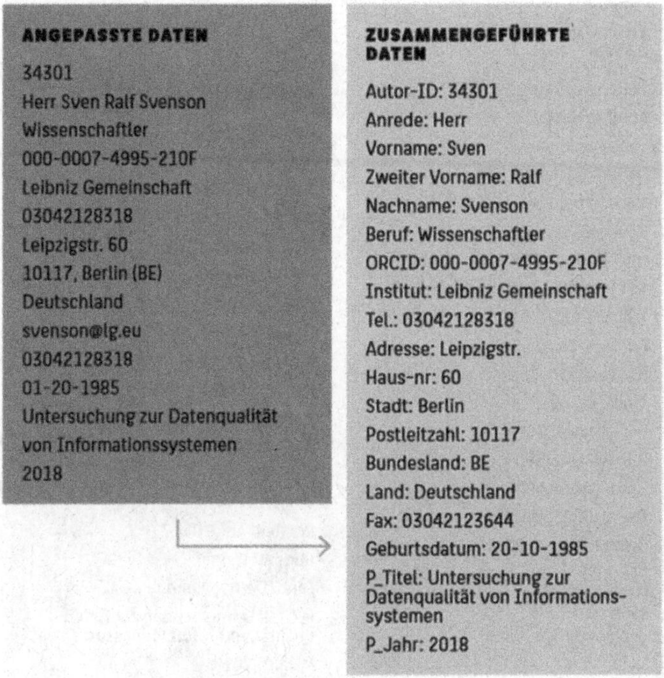

ANGEPASSTE DATEN

34301
Herr Sven Ralf Svenson
Wissenschaftler
000-0007-4995-210F
Leibniz Gemeinschaft
03042128318
Leipzigstr. 60
10117, Berlin (BE)
Deutschland
svenson@lg.eu
03042128318
01-20-1985
Untersuchung zur Datenqualität
von Informationssystemen
2018

ZUSAMMENGEFÜHRTE DATEN

Autor-ID: 34301
Anrede: Herr
Vorname: Sven
Zweiter Vorname: Ralf
Nachname: Svenson
Beruf: Wissenschaftler
ORCID: 000-0007-4995-210F
Institut: Leibniz Gemeinschaft
Tel.: 03042128318
Adresse: Leipzigstr.
Haus-nr: 60
Stadt: Berlin
Postleitzahl: 10117
Bundesland: BE
Land: Deutschland
Fax: 03042123644
Geburtsdatum: 20-10-1985
P_Titel: Untersuchung zur Datenqualität von Informations-systemen
P_Jahr: 2018

Abbildung 3.29 Zusammenführung der Daten (in Anlehnung an [AA18])

5. *Anreicherung*
   Datenanreicherung bezeichnet den Prozess, der vorhandenen Daten mit Daten anderer Quellen erweitert. Hier werden zusätzliche Daten hinzugefügt, um beste-hende Informationslücken zu schließen. Wie in der **Abbildung** 3.30 dargestellt. Bei der Anreicherung wird der Inhalt abgerundet, indem die Information durch den Vergleich mit externen Inhalten wie Adressinformationen oder demogra-fische und geografische Faktoren verglichen und durch Attribute dynamisch erweitert und optimiert werden.

All diese Methoden des Data-Cleansing-Prozesses tragen wesentlich dazu bei, die maximale Datenqualität in FIS zu erreichen und aufrechtzuerhalten. Durch Data Cleansing werden Datenprobleme bei der Erfassung, Integration und Speicherung mehrerer heterogener Datenquellen eliminiert.

**ZUSAMMENGEFÜHRTE
DATEN**

Autor-ID: 34301
Anrede: Herr
Vorname: Sven
Zweiter Vorname: Ralf
Nachname: Svenson
Beruf: Wissenschaftler
ORCID: 000-0007-4995-210F
Institut: Leibniz Gemeinschaft
Tel.: 03042128318
Adresse: Leipzigstr.
Haus-nr: 60
Stadt: Berlin
Postleitzahl: 10117
Bundesland: BE
Land: Deutschland
Fax: 03042123644
Geburtsdatum: 20-10-1985
P_Titel: Untersuchung zur
Datenqualität von Informations-
systemen
P_Jahr: 2018

ANGEREICHERTE DATEN

Autor-ID: 34301
Anrede: Herr
Vorname: Sven
Zweiter Vorname: Ralf
Nachname: Svenson
Geburtsdatum: 20-10-1985
Beruf: Wissenschaftler
ORCID: 000-0007-4995-210F
Institut: Leibniz Gemeinschaft
Tel.: 03042128318
Fax: 03042123644
Adresse: Leipzigstr.
Haus-nr: 60
Stadt: Berlin
Postleitzahl: 10117
Bundesland: BE
Land: Deutschland
P_Titel: Untersuchung zur Daten-
qualität von Informationssystemen
P_Jahr: 2018

Abbildung 3.30 Anreicherung der Daten (in Anlehnung an [AA18])

Das Beseitigen von Datenfehlern in FIS ist einer der möglichen Vorgehens-
weisen, die vorhandene Datenqualität zu verbessern. Nach dem festgelegten Data-
Cleansing-Prozess könnte das folgende entwickelte Anwendungsfalldiagramm im
Zielsystem identifiziert werden. Anhand der folgenden **Abbildung** 3.31 wird eben
erwähntes Anwendungsfalldiagramm zur Erkennung, Quantifizierung und Verbesserung der Datenqualität in den FIS nutzenden Hochschulen und AUFs vorgestellt.
Mit diesen Schritten können sie ihre Datenqualität erfolgreich durchsetzen. Der
Meta-Prozessablauf kann wie in der dargestellten **Abbildung** 3.25 mit Data Profi-
ling betrachtet werden.

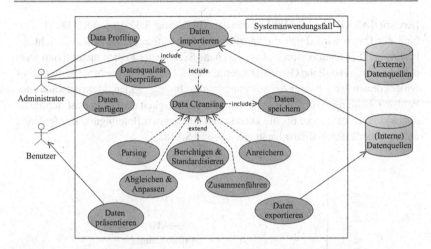

Abbildung 3.31 Anwendungsfalldiagramm zur Verbesserung der Datenqualität in FIS (in Anlehnung an [ASA18a])

3.9.2   Datenqualitätsmaßnahmen

Mithilfe von Data Profiling und Data Cleansing kann die Datenqualität in FIS optimiert werden. Da sich die Forschungsinformationen ständig verändern und eine einmalige Bereinigung nicht ausreichend ist, müssen die Ursachen für die Fehler gefunden und fortlaufend gepflegt und ihre Qualität kontinuierlich überwacht werden. Nur eine kontinuierliche Überprüfung der Datenqualität stellt sicher, dass qualitativ hochwertige Daten korrekt, vollständig, konsistent und aktuell bleiben [ABEM15]. Typische Verwendungsszenarien für die Datenüberwachung sind das Überprüfen neuer Daten, die Neubewertung von Datenqualitätsmetriken oder die permanente Validierung von Geschäftsregeln im System [AS19a]. Datenüberwachung beschreibt einen proaktiven Ansatz, mit dem Datenqualitätsprobleme frühzeitig erkannt und überwacht werden können. Durch diese fortlaufende Datenüberwachung kann die Einrichtung jederzeit Informationen über den Datenqualitätsstatus bereitstellen und das Vertrauen in die vorhandenen Daten erhöhen. Zu einer solchen kontinuierlichen Sicherung, Verbesserung und Steigerung der Datenqualität bedarf es bestimmter Maßnahmen zu ergreifen. Hierfür werden drei Maßnahmen „Laissez-Faire", „re-aktives Vorgehen" und „pro-aktives Vorgehen" betrachtet [ASA18a], [ASA18b]. Die Wahl des optimalen Vorgehens hängt von der Änderungshäufigkeit der Daten und ihrer Bedeutung für den Nutzer ab

[Red96], [ASA18a], [ASA18b], wie in der **Abbildung** 3.32 dargestellt. Die Bedeutung der Daten wird durch die spezifischen Geschäftsprozesse einer Einrichtung bestimmt. Dies kann beispielsweise durch die Summe der Kosten quantifiziert werden, die durch mögliche Qualitätsfehler in diesen Daten verursacht werden. Datenfehler können je nach ihrer Art unter anderem zu Imageschäden, Mehraufwand oder Fehlentscheidungen führen. Aus der Änderungshäufigkeit der Daten lässt sich ableiten, wie lange es dauert, bis die Daten nach einer ersten Bereinigung das fehlende anfängliche Datenqualitätsniveau erreichen [ASA18a].

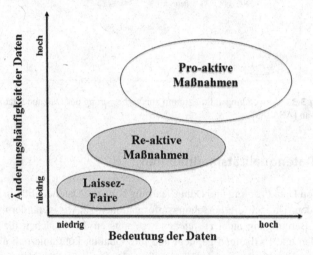

Abbildung 3.32 Maßnahmenportfolio nach verschiedenen Kriterien (in Anlehnung an [ASA18a])

Abbildung 3.32 zeigt, dass sich ein pro-aktives Vorgehen umso mehr lohnt, je häufiger sich Daten ändern. Die kumulierten Kosten für punktuelle Bereinigungen steigen mit der Häufigkeit von Datenänderungen. Je häufiger sie angewendet werden müssen, desto mehr Zeit und Kosten werden mit einem pro-aktiven Vorgehen eingespart. Nach [Hel02] können Ursachen für eine schlechte Datenqualität identifiziert und adäquate Maßnahmen zur Qualitätsverbesserung bzw. -steigerung ermittelt werden. Die Identifizierung der Ursachen für eine schlechte Datenqualität wird durch die „*Betrachtung des gesamten Prozesses der Datenentstehung bis zur Datennutzung mit allen damit zusammenhängenden Aktivitäten in Bezug auf qualitative Ziele*" [Hel02] ermöglicht. Bereinigungsmaßnahmen sind nur bedingt für die Verbesserung von unvollständigen, fehlenden, falschen oder inkonsistenten

Daten einzusetzen. In **Tabelle** 3.12 werden die Maßnahmen zur Bewertung und Verbesserung der Datenqualität in FIS ausführlich beschrieben.

Tabelle 3.12 Datenqualitätsmaßnahmen (in Anlehnung an [Red96], [Zwi15], [ASA18a], [ASA18b])

Laissez-Faire	Beim Laissez-Faire-Prinzip werden die auftretenden Fehler ohne Behandlung hingenommen. Das heißt sie werden schlichtweg ignoriert oder wenn, dann nur nebenbei behoben, um den Geschäftsprozess nicht zu stoppen. Dieses Prinzip gilt allerdings nur für wenige und sich selten ändernde Daten.
Re-aktive Maßnahmen	Für wichtige und sich nur selten ändernden Daten eignen sich die re-aktiven Maßnahmen. Sie setzen direkt bei den Daten an und beheben Qualitätsprobleme, ohne jedoch deren Ursache zu beseitigen. Diese Bereinigung kann manuell oder maschinell erfolgen. Hier findet keine längere Überwachung der Datenqualität statt und die Maßnahmen werden stets nur akut und punktuell vorgenommen.
Pro-aktive Maßnahmen	Für wichtige und sich häufig ändernden Daten bieten sich dagegen pro-aktive Maßnahmen an. Hier werden vornehmlich Maßnahmen zur Beseitigung der Fehlerquellen und zur Verhinderung der Entstehung solcher Fehler vorgenommen. Es findet eine kontinuierliche Überwachung auf mögliche Fehler statt sowie kontinuierliche Ergreifung von Maßnahmen zu deren Beseitigung und Verhinderung.

Jede Einrichtung muss hier ihren eigenen Weg finden. Welche Bereinigungsmaßnahmen für die Verbesserung von Datenqualitätsproblemen einzusetzen sind, sollte jedoch von einem Domänenexperten entschieden werden, welcher mit den Geschäftsprozessen seiner Einrichtung gut vertraut ist und den Sinn und Nutzen der unterschiedlichen Maßnahmen bewerten kann [ASA18a], [ASA18b]. Des Weiteren kann auch durch Personalmaßnahmen die langfristige Datenqualität gesteigert werden. Beispielsweise müssen Forschungsinformationen nur von einer verantwortlichen Person erstellt oder geändert werden sowie gewisse Eingaberegeln müssen eingehalten werden. Selbst wenn Einrichtungen und ihre Forschenden bei der Erfassung von ihren Forschungsinformationen in FIS keine Fehler gemacht haben, finden trotzdem Veränderungen an den Forschungsinformationen statt, z. B. bei Adressen, Namensänderungen durch Heirat oder Scheidung usw. Institutionelle Namen unterliegen auch ständigen Änderungen durch Übernahmen und Fusionen oder Änderungen in der Art der Einrichtung. Auf deren Grundlage sollte immer eine regelmäßige und weiterführende Überprüfung bzw. Überwachung der Datenqualität und zum Aufbau von präventiven Ansätzen erfolgen.

3.9.3 Zusammenfassung der Ergebnisse

Abschließend ist festzuhalten, dass nach dem Erkennen eines Fehlers es nicht ausreicht, ihn in einem meist zeitaufwendigen Prozess zu bereinigen. Um ein erneutes Auftreten zu vermeiden, sollte das Ziel sein, die Ursachen dieser Fehler zu ermitteln sowie geeignete Maßnahmen und neue Techniken des Data Cleansing zu ergreifen. Die Maßnahmen müssen zunächst festgelegt und bewertet werden. Als Ergebnis wird deutlich gezeigt, dass eine pro-aktive Maßnahme die sicherste Methode ist, um eine hohe Datenqualität in FIS zu gewährleisten. Abhängig von der Art der Fehler können jedoch zufriedenstellende Ergebnisse erzielt werden, selbst mit den kostengünstigeren und extravaganteren re-aktiven oder Laissez-Faire Vorgehensweisen.

Infolgedessen zeigen die neuen Techniken des Data Cleansing, dass die Verbesserung der Datenqualität in verschiedenen Stadien des Data-Cleansing-Prozesses für jedes FIS vorgenommen werden und damit eine hohe Datenqualität erreicht werden kann. In dieser Hinsicht ist die Überprüfung, Verbesserung und Steigerung der Datenqualität immer zweckmäßig. Das hier dargestellte Konzept ermöglicht ein klares Bild für die FIS nutzenden Hochschulen und AUFs zu entwickeln, das sowohl die Effizienz als auch die Effektivität verbessern kann. Es bietet ein geeignetes Vorgehensweise und ein Anwendungsfalldiagramm an, um einerseits die Datenqualität in FIS besser bewerten zu können, Probleme besser zu priorisieren und zukünftig zu verhindern, sobald sie auftreten. Zum anderen müssen diese Datenfehler durch Data Cleansing und Maßnahmen korrigiert, verbessert und erhöht werden. Darin heißt es: Je früher Qualitätsprobleme erkannt und behoben werden, desto besser. Bereits in der Erfassungsphase kann durch den Erfasser selbst oder eine nachgeschaltete Kontrollinstanz gegebenenfalls mit Softwareunterstützung – Fehlern (wie z. B. Rechtschreibfehler/Tippfehler, fehlende Werte, fehlerhafte Formatierungen und Widersprüche usw.) korrigiert werden. Zur Unterstützung der Hochschulen und alle AUFs bei der Durchführung des Data-Cleansing-Prozesses existieren zahlreiche Tools. Mit diesen Tools können alle Funktionen wie Vollständigkeit, Korrektheit, Konsistenz und Aktualität ihrer wichtigsten Daten erheblich steigern sowie formelle Richtlinien zur Datenqualität erfolgreich implementieren und durchsetzen.

3.10   Ergebnisse der Datenqualitätsuntersuchung

Um valide und wertvolle Ergebnisse zu erzielen, ist es unabdingbar, Datenqualitätsdimensionen für das Datenmanagement zu definieren und die höchste Qualität der Forschungsinformationen zu messen, zu erreichen, aufrechtzuerhalten und sicherzustellen. Durch die Analyse der Messung, der Umfrageergebnisse und das entwickelte Framework als **Strukturgleichungsmodell** 3.17 konnten die vier wichtigsten Dimensionen für den Verbesserungsprozess in FIS identifiziert werden, die für die Messung von Datenqualität in FIS ausschlaggebend sind [ASAS19a]. Die untersuchten vier Datenqualitätsdimensionen helfen dabei, die Forschungsinformationen in FIS zu strukturieren und den Erfolg für den Entscheidungsträger messbar zu machen [ASW18]. Sie bieten eine Möglichkeit zur Messung und Verwaltung der Datenqualität und Informationen an sowie können bei jedem FIS erfolgen. Wie in den verschiedenen Studien [Eng14], [GH07], [KKH07] und [MWLZ09] diskutiert, gibt es eine Vielzahl von Datenqualitätsproblemen bei der Definition und Messung, die für die Gewährleistung einer hohen Datenqualität von wesentlicher Bedeutung sind [WZL02]. Wenn diese Qualität der Informationen nicht kontrolliert und verbessert wird, wird die Verschlechterung der Datenqualität nach einiger Zeit deutlich sein [ASS18]. Eine Verbesserung der Datenqualität führt zu einer Verbesserung der Informationsgrundlagen für die FIS-Benutzer [ASA18a]. Darüber hinaus wurde in dieser Dissertation untersucht, welche Techniken, Methoden und Maßnahmen, zur Verbesserung und Steigerung der Datenqualität in FIS angewendet werden können. Dafür wurde diese Frage im Rahmen der beiden Studien [AS19a], [SAS19] eine Umfrage gestellt, um herauszufinden, mit welchen Techniken, Methoden und Maßnahmen FIS nutzenden Hochschulen und AUFs aus Europa arbeiten, um die Datenqualität in ihrem FIS nachhaltig zu verbessern. Die Hochschulen und AUFs dieser europäischen Stichprobe wenden größtenteils Methoden des Data Cleansing an, während pro-aktives Vorgehen und Data Profiling an zweiter Stelle rangieren. Re-aktives Vorgehen, ETL-Prozess und Laissez-Faire erscheinen eher selten. **Abbildung** 3.33 zeigt die Ergebnisse.

Die beiden Studien lassen erkennen, dass viele deutsche und europäische Hochschulen und AUFs der Datenqualität in FIS eine hohe Bedeutung beimessen (siehe **Abbildung** 3.34). Werden die Forschungsinformationen mit einer hohen Qualität angeboten, trägt dies dazu bei, dass das Arbeiten mit dem FIS von den Anwendern als angenehm und leicht empfunden wird. Hohe und zuverlässige Datenqualität schafft Vertrauen in die FIS-Nutzung. Benutzer arbeiten nicht nur effizienter und leistungsfähiger, sondern auch sicherer, was wiederum die Nutzerakzeptanz erhöht. Hohe Datenqualität verschafft Hochschulen und AUFs einen Mehrwert und ist wert-

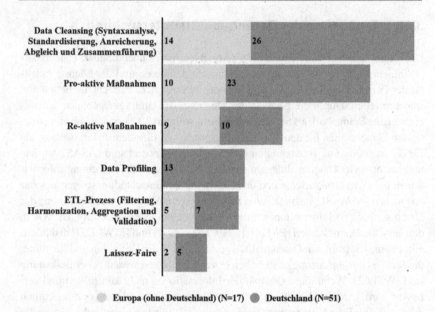

Data Cleansing (Syntaxanalyse, Standardisierung, Anreicherung, Abgleich und Zusammenführung) 14 26

Pro-aktive Maßnahmen 10 23

Re-aktive Maßnahmen 9 10

Data Profiling 13

ETL-Prozess (Filtering, Harmonization, Aggregation und Validation) 5 7

Laissez-Faire 2 5

● Europa (ohne Deutschland) (N=17) ● Deutschland (N=51)

Abbildung 3.33 Maßnahmen zur Qualitätsverbesserung in FIS (N = 68)

schöpfend. Die Akzeptanz von FIS steigt, wenn die Hochschulen und AUFs durch ihr System greifbare Vorteile erzielen.

Nach der Festlegung des hohen Qualitätsniveaus bei FIS nutzenden Hochschulen und AUFs, heißt es nicht, dass die Überwachung der Qualität damit wegfällt. Wo immer Daten entstehen oder verarbeitet werden, entstehen auch Datenqualitätsprobleme [ASA18b]. Der Zyklus der Überwachung von Datenqualitätsproblemen kann in wissenschaftlichen Einrichtungen in drei Schritten gestaltet werden [AS19a]:

1. Der erste Schritt „Erkennung" besteht darin, Datenqualitätsprobleme im Rahmen der laufenden Überwachung der Datenqualität zu erkennen.
2. Der zweite Schritt „Kommunikation" besteht darin, dass Problem allen Beteiligten mitzuteilen, die diese Informationen zur Erfüllung ihrer Aufgaben benötigen.
3. Der letzte Schritt „Lösen" ist das Lösen des erkannten Datenqualitätsproblems mit den technischen Methoden, die die Fehlerursachen bekämpfen, um für hohe Qualität zu sorgen [ASA18b].

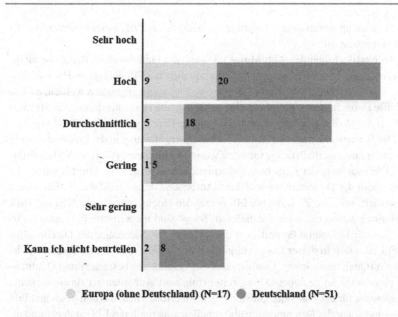

Abbildung 3.34 Grad der Datenqualität von FIS in Hochschulen und AUFs (N = 68)

Daran schließt sich eine fortlaufende Überwachung an, um den Fortschritt bei der Umsetzung und Wirksamkeit der Maßnahmen widerzuspiegeln. Die Überwachung von Forschungsinformationen ist sicherlich eine effektive Methode, weshalb es ratsam ist, ein ständiges Datenqualitätsteam an Hochschulen und AUFs einzurichten, das die einzelnen Maßnahmen des aktuellen Datenqualitätsprojekts koordiniert, überwacht und Fehler durch reproduzierbare Datenanalysen systematisch identifiziert [HGHM15]. Darüber hinaus spielen Datenverwalter eine entscheidende Rolle für den Erfolg einer Datenqualitätsoffensive. Sie kommen aus einer Fachabteilung und kennen die Prozesse bzw. Herausforderungen bei der Erstellung und Nutzung von Forschungsinformationen. Ein Datenverwalter legt Regeln fest, wie Daten in den Abteilungen generiert, verwaltet und bereitgestellt werden. Stewards sind auch für die aktuelle Überwachung und Einhaltung der Datenintegrität sowie die kontinuierliche Anpassung der Qualitätsverfahren verantwortlich. Wichtig ist, dass Data Stewards die laufenden Verbesserungen der Datenqualität messen und überwachen. Parallel dazu sollten Einrichtungen eine Kultur entwickeln, in der eine hohe Datenqualität eine wichtige Rolle spielt. Nicht nur der Datenverwalter und die IT-Abteilung, sondern auch die Mitarbeiter der Fachabteilungen müssen sich der Bedeutung zuverlässiger Informationen sowie der Pflege und Optimierung der Daten bewusst sein.

Anhand der folgenden **Abbildung** 3.35 kann das Framework als Richtlinie für die Überwachung und Verbesserung der Datenqualität bei FIS nutzenden Hochschulen und AUFs verwendet sowie eine permanente Sicherung angeboten werden, da fehlerhafte Daten in einer Sammlung eine grundlegende Herausforderung für Manager und IT, die Qualitätssicherung und viele andere Bereiche darstellen [AS19a].

Das Framework wird hier analog bei der Datenerfassung in die Prozesse des FIS integriert und innerhalb des gesamten Zyklus, der Messung, Analyse, Verbesserung und Überwachung der Forschungsinformationen sichergestellt. Hierfür wurde das Konzept in der Dissertation entwickelt. Aufbauend darauf wird dieses Framework modelliert, mit dem Ziel, ihn bei FIS nutzenden Hochschulen und AUFs mit Hilfe geeigneter Software zu implementieren. Somit sind theoretische Erkenntnisse im Bereich der Datenqualität praktisch umzusetzen. Die Sicherung der Datenqualität in FIS lässt sich in dieser Dissertation darauf schließen, dass die untersuchten vier Phasen (Qualitätsmessung, Qualitätsanalyse, Qualitätsverbesserung und Qualitätsüberwachung) der geeignetste Weg zum Erfolg sind. Außerdem ist ein entwickeltes Framework für das Datenqualitätsmanagement erforderlich, das den gesamten Prozess (und sogar die Datenmodelle und -quellen außerhalb des FIS) abdeckt und die gesamte Palette von Kriterien, Methoden, Techniken und Maßnahmen des Datenqualitätsmanagements umfasst [AS19a]. Mit dessen Umsetzung kann ehemals lästiges Qualitätsmanagement zur treibenden Kraft einer wissenschaftlichen Einrichtung werden [ASA18b].

Nach der Beschreibung des Konzeptes bzw. Frameworks zur Überwachung und Verbesserung der Datenqualität für die FIS nutzenden Hochschulen und AUFs, wird als nächstes im **Abschnitt** 3.11 die Methoden des Text Data Mining (TDM) in FIS untersucht, um die unstrukturierten Forschungsinformationen und ihre Qualitätsprobleme zu analysieren, zu quantifizieren und zu korrigieren. In der Literatur wurden viele Datenqualitätsstudien unter Verwendung von TDM-Methoden durchgeführt. Nach [LSLZ07] können Datenqualitätsprobleme mit TDM-Methoden von A bis Z gefunden und gelöst werden. Daher zeigt die Anwendung, dass es eine gute Praktikabilität aufweist und die Datenqualität in verschiedenen Informationssystemen erheblich verbessern kann [LSLZ07]. Laut [DVW03] und [DJ03] sind Datenqualitätsprobleme zu einem wichtigen Faktor in TDM-Anwendungen geworden. [HGG01] haben festgestellt, dass TDM in den meisten Fällen bei Mängeln der Datenqualität eingesetzt wird. Der Umgang mit Datenqualität ist daher von entscheidender Bedeutung und in der Praxis bereits Teil vieler Datenerfassungsprojekte. Im Übrigen führte [HGG01] Data Quality Mining als neuen Ansatz aus Sicht von Forschung und Anwendung ein, mit dem Ziel, TDM-Methoden einzusetzen,

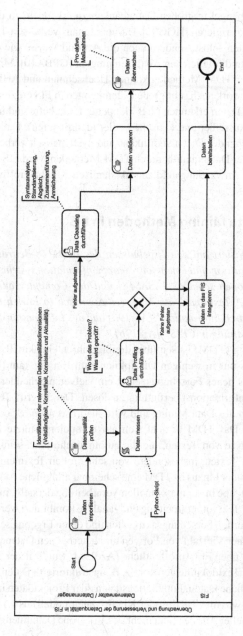

Abbildung 3.35 Richtlinie für die Qualitätsüberwachung und -verbesserung in FIS

um Datenqualitätsmängel in großen Datenbanken zu erkennen, zu quantifizieren, zu erklären und zu korrigieren [HGG01]. Darüber hinaus verbessert TDM nicht nur die Qualität der Daten selbst, sondern auch die Art und Weise, wie die Organisation mit den Daten und folglich den Analysen umgeht [GPBA10]. Mit skalierbaren Algorithmen aus der TDM-Methoden können Hochschulen und AUFs neben dem entwickelten Framework auch sehr große Datenmengen in FIS effizient analysieren und unzureichende Daten erkennen (z. B. doppelte, fehlerhafte und unvollständige Datensätze sowie Ausreißer und logische Fehler identifizieren). Dadurch kann die Datenqualität bestehender Daten signifikant und systematisch verbessert werden. Die Verbesserung der Datenqualität durch TDM-Methoden, wird FIS ein neues und vielversprechendes Anwendungsfeld, aus akademischer Sicht, eröffnen.

3.11 Text Data Mining Methoden in FIS

Dieser Abschnitt basiert auf den Ergebnissen des ICOA'18-Beitrags „Text data mining and data quality management for research information systems in the context of open data and open science" [ASAS18] und des Computer and Information Science-Beitrags „A Text and Data Analytics Approach to Enrich the Quality of Unstructured Research Information" [Aze19a] und des Information-Beitrags „Text and Data Quality Mining in CRIS" [Aze19b].

Text Data Mining (TDM) ist seit über dreißig Jahren ein aktuelles Forschungsthema, das anfangs nur in wenigen Disziplinen zum Einsatz kam [Ups14]. Nach [FS06] ist TDM als neues Forschungsgebiet ein vielversprechender Versuch, dieses Problem der Informationsüberflutung zu lösen. Der Begriff Text Mining ist eine spezielle Form des Data Mining und wird als *„Text Mining"* oder *„Text Analytics"* bezeichnet. Das TDM bezieht sich auf computergestützte Methoden zur semantischen Analyse von Texten, die die automatische bzw. semi-automatische Strukturierung von Texten, insbesondere von sehr großen Textmengen, unterstützen [HQW08]. Darüber hinaus ist TDM eine scheinbar alltägliche Aktivität, die eine anspruchsvolle Aufgabe in der maschinellen Verarbeitung darstellt, indem verschiedene Methoden der Textvorverarbeitung und -analyse kombiniert werden [Aze19b].

In letzter Zeit wurden Forschungsaktivitäten und deren Ergebnisse an Hochschulen und AUFs in einer Vielzahl von Formen und heterogenen Datenquellen gesammelt, gepflegt und über FIS veröffentlicht [Aze19a]. Ein Teil der Informationen liegen in Form von Textdokumenten vor, (z. B. unstrukturierte Daten umfassen beispielsweise persönliche Daten, Publikationsdaten oder Projektdaten in Word-, PDF- oder XML-Daten (wie im CERIF- oder KDSF-Datenmodell) usw.) [Aze19b]. Ein traditioneller manueller Ansatz reicht nicht aus, um große Datenmengen oder Dokumentensammlungen aus verschiedenen Metadatenbanken (z. B. Web of Science, PubMed, Scopus usw.) zu untersuchen [ASAS18]. Solche Daten, die keine formale Struktur haben, können in der Integration in verschiedenen Zahlen von Formaten gespeichert und durch verschiedenen Technologien bezeichnet werden [ASAS18]. Dies kann sich negativ auf FIS-Nutzer auswirken (z. B. Verwaltung falscher Entscheidungen, Erhöhung der Kosten und Verringerung der Mitarbeiterzufriedenheit). Unstrukturierte Daten stellen daher eine große Herausforderung für FIS Administratoren dar, insbesondere für Hochschulen und AUFs, die ihre Forschungsinformationen aus heterogenen Datenquellen in FIS verwalten [Aze19a]. Das Informationszeitalter macht es einfach, riesige Datenmengen zu speichern. Die Verbreitung von Dokumenten im Internet, in Intranets von Institutionen, in News Wires und in Blogs ist überwältigend. Obwohl die Anzahl der verfügbaren Forschungsinformationen stetig zunimmt, bleiben die Möglichkeiten zur Aufzeichnung und Verarbeitung begrenzt. Suchmaschinen verschärfen dieses Problem zusätzlich, weil sie eine große Anzahl von Dokumenten nur durch wenige Eingaben in der Suchmaske zugänglich machen.

Das Wissen über Forschungsaktivitäten und deren Ergebnisse wird zu einem immer wichtigeren Erfolgsfaktor einer Forschungsinstitution und sollte aus dieser Dokumentenbasis extrahiert werden. Das Lesen und Verstehen von Texten zum Erlangen von Wissen ist jedoch ein Bereich des menschlichen Intellekts, der allerdings kapazitiv begrenzt ist. Eine Softwareanalyse durch einen weitgehend automatisierten Prozess zur Gewinnung neuen und möglicherweise nützlichen Wissens von Textdokumenten kann diesen Mangel beseitigen.

Aufgrund der Fülle und des schnellen Wachstums digitaler, unstrukturierter Daten gewinnt TDM zunehmend an Bedeutung [Aze19b]. TDM ist eine Technik zum Extrahieren von nützlichen Informationen und relevantem Wissen aus Texten, die dem Benutzer noch unbekannt sind [MW05]. TDM schafft die Möglichkeit einer effizienten und strukturierten Informations- bzw. Wissensexploration durchzuführen und bietet darüber hinaus eine gute Unterstützung bei der Verwaltung der meisten vorhandenen Daten [RB98], [NM02]. Die Methoden des TDM mittels statistischer und linguistischer Analyseverfahren zielen darauf ab, versteckte und interessante Informationen oder Muster in unstrukturierten Textdokumenten zu erkennen, um einerseits die große Menge an Wörtern und Strukturen der natürlichen Sprache verarbeiten zu können und auf der anderen Seite, um die Behandlung von unsicheren und unscharfen Daten zu ermöglichen [Aze19b].

Nach [BDH+14] sind Webseiten von Institutionen und Forschern derzeit eine wichtige Hauptquelle für Forschungsinformationen, die manuell kuratiert und häufig mit strukturierten Informationen ergänzt werden, z. B. aus Literaturdatenbanken. Diese Webseiten spielen eine wichtige Rolle in der Wissenschaft sowie die öffentliche Dokumentation und Kommunikation jeglicher Art von Forschungsergebnissen [BDH+14]. Da die Standorte zufällig verteilt, heterogen und normalerweise unstrukturiert sind und häufig nach proprietären oder weniger etablierten Schemata und Schnittstellen verfügbar gemacht werden, können die darin enthaltenen Informationen nicht ohne erheblichen Aufwand analysiert werden [BDH+14]. Des Weiteren können diese gespeicherten unstrukturierten Daten und Quellen in FIS eine wichtige Rolle bei der Entscheidungsfindung spielen, von daher müssen unstrukturierte Daten zunächst aufbereitet oder strukturiert werden, bevor sie ausgewertet werden können. Der genaue Inhalt unstrukturierter Daten ist vor einer Datenanalyse nicht bekannt. Für die beste Lösung dieses Problems ist es notwendig, TDM-Methoden in FIS zu implementieren, da die Verlagerung des TDM in die Datenbank zahlreiche Vorteile bietet, sollten die Hochschulen und AUFs dazu übergehen. Dabei sind die folgenden Schritte erforderlich, um Informationsgewinnung aus unstrukturierten Daten im Kontext von FIS zu erhalten [Nat05], [FS06]:

1. Anwendung von Vorverarbeitungsroutinen auf heterogene Datenquellen.
2. Anwendung von Algorithmen zur Entdeckung von Mustern.
3. Präsentation und Visualisierung der Ergebnisse.

In der Forschung gibt es eine Vielzahl unterschiedlicher Methoden des TDM, die als besondere Form des Data Mining verstanden werden können. Die vorliegende Dissertation beschränkt sich auf die drei am häufigsten eingesetzten Methoden zum einen im Kontext von Informationssystemen in der Literatur und zum anderen wurden diese bereits in der Arbeiten [Aze19a] und [Aze19b] im Rahmen von FIS behandelt. Die folgenden Methoden sind Natural Language Processing (NLP), Informationsextraktion (IE) und Clustering.

In **Abbildung** 3.36 wird der Workflow als Leitfaden für die Analyse von Forschungsinformationen in FIS mithilfe von TDM-Methoden verwendet. Die TDM-Methoden werden in den nächsten **Unterabschnitten** 3.11.1, 3.11.2 und 3.11.3 im Kontext von FIS untersucht. Zudem wird ein Praxisbeispiel bei jeder Methode aufgezeigt, mit denen die FIS Verwalter bzw. Manager ihre unstrukturierten Daten analysieren und verbessern sowie daraus wichtige Erkenntnisse für die eigene Hochschule und AUF ableiten.

3.11.1 Natural Language Processing

Um Forschungsinformationen aus Texten zu extrahieren, müssen Methoden der Verarbeitung in natürlicher Sprache verwendet werden. Natural Language Processing

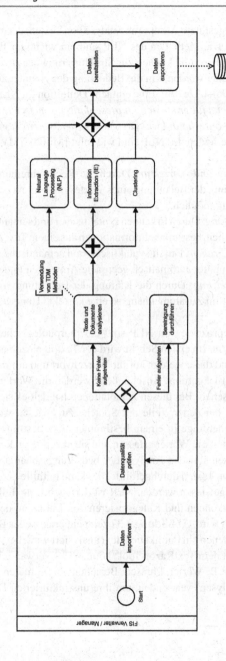

Abbildung 3.36 Workflow zur Text- und Dokumentenanalyse in FIS (in Anlehnung an [Aze19b])

(NLP) ist der computergestützte Ansatz zur Analyse von Texten, der auf einer Reihe von Methoden basiert. Die Methoden des NLP sind ein wichtiger Bestandteil der Datenvorverarbeitungsphase und können zur Strukturierung der zu analysierenden Textdokumente verwendet werden, um die Bedeutung des zu untersuchenden Textes zu verstehen [Aze19a], [Aze19b]. Eine einfache Definition für NLP nach [KP07] *„is the attempt to extract a fuller meaning representation from free text. This can be put roughly as figuring out who did what to whom, when, where, how and why".*
Die Anwendungsmethoden des NLP sind wie folgt [Mil05], [MW05]:

1. *Rechtschreibprüfung und -korrektur*: Durch die Rechtschreibung des Wortes und die Identifizierung der Bedeutung eines Wortes im Kontext ist eine korrekte Rechtschreibprüfung möglich.
2. *Informationssammlung*: Durch Erkennen syntaktischer und semantischer Abhängigkeiten ist es möglich, bestimmte Informationen aus einem Text zu extrahieren.
3. *Beantwortung von Fragen*: Durch syntaktische und semantische Analyse einer Frage kann ein Computer automatisch geeignete Antworten finden.
4. *Maschinelle Übersetzung*: Durch die Klärung der Bedeutung von Wörtern als einzelnes Wort oder im Zusammenhang ist eine korrekte Übersetzung möglich.

Die drei Hauptanalyseprozesse von NLP sind die morphologische, syntaktische und semantische Analyse. Im ersten Schritt wird der Text in einzelne Wörter unterteilt (Tokenisierung) und diese werden auf ihr Wurzelwort und auf das Lemma des Wortes (Stemming) zurückgeführt. Anschließend werden die Wörter markiert und mit Anmerkungen versehen. Bei diesen Annotationen handelt es sich um Part-of-Speech (POS)-Tagger, bei denen Teile der Sprache zugewiesen werden und um Parser, die die Wortreihenfolge in einem bestimmten Satz bestimmen. POS-Tags verwenden Wörterbücher, die Wörter erfassen, die sie akzeptieren können. Im letzten Schritt wird eine semantische Analyse der bedeutungsabhängigen Zerlegung und Kategorisierung von Texten durchgeführt. Dies kann mithilfe der Named Entity Recognition (NER) zugewiesen werden. NER ist der wichtigste Teil der Informationsextraktion zum Erkennen und Kategorisieren von Entitäten, der im nächsten Unterabschnitt erläutert wird. **Abbildung** 3.37 zeigt ein praktisches Beispiel für die NLP-Funktionen, mit denen ein Publikationstext analysiert wird, bevor dieser in das FIS integriert wird. Mit dem TextRazor-Tool[4] können FIS Verwalter bzw. Manager die NLP-Funktionen (z. B. Wörter, Phrasen, Beziehungen, Entitäten, Bedeutungen und Abhängigkeitsanalysen) verwenden, um ihre unstrukturierten Daten und ihre Texte zu analysieren.

---

[4] https://www.textrazor.com

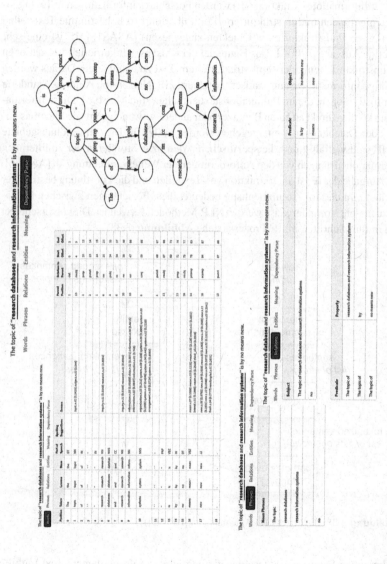

Abbildung 3.37 Anwendung von NLP-Funktionen (in Anlehnung an [Aze19b])

3.11.2 Informationsextraktion

Bei der Informationsextraktion (IE) werden Forschungsinformationen in Textdokumenten gefunden und in strukturierte Form überführt (d. h. bestimmte Textstellen
identifiziert und strukturierten Objekten zugewiesen) [ASAS18]. IE ist eine sehr
wichtige Aufgabe in TDM. Das Hauptziel der IE ist es, strukturierte Informationen
aus unstrukturiertem oder semi-strukturiertem Text zu extrahieren. Daraus werden
wichtige Informationen automatisch extrahiert, z. B. Namen von Autoren, Standorte
oder Institutionen, die im Publikationstext enthalten sind [Aze19b]. Diese Informationen können direkt an einen Benutzer oder andere Anwendungen wie Suchmaschinen oder Datenbanken weitergegeben werden [WIZ10]. Die Anwendungsgebiete
der IE sind vielfältig und die spezifischen Arten bzw. Strukturen der zu filternden
Informationen hängen von den Anforderungen der Weiterverarbeitung ab [Aze19b].
Die Aufgabe der IE ist die Extraktion von Textteilen und die Zuordnung bestimmter
Attribute. In diesem Zusammenhang bedeutet dies, Beziehungen zwischen Entitäten zu finden. Normalerweise werden NLP-Methoden verwendet. Dies unterscheidet
sich in fünf Schritten im IE-Prozess (siehe **Abbildung** 3.38).

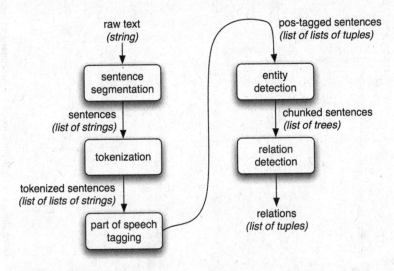

Abbildung 3.38 IE-Prozess (in Anlehnung an [BKL09])

Im ersten Schritt der Satzsegmentierung wird der unverarbeitete Text mithilfe
von Satzendzeichen wie „.", „!", „?" in Sätze aufgeteilt. Mit Hilfe eines sogenannten

Tokenizers (lexikalischer Scanner) wird im folgenden Prozessschritt jeder Satz des Dokuments in Wörter (Tokens) unterteilt. Alle Satzzeichen und andere nicht textuelle Bestandteile eines Satzes werden durch Leerzeichen ersetzt. Das Ergebnis sind Listen von Wörtern in unveränderter Reihenfolge, die für die weitere Verarbeitung verwendet werden. Im Fall der Part-Of-Speech Tagging wird jedem Wort im Satz ein Teil der Sprachkennzeichnung zugewiesen. Dies können Verben, Adjektive, Substantive oder Präpositionen sein. Entscheidend ist der Kontext, da ein und dasselbe Wort in verschiedenen Sätzen unterschiedlichen Wortarten zugeordnet werden kann. Der nächste Schritt der Entitätserkennung (NER) sucht nach potenziell relevanten Entitäten in einem Satz. Dies sind beispielsweise Personennamen, Ortsnamen oder Organisationen. NER kann die wichtigste Aufgabe der Informationsextraktion in FIS sein. Eine benannte Entität ist ein Wort oder eine Reihe von Wörtern, die ein Objekt der Realität bezeichnen. NER hat die Aufgabe, diese Namen aus einem Text zu erkennen und vordefinierten Typen zuzuordnen. Durch die Zuordnung von Wortteilen und damit der Musterdefinition im vorherigen Schritt können in diesem Prozessschritt Klauseln festgelegt werden, die extrahiert werden sollen. Im letzten Schritt der Beziehungserkennung werden die Beziehungen zwischen den verschiedenen Entitäten in einem Text ermittelt. Die Beziehungen werden extrahiert, indem gefragt wird: „Wer?", „Was?", „Wann?", „Wo?" und „Warum?". Im Programm wird daher ein unverarbeiteter Text eingefügt (Input), den das Programm in eine Liste von Tupeln (Entität und Beziehung)(Output) zerlegt [CS99], [ML03], [RMD13].

Zur Beantwortung der Frage, wie benannte Entitäten in Forschungsinformationen identifiziert werden können, veranschaulicht die **Abbildung** 3.39 ein Praxisbeispiel für die Entitätenextraktion in einem Publikationstext, in dem Personen, Institutionen und Standorte extrahiert wurden. Hierzu wurde bei der Implementierung für NER das Tool von Stanford Named Entity Recognizer (kurz, Stanford-NER)[5] verwendet, welches zum einen ein bekanntes Tool mit einer dokumentierten Genauigkeit von über 90 % bei der Analyse und Erkennung komplexer benannter Entitäten ist [HRTB11], [SM03]. Zum anderen bietet es eine Vielzahl von Funktionen an, mit denen jeder sein Modell trainieren kann. Es ist mit einer Basisimplementierung ausgestattet und kann für jede Art von Daten oder Sprache trainiert werden. Stanford NER ist ein Java-basierter Named Entity Recognizer und wird als CRFClassifier bezeichnet, da es eine allgemeine Implementierung von CRF-Sequenzmodellen (Conditional Random Field) gewährt [LMP01]. Ein solcher Klassifikator basiert auf der Folge von Wörtern. Dies bedeutet, dass vorangegangene und folgende Wörter bei der Klassifizierung ebenfalls berücksichtigt werden [DDG16].

---

[5] https://fortext.net/tools/tools/stanford-named-entity-recognizer

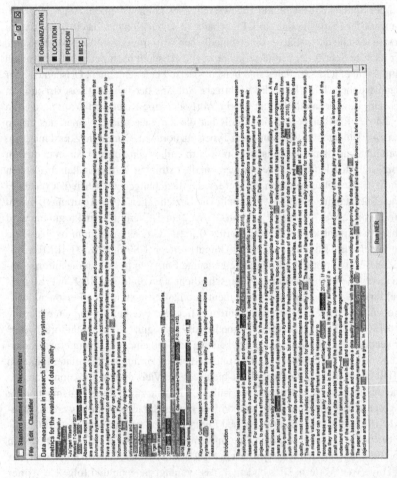

Abbildung 3.39 Entitätenextraktion aus dem Beispiel des Publikationstextes (in Anlehnung an [Aze19b])

Der FIS Verwalter bzw. Manager kann NER mit Stanford-NER über eine grafische Benutzeroberfläche ausführen, die nur mit geringen technischen Kenntnissen bedient werden können. Mit Stanford-NER werden Fragen zu Aspekten von Personen, Standorten und Institutionen beantwortet. Darüber hinaus gehören Fragen wie: Wie viele Personennamen werden in einem Publikationstext genannt? Wie ist die Verteilung der Standortsnamen im Publikationstext? Welche Standorte werden im Publikationstext erwähnt? In welchem Zusammenhang werden Institutionen genannt?

3.11.3 Clustering

In der Literatur wurden mehrere hochskalierbare Clustering Algorithmen vorgeschlagen, die für verschiedene Szenarien eingesetzt werden können, um eine effektive Clusterbildung zur Erkennung, Identifizierung und Beseitigung der Duplikaten von schlechter Qualität durchzuführen [SK04], [AGK06], [BMS07]. Laut [Ber15] kann die Bereinigung der Daten mit Hilfe von Clustering Algorithmen unterstützt und auch auf alle Domänen bzw. Datentypen angewendet werden. Die Verfahren von Clustering stellen einen möglichen Ansatz der Analyse dar, um Ähnlichkeiten innerhalb eines Datensatzes zu untersuchen [Hoe16]. Nach [Hoe16] ist die Ähnlichkeit bei jedem Clustering Verfahren unterschiedlich. Eine Gruppierung von Elementen in einem Datensatz, die von einem Clustering Verfahren erkannt wird, wird als Cluster bezeichnet. Ein Cluster enthält genau die Elemente, die in mehreren Eigenschaften ähnliche Werte aufweisen. Elemente, die in mehreren Eigenschaften keine Ähnlichkeiten aufweisen, befinden sich normalerweise nicht in einem gemeinsamen Cluster. Elemente, die keine Ähnlichkeit mit anderen Elementen haben, werden als Ausreißer bezeichnet [Hoe16].

Die Algorithmen von Clustering können in FIS zum schnellen Auffinden und Gruppieren ähnlicher Inhalte von Dokumenten oder Wörtern sowie zum Erkennen von Duplikaten verwendet werden (siehe **Abbildung** 3.40).

Die Clusteranalyse ermöglicht den Aufbau einer Struktur für die Objekte. Im Gegensatz zur Klassifizierung werden beim Clustering keine vordefinierten Begriffe oder Taxonomien verwendet, mit denen die Dokumente gruppiert werden. Stattdessen können mit der Clusteranalyse eine Struktur für die Objekte erstellt werden. Das Ziel der Clusteranalyse ist es, die Unterschiede zwischen den Gruppen zu maximieren und die Unterschiede innerhalb jeder Gruppe so gering wie möglich zu halten.

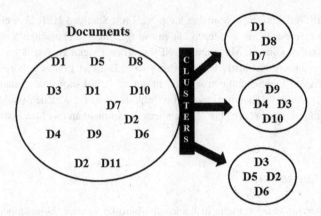

Abbildung 3.40 Bildung von Clustern (in Anlehnung an [Aze19a], [Aze19b])

Der Prozess der Clusteranalyse oder des Dokumentenclusters im Kontext von FIS kann in drei Phasen durchlaufen werden [Aze19b]:

1. Aufbereitung von Daten.
2. Ermittlung von Ähnlichkeiten zwischen Datenobjekten oder Dokumentendarstellungen.
3. Gruppierung von Datenobjekten oder Dokumentdarstellungen.

Um die Ähnlichkeit zwischen Dokumenten zu bestimmen, werden verschiedene Ähnlichkeitsmaße definiert. *„Ein Ähnlichkeitsmaß ist eine Beziehung zwischen einem Paar von Objekten und einer skalaren Zahl. Übliche Intervalle zur Abbildung der Ähnlichkeit sind [−1,1] oder [0,1], wobei 1 das Maximum der Ähnlichkeit angibt"* [CMA+12].

Um die Ähnlichkeit zwischen zwei Zahlen „*x*" und „*y*" zu betrachten, wird folgendes angenommen [CMA+12]:

$$\text{numSim(x,y)} = 1 - \frac{|X - Y|}{|X| + |Y|} \qquad (3.10)$$

Lassen sich zwei Zeitreihen $X = x_1, ..., x_n$, $Y = y_1, ..., y_n$ als Ähnlichkeitsmaße bezeichnen [FS06]:

• Mittelwert (engl. Mean) Ähnlichkeit definiert als [CMA+12]:

$$tsim(X,Y) = \frac{1}{n} \sum_{i=1}^{N} numSim(x_i, y_i) \qquad (3.11)$$

• Quadratisches Mittel (engl. Root Mean Square, kurz RMS) Ähnlichkeit [CMA+12]:

$$rtsim(X,Y) = \sqrt{\frac{1}{n} \sum_{i=1}^{N} numSim(x_i, y_i)^2} \qquad (3.12)$$

• Zusätzlich Peak Ähnlichkeit [CMA+12]:

$$psim(X,Y) = \frac{1}{n} \sum_{i=1}^{N} \left[\frac{|x_i - y_i|}{2max(|x_i|, |y_i|)} \right] \qquad (3.13)$$

Aufgrund dieser Ähnlichkeitsmaße gibt es mehrere Algorithmen, die Dokumentklassen bilden. Im Kontext von FIS werden nur *k-means* und *hierarchische Clustering* betrachtet, auf die sich viele in der Literatur bezogen haben und von verschiedenen Gebietsexperten angewendet und empfohlen wurden [Wol05], [GWJ15], [XXLC16], [TCS+19].

K-means ist eine klassische und weit verbreitete Clustermethode. Die Grundidee besteht einfach darin, die Anzahl der Dokumente auf *k* Gruppen ähnlicher Dokumente zu verteilen. Wie in folgender **Abbildung** 3.41 dargestellt.

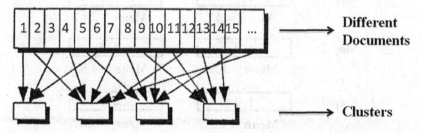

Abbildung 3.41 Funktion des *k*-means Algorithmus (in Anlehnung an [Aze19a], [Aze19b])

Es gibt sechs Schritte nach [Wol05], die den k-means-Algorithmus beschreiben:

1. Verteile alle Dokumente auf k Cluster.
2. Berechne den Durchschnittsvektor für jeden Cluster mit der folgenden Formel.

$$E(K) = \frac{1}{n} \sum_{i=1}^{N} \frac{(x^i, y_{ci})^2}{n} \tag{3.14}$$

3. Vergleiche alle Dokumente mit den Durchschnittsvektoren aller Cluster und notiere den jeweils ähnlichsten für jedes Dokument.
4. Verschiebe alle Dokumente in die ähnlichsten Cluster.
5. Wenn keine Dokumente in ein anderen Cluster verschoben wurden, halte; gehe zu Punkt (2).

In der **Abbildung** 3.42 ist ein Berechnungsbeispiel für eine k-means Clusterbildung. Das vereinfachte Beispiel zeigt den Algorithmus für zwei Cluster. Eine einzelne Zahl (eindimensionaler Vektor) repräsentiert jeweils ein Dokument. Nach drei Schritten stoppt der Vorgang. In jedem Schritt werden ihre Durchschnittsvektoren für die Cluster berechnet.

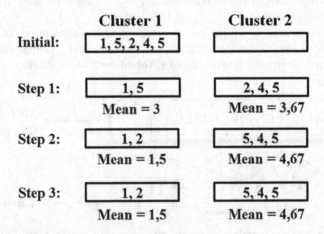

Abbildung 3.42 Beispielberechnung mit k-means Clustering (in Anlehnung an [Aze19a], [Aze19b])

Hierarchisches agglomeratives Clustering (engl. Hierarchical Agglomerative Clustering, kurz HAC) ist eine beliebte Alternative zu k-means [Wol05]. Auch hier werden Cluster angelegt, die jedoch in einer hierarchischen Baumstruktur angeordnet sind [Wol05]. Es können viele verschiedene Ähnlichkeitsmaße verwendet werden, einschließlich des durchschnittlichen, einzelnen/vollständigen Links, aber auch des minimalen und maximalen Abstands von Dokumenten innerhalb eines Clusters [Wol05], [YKMM19]. Der HAC-Algorithmus arbeitet wie folgt in vier Schritten nach [Wol05]:

1. Beginne mit vielen Clustern, die jeweils genau ein Dokument enthalten.
2. Finde das ähnlichste Paar B und C von Clustern, die keinen übergeordneten Knoten haben.
3. Kombiniere B und C zu einem übergeordneten Cluster A.
4. Wenn mehr als ein Cluster ohne Eltern übrig bleibt, gehe zu (2).

„Das Endergebnis ist ein Binärbaum, in dem die Wurzel einen Cluster aller Dokumente darstellt. Die Kinder repräsentieren jeweils eine Aufteilung des Elternclusters in zwei kleinere. Schließlich enthalten die Blätter die kleinsten Gruppen, normalerweise mit jeweils nur einem Dokument" [Wol05].

Es gibt viele verschiedene Möglichkeiten, die Cluster in einem solchen Binärbaum zu gruppieren (wie in der **Abbildung** 3.43 gezeigt). Das heißt, der Baum kann zusätzlich verarbeitet werden, um eine untergeordnete Anzahl von Clustern zu erhalten. Ein Weg, dies zu tun wäre, den Baum von einer bestimmten Tiefe abzuschneiden, was zu einer festen Anzahl von Clustern plus einem ausgeglichenen Baum führt. Ein anderer Ansatz besteht darin, den Baum so zuzuschneiden, dass die Varianz so gering wie möglich wird.

HAC ermöglicht den resultierenden Binärbaum mehr oder weniger beliebig anzupassen, sodass eine nützliche und zweckmäßige Anzahl von Clustern direkt aus dem Baum abgeleitet werden kann, anstatt die Varianz über mehrere Läufe mit unterschiedlichem k wie ist der Fall in k-means zu berechnen [Aze19b].

Zusammenfassend lässt sich sagen, dass sich HAC lohnt, insbesondere wenn eine Hierarchie von Dokumenten erforderlich ist [Wol05]. Ist eine solche Hierarchie nicht erforderlich, ist k-means in vielen Fällen besser geeignet. Darüber hinaus eignen sich beide Algorithmen nicht nur zum Clustering von Dokumenten, sondern auch von beliebigen Daten, die als Vektor dargestellt und auch für diesen Zweck verwendet werden können [Wol05].

Der Vorteil des Clustering von Dokumenten (oder Texten) in FIS besteht in der Kombination der Eigenschaften einer Dokumentensammlung. Da einzelne Dokumente analysiert werden, können sie auch auf Redundanzen untersucht werden.

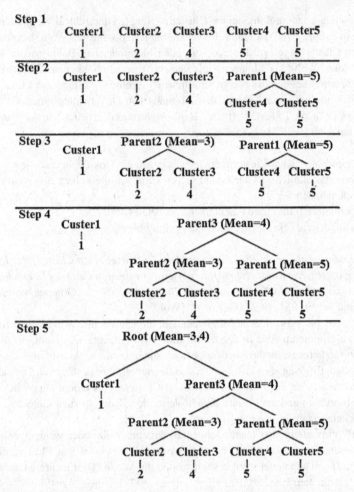

Abbildung 3.43 Beispielberechnung einer hierarchischen agglomerativen Clusterbildung (in Anlehnung an [Aze19a], [Aze19b])

Sehr ähnliche Dokumente wie Fehlerberichte mit den gleichen Problemen können erkannt werden. Auf diese Weise können dieselben Objekte Redundanzen durch Löschen von Duplikaten verhindern. Es reduziert auch die Größe der Cluster.

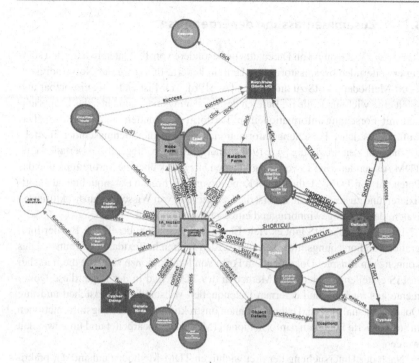

Abbildung 3.44 Beispiel für das Clustering von Dokumenten (in Anlehnung an [Aze19b])

Abbildung 3.44 zeigt ein Praxisbeispiel für das Clustering mit den Graphileon[6] und MeaningCloud[7] Tools. Dies ermöglicht es, die Strukturen in den Daten zu finden und die Daten zu teilen. Mithilfe von Algorithmen werden Textdokumente mit ähnlichem Inhalt automatisch in Gruppen (Cluster) unterteilt. Es können jedoch auch innerhalb eines Textdokuments Cluster gebildet werden, um Wörter zu gruppieren. In diesem Fall werden Objekte mit ähnlichen Eigenschaften zusammengefasst, während sich die Objekte verschiedener Cluster voneinander unterscheiden.

---

[6] https://graphileon.com

[7] https://www.meaningcloud.com

3.11.4 Zusammenfassung der Ergebnisse

Das stetige Wachstum von Daten und insbesondere von Textdaten in dem sich ständig erweiternden organisatorischen Umfeld ändern, führen zu der Notwendigkeit, TDM-Methoden in FIS zu integrieren [Aze19b]. TDM ist vielseitig einsetzbar und spielt eine wichtige Rolle im Bereich des Forschungsmanagements, das hauptsächlich mit Forschungsinformationen in Textform konfrontiert wird [Aze19b]. Das Auffinden solcher Forschungsinformationen ist über die Suchmaschinen ineffektiv und sehr Zeitaufwändig [Aze19b]. Daher stellt die vorliegende Dissertation eine TDM Anwendung in FIS vor und gibt einen Überblick über die Verbreitung und das Potenzial von TDM-Methoden im Kontext von FIS, um die Datenqualität zu identifizieren und zu korrigieren. Ziel ist die Generierung von Wissen aus unstrukturierten Daten, das in FIS gewinnbringend eingesetzt werden kann.

Im Rahmen des FIS gibt es viele Einsatzmöglichkeiten des TDM: Bei der Integration von Forschungsinformationen werden zahlreiche Textdaten gewonnen. Dies können zum Beispiel Dokumente in Form von Publikationen sein, die die Forscher in FIS erstellen könnten. Die Methoden des TDM sind in der Lage, diese Dokumente aus internen und externen Datenquellen vollständig zu verstehen und ihre Qualität zu analysieren. Dadurch können unstrukturierte Forschungsinformationen in strukturierte Forschungsinformationen (Metadaten) bearbeitet und umgewandelt werden.

Nach der Untersuchung der drei wichtigen TDM-Methoden anhand der praktischen Beispiele wurde festgestellt, dass die TDM-Methoden an jedem FIS durchgeführt werden können und eine gute Leistung mit einem signifikanten Erfolgsfaktor für FIS Verwalter bzw. Manager anbieten. In FIS ist TDM bereits erfolgreich als Sammlung von Datenanalysemethoden angekommen und hilft bei der Erzeugung von Informationen zur Verbesserung der Qualität von Forschungsinformationen.

Um die Hochschulen und AUFs bei der Implementierung des TDM zu unterstützen, gibt es eine Reihe von Werkzeugen, um aus den verfügbaren Daten wertvolle Erkenntnisse zu generieren.

Nach der Untersuchung der Datenqualität und der TDM-Methoden in FIS, werden nun im **Kapitel** 4 die Auswirkungen der Datenqualität auf die Nutzerakzeptanz von FIS näher beleuchtet und der Zusammenhang zwischen der Datenqualität und dem Erfolg der Nutzerakzeptanz von FIS ermittelt.

Ermittlung der Nutzerakzeptanz von FIS

4

Das vierte Kapitel basiert auf den Ergebnissen des Data Technologies and Applications-Beitrags „Implementation and user acceptance of research information systems: An empirical survey of German universities and research organisations" [SAS19] und des Data-Beitrags „Data Quality as a Critical Success Factor for User Acceptance of Research Information Systems" [ASAS20].

„Grundvoraussetzung für die hohe Akzeptanz und Effizienz der systemübergreifend einheitlichen Versorgung mit Benutzerdaten ist deren hohe Datenqualität" [BB10]. Für die im vorigen Kapitel geformte Lösung zur Verbesserung der Datenqualität in FIS legt dieses Kapitel die Nutzerakzeptanz von FIS und die Abhängigkeit mit der Datenqualität anhand der Umfrageergebnisse dar.

4.1 Akzeptanzbegriff und Akzeptanzmodelle

Die Nutzerakzeptanz ist ein gängiges Maß für den Erfolg von FIS [ASAS20]. Zur Analyse der Akzeptanz von FIS ist eine Definition des Begriffs notwendig. Die wissenschaftliche Untersuchung der Akzeptanz von Informationssystemen ist seit Mitte der 1980er Jahre fester Bestandteil der sozialwissenschaftlichen, wirtschaftlichen und politischen Forschung [SK13], [Wil12]. Für den Begriff der Akzeptanz gibt es in der wissenschaftlichen Literatur keine einheitliche Definition [Kol98], [Luc95], [Qui06], [SK13]. Darüber hinaus wird die Akzeptanz eines Informationssystems oder einer IT-Anwendung üblicherweise synonym mit dem Begriff der Annahme (engl. Adoption) verwendet [VSM07], [Wil12]. In der **Tabelle** 4.1 werden die unterschiedlichen Definitionen des Akzeptanzbegriffs von verschiedenen Autoren angegeben und zum Vergleich herangezogen.

© Der/die Autor(en), exklusiv lizenziert durch Springer Fachmedien Wiesbaden GmbH, ein Teil von Springer Nature 2022
O. Azeroual, *Untersuchungen zur Datenqualität und Nutzerakzeptanz von Forschungsinformationssystemen*, https://doi.org/10.1007/978-3-658-36702-2_4

Tabelle 4.1 Definitionen des Akzeptanzbegriffs

Autoren	Definitionen
Weiber [Wei92]	„Akzeptanz definiert als die positive Bereitschaft eines Anwenders, in einer konkreten Anwendungssituation das durch eine Systemtechnologie bereitgestellte Problemlösungspotential aufgabenbezogen zu nutzen. Die Nutzung ist damit das konstituierende Merkmal der Akzeptanz."
Lucke [Luc95]	„Akzeptanz ist die Chance, für bestimmte Meinungen, Maßnahmen, Vorschläge und Entscheidungen bei einer identifizierbaren Personengruppe ausdrückliche oder stillschweigende Zustimmung zu finden und unter angebbaren Bedingungen aussichtsreich auf deren Einverständnis rechnen zu können."
Kollmann [Kol98]	„Akzeptanz ist die Verknüpfung einer inneren, rationalen Begutachtung und Erwartungsbildung auf der Einstellungsebene, die anschließende Übernahme der Innovation auf der Handlungsebene und einer freiwilligen, problemorientierten Anwendung auf der Nutzungsebene bis zum Ende des Produktlebenszyklus."
Rengelshausen [Ren00]	„Akzeptanz, wenn eine positive Einstellung im Sinne einer grundsätzlichen Anwendungsbereitschaft vorliegt und zusätzlich eine aufgabenbezogene Nutzung [...] zu beobachten ist."
Simon [Sim01]	„Akzeptanz steht im Widerspruch zum Begriff Ablehnung und bezeichnet die positive Annahmeentscheidung einer Innovation durch die Anwender."
Dillon [Dil01]	„User acceptance can be defined as the demonstrable willingness within a user group to employ information technology for the tasks it is designed to support."
Dasgupta/Granger/ McGarry [DGM02]	„Acceptance is defined as the decision to accept, or invest in, a technology. Information technology acceptance can be studied at two levels: the first is at the organizational level and the other is at the individual level. If the unit of analysis is an individual, the emphasis is on the acceptance of the technology. The Technology Acceptance Model (TAM) proposed by Davis (1989) has explained acceptance of information technology."
Ausserer/Risser [AR05]	„Acceptance defined as a phenomenon that reflects, to what extent potential users are willing to use a certain system."
Wilhelm [Wil12]	„Die Akzeptanz eines Nutzers gegenüber einer IT-Anwendung ist ein Zustand und drückt sich durch die Annahme und Verwendung eben dieser aus. Dabei kann dieser Zustand im zeitlichen Verlauf verschiedene Ausprägungen annehmen und sowohl intrinsisch als auch extrinsisch motiviert sein."
Schäfer/Keppler [SK13]	„Akzeptanz ist ein Resultat eines Wahrnehmungs-, Bewertungs- und Entscheidungsprozesses, aus dem eine bestimmte Einstellung und ggf. Handlung resultieren."
Niklas [Nik15]	„Akzeptanz beschreibt eine subjektive, positive Einstellung eines Individuums gegenüber einer Innovation sowie deren (potenzieller) Nutzung und spiegelt die mentalen Prozesse in Bezug auf die Innovationsübernahme und -nutzung wider, welche sowohl kognitive Überzeugungen als auch emotionale Gefühlseindrücke umfassen und in einer handlungsorientierten Motivation enden."

Fasst man diese Definitionen zusammen, wird im Rahmen dieser vorliegenden Dissertation unter Akzeptanz auf der Ebene des FIS-Nutzers als *die gesamte affektive und kognitive Bewertung des Endbenutzers, der mit einem FIS angenehmen Niveaus der verbrauchsbezogenen Erfüllung verstanden.* Die Akzeptanz ist eine wichtige Determinante für die geplante, tatsächliche und nachhaltige Nutzung von FIS, da sie in hohem Maße mit der Motivation und Fähigkeit der Nutzer zur Nutzung von FIS zusammenhängt [ASAS20]. Darüber hinaus beschreibt das Konzept der Akzeptanz die Einstellung und das Verhalten der Benutzer (z. B. Einrichtungen) gegenüber dem eingeführten FIS. Durch die Messung der Akzeptanz von FIS auf der Ebene von Einstellung und Verhalten des Nutzers können die Einflussfaktoren identifiziert werden, die eine positive Akzeptanz der Innovationen fördern oder zu einer Ablehnung führen. Dies kann mithilfe des Akzeptanzmodells festgestellt werden. Seit Einführung der Informationssysteme sind zahlreiche Modelle zur Akzeptanz dieser Systeme durch den Nutzer entstanden [ASAS20]. Die Literatur enthält eine Vielzahl von Akzeptanzmodellen, die in **Tabelle** 4.2 übersichtlich dargestellt sind.

Tabelle 4.2 Akzeptanzmodelle

Akzeptanzmodelle	Einflussfaktoren
Akzeptanzmodell nach Degenhardt [Deg86]	• Aufgabencharakteristika • Systemkonfiguration • Benutzermerkmale
Technology-Acceptance-Model nach Davis [Dav89]	• Wahrgenommene Nützlichkeit • Wahrgenommene Benutzerfreundlichkeit
Technology-Task-Fit-Model nach Goodhue und Thompson [GT95]	• Aufgabe • Technologie • Individuum
Akzeptanzmodell nach Kollmann [Kol98]	• Einstellungsakzeptanz • Handlungsakzeptanz • Nutzungsakzeptanz
Akzeptanzmodell nach Simon [Sim01]	• Gestaltung des Wissensmediums • Anwender

Nach der Definition der Akzeptanz und einer Übersicht ihrer Modelle wird im nächsten **Abschnitt** 4.2 ein Akzeptanzmodell für FIS ausgesucht und adoptiert. Die Verwendung eines Akzeptanzmodells, welches die Benutzerfreundlichkeit und die Einschätzung des Nutzens berücksichtigt, konnte bei der Erklärung der Akzeptanz von FIS eingesetzt werden.

4.2   Adaption des Akzeptanzmodells für das FIS

Um die Akzeptanz von FIS zu untersuchen, wird das bekannteste und einfluss-
reichste Technologieakzeptanzmodell (TAM) von Davis [Dav89] im Kontext von
FIS angepasst, da TAM aufgrund seiner großen Popularität und seinen guten
Anwendbarkeit eine viel genutzte theoretische Grundlage für empirische Forschung
bietet [FL08]. Laut [LKC02] kann man unter den vorgeschlagenen Forschungsmo-
dellen verstehen, warum potenzielle Benutzer eine bestimmte Informationstechno-
logie akzeptieren oder nicht. TAM ist das am weitesten verbreitete und effektivste
Akzeptanzmodell [LKC02]. TAM ist jedoch auch ein ziemlich einfaches Modell,
das in verschiedene Richtungen modifiziert oder erweitert werden kann und aus diesem Grund sind in der Literatur viele Erweiterungen erschienen, die andere Theorien integrieren [ZGC08]. Darüber hinaus wurde das TAM in verschiedenen Bereichen von Informationssystemen wie E-Learning, E-Bibliothek, E-Government, E-
Commerce usw. eingesetzt [RN18] und seine hohe Validität wurde in verschiedenen Studien und Forschungen empirisch nachgewiesen [MK01], [ML04]. Nach
[SW07] und [ABAS10] wird TAM im Akzeptanzmodell als das am besten opera-
tionalisierte und empirisch am umfassendsten getestete Modell zur Erklärung der
Akzeptanz technischer Systeme angesehen. Ziel bei der Entwicklung des TAM von
Davis war es, *„eine Theorie zur Erklärung von Nutzungsverhalten in Zusammen-
hang mit einer großen Vielfalt von Informationssystemen zu formulieren, die einerseits theoretisch gerechtfertigt ist und andererseits mit einer geringen Anzahl an
Konstrukten und Annahmen auskommt"* [DBW89], [Sch09]. Davis beschreibt den
Akzeptanzbegriff als die tatsächliche Nutzung der Technologie durch ihre potenziellen Benutzer auf der Grundlage der wahrgenommenen Nützlichkeit (Perceived
Usefulness, PU) und der wahrgenommenen Benutzerfreundlichkeit (Perceived Ease
of Use, PEOU). *„Wie das Adjektiv „wahrgenommen" widerspiegelt, handelt es sich
um mentale Konstrukte, die die subjektiv unterschiedlichen Einstellungen von Indi-
viduen berücksichtigen"* [Sch09].

Wahrgenommene Nützlichkeit (PU) ist von Davis definiert als *„the prospective
user's subjective probability that using a specific application system will increase
his or her job performance within an organizational context"* [Dav89], [DBW89],
also als Grad, in dem eine Person glaubt, dass die Verwendung eines bestimmten
Systems ihre Arbeitsleistung verbessern würde [Dav89]. *„Je mehr der Anwender
wahrnimmt, dass eine technische Innovation ihn bei der Verrichtung seiner Arbeit
unterstützt, desto höher ist der wahrgenommene Nutzen und er ist damit eher bereit,
die Neuerung zu nutzen"* [Kit09].

Unter wahrgenommene Benutzerfreundlichkeit (PEOU) versteht Davis *„the
degree to which the prospective user expects the target system to be free of effort"*

[Dav89], [DBW89]. Davis besagt, dass *„eine Innovation dann eher angenommen wird, wenn der Anwender keinen zusätzlichen Aufwand bei der Benutzung wahrnimmt – im Idealfall sogar einen geringeren als ohne die technologische Neuerung"* [Kit09]. [DBW89] meinten, dass ein Benutzer bereit ist, ein technologisches System zu verwenden, je höher der wahrgenommene Nutzen ist und je einfacher deren Benutzbarkeit zu verwenden ist.

Im TAM führt das Zusammenspiel dieser beiden Einflussfaktoren (PU und PEOU) zu einer Intention des Nutzers (Behavioral Intention of Use, BI). Die Nutzungsabsicht (BI) definiert als *„positive oder negative Gefühle einer Person in Bezug auf die Leistung des Verhaltens"* [Dav89], [DBW89]. Diese Nutzungsabsicht wirkt direkt auf die Nutzung eines Systems (Actual System Use) und wird als *„die tatsächliche, direkte Nutzung eines Systems durch eine Person im Rahmen ihrer Arbeit"* [Dav89], [DBW89] definiert. Der Zusammenhang der TAM Faktoren wird in der **Abbildung** 4.1 verdeutlicht.

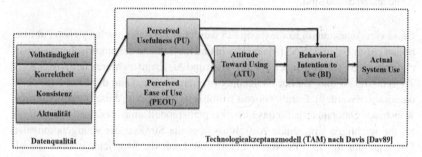

Abbildung 4.1 FIS-Akzeptanzmodell (in Anlehnung an [SAS19] [ASAS20])

Mehrere empirische Studien haben gezeigt, dass die von Davis Einflussfaktoren „wahrgenommene Nützlichkeit (PU)" und „wahrgenommene Benutzerfreundlichkeit (PEOU)" gültige Indikatoren für die Akzeptanz und tatsächliche Nutzung technischer Systeme sind [VSM07]. Die Nutzungsabsicht (BI) wird durch die wahrgenommenen Nützlichkeit (PU) und die wahrgenommene Benutzerfreundlichkeit (PEOU) beeinflusst und die wahrgenommene Benutzerfreundlichkeit (PEOU) und die wahrgenommene Nützlichkeit (PU) wirken sich auf äußere externe Faktoren aus, die nicht aus dem TAM erklärte Variable sind. In diesem Fall bilden die Beziehungen den Kern des TAM und werden unverändert übernommen [ASAS20]. Darüber hinaus ist die Datenqualität neben der Benutzerfreundlichkeit und anderen Variablen eine der wichtigsten Bedingungen für die Akzeptanz von FIS durch den Benutzer

[SAS19]. Um die externen Variablen im Kontext von FIS zu identifizieren, hat eine empirische Studie die wichtigen Einflussfaktoren für die Datenqualität hervorgehoben, die zur Erhöhung der Nutzerakzeptanz in FIS beitragen [ASAS19a], [SAS19]. Die Datenqualität umfasst in diesem Zusammenhang vier Aspekte [ASW18]:

- *Vollständigkeit* als Grad, zu dem das System alle notwendigen Informationen enthält.

- *Korrektheit* als wahrgenommene Korrektheit der Informationen im System.

- *Konsistenz* als Maß für die Wahrnehmung, inwieweit die Präsentation der Informationen konsistent im System dargestellt ist.

- *Aktualität* als Maß für die Wahrnehmung, inwieweit die Informationen auf dem neuesten Stand sind.

Diese vier Aspekten im Kontext von FIS wurden in den wissenschaftlichen Publikationen [ASW18] und [SAS19] untersucht und im Rahmen der empirischen Untersuchung unter 51 FIS nutzenden Hochschulen und AUFs mit mehreren Items nach ihrer Zuverlässigkeit und Validität berechnet (weitere Details kann der Studie [SAS19] entnommen werden). Darüber hinaus wurde festgestellt, dass diese Detaillierung des Konstrukts Datenqualität für das FIS-Akzeptanzmodell sinnvoll sind, da sie genauer als die wichtigen Konstrukte Aufschluss über die Struktur der wahrgenommenen Datenqualität für die FIS-Nutzer liefert und damit die Möglichkeit eines gezielten Datenqualitätsmanagements eröffnet [ASAS20]. Die wahrgenommene Datenqualität wirkt sich direkt auf den erwarteten Nutzen und damit indirekt auf die beabsichtigte und tatsächliche Nutzung des Systems aus [SAS19]. **Abbildung** 4.1 veranschaulicht das FIS-Akzeptanzmodell.

Nach der Anpassung des FIS-Akzeptanzmodells, sollen im nächsten **Abschnitt** 4.3 die Ergebnisse der empirischen Untersuchung zur Nutzerakzeptanz von FIS ausgewertet und analysiert werden. Dabei orientiert sich die Untersuchung über die Nutzerakzeptanz auf die Einflussfaktoren des TAM.

4.3   Analyse der Nutzerakzeptanz von FIS

Um die Akzeptanz und Nutzung von FIS zu erhöhen, ist es wichtig zu verstehen, wie Benutzer Entscheidungen über die Auswahl und Nutzung von FIS treffen. Nun werden in diesem Abschnitt die Ergebnisse der empirischen Untersuchung ausgewertet.

Die Untersuchung wurde an 240 deutschen Hochschulen und AUFs durchgeführt und anonymisiert ausgewertet. Insgesamt nahmen 160 der 240 befragten Einrichtungen in Deutschland an der Befragung teil. Somit erreichte die empirische Untersuchung eine Rücklaufquote von 67 %. Dabei stellte sich bei 160 Teilnehmern heraus, dass 51 Einrichtungen ein FIS nutzen, während 61 Einrichtungen sich in der Implementierungsphase befinden und die restlichen 48 Einrichtungen kein FIS nutzen, sondern eine eigene Entwicklungen oder andere Datenbanken nutzen. In der Untersuchung ging es hauptsächlich darum festzustellen, wie es sich mit der Akzeptanz von FIS verhält, ob FIS sinnvoll ist, wie nützlich es ist und inwieweit die Nutzerfreundlichkeit von FIS aussieht. Grundsätzlich bestand die Befragung aus konkreten Fragen zu dem Thema FIS und dessen Nutzung (siehe **Abbildung** 4.2).

Die gestellte Fragen liegen auf der 5er-Skala (Antwortformat: 1= *„Trifft nicht zu"* bis 5= *„Trifft voll und ganz zu"*). Hierzu fokussiert sich die Befragung auf die 51 deutschen Hochschulen und Forschungseinrichtungen, die die Nutzung eines FIS bestätigt haben. Bei den Befragten handelte es sich um Personen die in ihren Einrichtungen für das Thema FIS als Projektleiter oder Forschungsreferenten zuständig sind. Anhand der folgenden **Abbildung** 4.3 werden die Ergebnisse der Akzeptanz von 51 FIS-Nutzern im Zusammenhang mit den gestellten Fragen in **Abbildung** 4.2, angezeigt.

Durch die Ergebnisse der empirischen Untersuchung konnte zu einem festgestellt werden, dass ein Großteil der Nutzer von FIS positiv überzeugt ist. Der Umgang mit FIS wird von den meisten Befragten als klar und verständlich dargestellt, was dafür spricht, dass das Arbeiten mit dem FIS nicht kompliziert und somit keine unnötige Zeitverschwendung dadurch stattfindet wie z. B. es bei Mehrfacheingaben oder Fehleingaben der Fall wäre. Auch bedeutet dies, dass die Umstellung auf FIS für viele Mitarbeiter keine große Herausforderung darstellt, eine zügige Arbeit mit dem FIS ist somit durchaus möglich. Des Weiteren empfinden die meisten Befragten, dass das FIS die eigene Arbeitsleistung verbessert. Mitarbeiter profitieren somit durch das FIS, da eine Arbeitserleichterung stattfindet und die Arbeitszeit sich verkürzen kann und die Effizienz und Produktivität gleichzeitig steigt. Gleichzeitig erhöht sich auch die Zufriedenheit der Mitarbeiter dadurch. Eine erhöhte Zufriedenheit der Mitarbeiter, sorgt für eine erhöhte Produktivität und Effektivität, was ebenfalls durch die durchgeführte Umfrage bestätigt wurde. Hier wurde ausgesagt, dass ein Großteil der Befragten der Meinung ist, dass das FIS die eigene Produktivität und Effektivität steigt. Auch wenn eher die Mehrheit der Meinung ist, dass das FIS eine geistige Anstrengung erfordert, empfinden sie dementgegen FIS als nützlich für die Arbeit, welche eindeutig die Mehrheit der Befragten bestätigen. Bezüglich der

Perceived Usefulness (PU)	
Die Nutzung des Forschungsinformationssystems verbessert meine Arbeitsleistung	PU1
Forschungsinformationssystem erleichtert die Orientierung durch eine einheitliche Gestaltung	PU2
Die Nutzung des Forschungsinformationssystems erhöht die Produktivität und Effektivität meiner Arbeit	PU3
Der Umgang mit dem Forschungsinformationssystem erfordert von mir keine große geistige Anstrengung	PU4
Ich finde das Forschungsinformationssystem nützlich für meine Arbeit	PU5
Forschungsinformationssystem ist für meine Universität bzw. Forschungseinrichtung simvoll	PU6
Forschungsinformationssystem ist für meine Universität bzw. Forschungseinrichtung nötig	PU7
Das von mir genutzte Forschungsinformationssystem ist für meine Bedürfnisse geeignet	PU8
Forschungsinformationssystem lässt sich gut an meine persönliche, individuelle Art der Arbeitserledigung anpassen	PU9

Attitude Toward Using (ATU)	
Das von mir genutzte Forschungsinformationssystem würde ich gerne weiterempfehlen	ATU1

Perceived Ease of Use (PEOU)	
Der Umgang mit dem Forschungsinformationssystem ist für mich klar und verständlich	PEOU1
Forschungsinformationssystem bietet alle Funktionen an, um die anfallenden Aufgaben effizient zu bewältigen	PEOU2
Forschungsinformationssystem erfordert keine überflüssigen Eingaben	PEOU3
Forschungsinformationssystem ist gut auf die Anforderungen der Arbeit zugeschnitten	PEOU4
Forschungsinformationssystem bietet auf Verlangen situationsspezifische Erklärungen, die konkret weiterhelfen	PEOU5
Forschungsinformationssystem liefert in zureichendem Maße Informationen darüber, welche Eingaben zulässig oder nötig sind	PEOU6
Ich finde das Forschungsinformationssystem leicht zu bedienen ist	PEOU7
Forschungsinformationssystem liefert gut verständliche Fehlermeldungen	PEOU8
Forschungsinformationssystem gibt konkrete Hinweise zur Fehlerbehebungen	PEOU9
Forschungsinformationssystem erfordert bei Fehlern einen geringen Korrekturaufwand	PEOU10
Forschungsinformationssystem erfordert wenig Zeit zum Erlernen	PEOU11
Forschungsinformationssystem ist leicht ohne fremde Hilfe bzw. ohne Handbuch erlernbar	PEOU12

Abbildung 4.2 Gestellte Fragen zur Nutzerakzeptanz von FIS (in Anlehnung an [ASAS20])

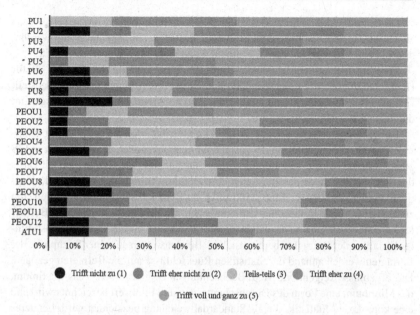

Trifft nicht zu (1)   Trifft eher nicht zu (2)   Teils-teils (3)   Trifft eher zu (4)

Trifft voll und ganz zu (5)

Abbildung 4.3 Ergebnisse der Akzeptanz von 51 FIS-Nutzern (in Anlehnung an [ASAS20])

Bedienung von FIS, empfinden einige, dass das FIS leicht zu bedienen ist, andere wiederum empfinden das Gegenteil, sodass davon ausgegangen werden kann, dass FIS-Schulungen bzw. Seminare definitiv in Erwägung gezogen werden sollten, umso den Mitarbeitern und Nutzern von FIS eine leichte Bedienung des FIS gewährleisten zu können. Dies wird ebenfalls bewiesen, da die Befragten der Meinung sind, dass das Erlernen mehr Zeit benötigt, um am Ende das FIS so effektiv wie möglich bedienen zu können. Allerdings fällt das Erlernen von FIS relativ leicht aus, da die meisten auch FIS ohne fremde Hilfe oder Handbuch erlernen könnten.

Verständliche Fehlermeldungen beim FIS werden zwar größtenteils ausgewiesen, jedoch spricht die Auswertung der Umfrage dafür, dass eine Verbesserung der Fehlermeldungen und dessen Verständnis erfolgen müssen. Das gleiche trifft ebenfalls auf Fehlerbehebungen zu, hier sollte es zu Verfeinerungen kommen um den Nutzer bessere Fehlerbehebungen anbieten zu können. Auch beim Korrekturaufwand bei Fehlern im FIS sind die Befragten eher mäßig zufrieden, sodass ein erhöhter Aufwand nötig ist um gewisse Fehler beheben zu können.

Ebenfalls wurde durch die Umfrage bestätigt, dass das FIS für Hochschulen und AUFs als nützlich und sinnvoll betrachtet wird und die Bedürfnisse der Nutzer von FIS befriedigt werden.

Da die große Mehrzahl der Teilnehmer FIS weiterempfehlen würden, spiegelt das
eine hohe Zufriedenheit mit dem FIS wider, des Weiteren kann ausgesagt werden,
dass die Nutzer gerne mit dem FIS arbeiten und mehr als nur überzeugt sind.

Zusammengefasst wird durch die empirische Untersuchung klar, dass das FIS für
Hochschulen und AUFs sinnvoll und nützlich ist. Das Arbeiten mit dem FIS stellt
sich als effektiv, effizient und angenehm dar. Die Arbeitsleistung wird insgesamt
durch das FIS verbessert.

Um die repräsentative Stichprobe der Akzeptanzfaktoren mit dem FIS zu bestimmen und den Zusammenhang der gestellten Fragen bezüglich der Akzeptanz in FIS
zu analysieren, wurde in der empirischen Untersuchung die R-Software auf Basis
des Antwortverhaltens des Befragten durchgeführt. **Tabelle** 4.3 zeigt die deskriptiven Analyseergebnisse. Eine deskriptive Analyse kann verwendet werden, um
zusammenfassende Kennzahlen hervorzuheben, die aus Beobachtungen der Befragten berechnet werden und dazu dienen, Informationen über die Verteilung bestimmter Variablen der Befragten bereitzustellen. Bei Antworten aus einer Stichprobe der
Befragten werden anhand der Statistiken Rückschlüsse auf die Befragten gezogen.
Die Ergebnisse zeigen, wie viele Beobachtungen es gibt (N=51), das Maximum,
das Minimum, eine Form des Durchschnitts, der als Mittelwert bezeichnet wird und
eine komplexere Statistik, die als Standardabweichung bezeichnet wird. Letzteres
gibt einen numerischen Hinweis darauf, wie verteilt die Daten sind. Wie deutlich
zu sehen ist, liegen die Mittelwerte der Fragen im Bereich 2.76 bis 4.29 und weisen darauf hin, dass die Befragten die Aussagen im Durchschnitt mit Zustimmung
beantwortet haben.

Abbildung 4.4 zeigt das Ergebnis der Korrelationsanalyse. Eine Korrelation
zwischen Variablen zeigt an, dass sich die andere Variable bei einer Wertänderung
einer Variablen tendenziell in eine bestimmte Richtung ändert. Das Verständnis
dieser Beziehung ist nützlich, da der Wert einer Variablen verwendet werden kann,
um den Wert der anderen Variablen vorherzusagen. Ein Korrelationskoeffizient ist
ein Maß für den Zusammenhang zwischen den Variablen. Korrelationskoeffizienten
können Werte zwischen (-1) und (+1) annehmen. (+1) hat einen vollkommen positiven linearen Zusammenhang, (-1) einen vollkommen negativen. Mit dem Wert (0)
besteht keinen Zusammenhang zwischen den Variablen. Die Ergebnisse der berechneten Korrelation verdeutlichen, dass die Werte der Variablen mit (1) entsprechen
und einen starken positiven linearen Zusammenhang zwischen den Variablen hin-
deuten. Dies bedeutet weiterhin, dass die Variablen für die FIS-Nutzerakzeptanz
miteinander stark korrelieren.

Entscheidend für die Akzeptanz eines FIS in einer Hochschule und AUF ist, dass
die Nutzer auf die für sie relevanten Forschungsinformationen zugreifen können,
dass sie sicher sein können, dass die Forschungsinformationen korrekt, vollständig,

Tabelle 4.3 Ergebnisse der deskriptiven Analyse (in Anlehnung von [ASAS20])

Variable	Obs	Mean	Std. Dev.	Min	Max
PU1	51	4.294118	.7717436	3	5
PU2	51	3.411765	1.277636	1	5
PU3	51	4	.7905694	3	5
PU4	51	3.176471	1.236694	1	5
PU5	51	4.294118	.9195587	2	5
PU6	51	3.941176	1.39062	1	5
PU7	51	4	1.414214	1	5
PU8	51	3.647059	1.271868	1	5
PU9	51	3.352941	1.366619	1	5
PEOU1	51	4.117647	1.218726	1	5
PEOU2	51	3.294118	1.046704	1	5
PEOU3	51	3.352941	1.114741	1	5
PEOU4	51	3.588235	1.00367	2	5
PEOU5	51	3.117647	1.053705	1	5
PEOU6	51	3.294118	.9851844	2	5
PEOU7	51	3.647059	1.221739	2	5
PEOU8	51	2.941176	1.028992	1	5
PEOU9	51	2.823529	1.236694	1	5
PEOU10	51	3	.8660254	1	4
PEOU11	51	3	1.172604	1	5
PEOU12	51	2.764706	1.147247	1	5
ATU1	51	3.823529	1.380004	1	5

konsistent sind und sie somit den Forschungsinformationen vertrauen können. Die Akzeptanz bei einem FIS ist besonders von der Datenqualität abhängig [SAS19], weil Daten von schlechter Qualität bei Endbenutzern zu Vertrauensverlust, Entscheidungskonflikten und Ineffektivität bei der Arbeit führen. Aus diesem Grund wird im nächsten **Abschnitt** 4.4 der Zusammenhang zwischen Datenqualität und Nutzerakzeptanz des zugehörigen institutionellen FIS ermittelt. Wie in [SAS19] ausgeführt, ist die Akzeptanz der Nutzer umso größer, je höher die Qualität der Forschungsinformationen in FIS ist, je einfacher es ist, Berichte zu erstellen und Daten zugänglicher und zuverlässiger zu gestalten ist.

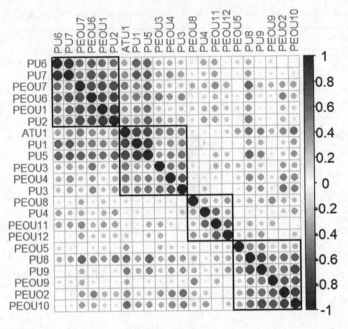

Abbildung 4.4 Korrelationsanalyse „Streudiagramm" (in Anlehnung an [ASAS20])

4.4   Abhängigkeit zwischen Datenqualität und Nutzerakzeptanz

Die Sicherstellung der Datenqualität ist unerlässlich, damit die zweifellos wertvollen Prozesse des FIS auch in der Praxis akzeptiert werden können [ASAS20]. In diesem Abschnitt werden die wichtigen Datenqualitätsdimensionen (Vollständigkeit, Korrektheit, Konsistenz und Aktualität) und die Nutzerakzeptanz mithilfe von TAM-Variablen zueinander betrachtet. Um eine aussagekräftige Aussage über die Abhängigkeit zwischen Datenqualität und Nutzerakzeptanz treffen zu können, ist es notwendig, sich gegenseitig zu berücksichtigen. Zur Beurteilung einer solchen Betrachtung und Abschätzung basierend auf den Ergebnissen der empirischen Untersuchung eignet sich ein Framework als Strukturgleichungsmodell (engl. Structural Equation Modeling, kurz SEM). Partial Least Squares (PLS) ist eine Alternative zur herkömmlichen Pfadmodellierung und/oder SEM, wenn die vorliegenden Daten nicht den Annahmen dieser Modellierungstechniken entsprechen [VTA10].

Der Ansatz von Partial Least Squares (PLS) konzentriert sich auf die Varianzanalyse und kann mit verschiedenen Softwareanwendungen wie PLS-Graph, VisualPLS, SmartPLS und WarpPLS durchgeführt werden sowie auch mit dem PLS-Modul im Statistik-Softwarepaket „R" verwendet werden [Won13]. PLS ist in der harten Wissenschaft sehr beliebt, insbesondere in der Chemie und Chemometrie, wo es ein großes Problem mit einer hohen Anzahl korrelierter Variablen und einer begrenzten Anzahl von Beobachtungen gibt [Pir06]. Die PLS-Modellierung hat jedoch ihre Nachteile. [Dij83] zeigte früh einen Mangel an Konsistenz, wenn PLS zur Schätzung von Strukturmodellen verwendet wird. Andere Forscher wie [Wol82] und [FB82] haben festgestellt, dass PLS kein globales Optimierungsproblem für die Parameterschätzung löst, was darauf hinweist, dass es kein einzelnes Kriterium gibt, das zur Bestimmung von Modellparameterschätzungen konsistent minimiert oder maximiert wird. [HT04] weisen auch darauf hin, dass PLS keine globale Statistik der Anpassungsgüte bietet, die Modellvergleiche ermöglichen würde. Im Vergleich zu PLS, ist SEM eine Familie statistischer Techniken, die die Pfadanalyse und die Faktoranalyse umfasst und integriert [Pir06]. SEM ähnelt der multiplen Regression, wird jedoch als leistungsfähiger, anschaulicher und robuster angesehen, da es die Modellierung von Wechselwirkungen, Nichtlinearitäten, korrelierten Unabhängigen, Messfehlern, korrelierten Fehlertermen, mehreren latenten Unabhängigen, die jeweils von mehreren Indikatoren gemessen werden und einem oder mehreren latenten Abhängigen, auch jeweils mit mehreren Indikatoren, berücksichtigt [Pir06]. Es wird auch als leistungsstarke Alternative zur Pfadanalyse, Zeitreihenanalyse und Analyse der Kovarianz angesehen [Pir06]. SEM ist eine Erweiterung des allgemeinen linearen Modells (engl. General Linear Model, kurz GLM), zu dem die multiple Regression gehört. SEM ist eher ein bestätigendes als ein exploratives Verfahren [Pir06]. Des Weiteren basiert nach [Pir06] der Modellierungsprozess von SEM auf zwei Schritte: Validierung des Messmodells und Anpassung des Strukturmodells. SEM-Software wird häufig verwendet, um ein Hybridmodell mit latenten Variablen oder Faktoren und Pfaden zu erstellen, die durch die verbundenen latenten Variablen angegeben werden [Pir06]. SEM kann aber auch verwendet werden, um zu modellieren, in dem jede Variable nur einen Indikator hat, was eine Art Pfadanalyse ist oder es kann verwendet werden, wenn jede Variable mehrere Indikatoren hat, aber es keine direkten Effekte (Pfeile) gibt, die die Variablen als Typ der Faktorenanalyse verbinden [Pir06]. SEM ist ein Synonym für Kovarianzstrukturanalyse, Kovarianzstrukturmodellierung und Analyse der Kovarianzstruktur [Pir06]. SEM-Methoden erfordern eine starke theoretische Grundlage, um die kausalen Modellbeziehungen zu bestimmen [Pir06]. Mit diesem Modell kann herausgefunden werden, inwiefern die Datenqualität einen Einfluss auf den Erfolg einer Akzeptanz von FIS hat [ASAS20]. SEM bietet Forschern eine nützliche multivariate Technik, die Cronbachs-Alpha, Faktoranalyse und Hauptkomponentenanalyse (engl. Principal Components Analysis, kurz PCA) kombiniert, um gleichzeitig die Beziehungen zwischen beobachtbaren Variablen (Indikatoren oder Manifestvariablen) und nicht beobachtbaren Variablen (Konstrukten, latenten Variablen oder Faktoren) abzuschätzen [dIdOndOn18]. Ein SEM besteht aus zwei Elementen: Erstens einem Strukturmodell, das die Beziehung zwischen den endogenen und exogenen latenten Variablen beschreibt und es dem Forscher ermöglicht, die Richtung und Stärke der kausalen Effekte zwischen diesen Variablen zu bewerten und zweitens ein Messmodell, das die Beziehung zwischen den latenten Variablen und den beobachteten Variablen beschreibt [dIdOndOn18]. Dieses Modell verwendet das Reflexionsmodell, da die latenten Variablen die jeweiligen Indikatoren beeinflussen. Die Zahl neben dem Pfeil beschreibt die Beziehung zwischen der latenten Variablen und dem entsprechenden Indikator. Diese Zahl ist als Faktorladung zu interpretieren und gibt an, wie stark die Reliabilität der latenten Variablen ist [VSM07].

Das SEM ermöglicht die Messung der zwei nicht beobachtbaren Variablen der Datenqualität und Nutzerakzeptanz. Die Datenqualität wurde gemessen über die vier wichtigen Indikatoren (Vollständigkeit, Korrektheit, Konsistenz und Aktualität). Für die Betrachtung derer Abhängigkeitsbeziehung wurde ein zuverlässiges und valides Strukturgleichungsmodell entwickelt (siehe **Abschnitt** 3.7.6) und damit hat sich herausgestellt, dass diese vier Dimensionen eine hohe Ladung aufweisen [ASAS19a]. Dies bedeutet, dass sie den Verbesserungsprozess in den FIS beeinflussen und für die Qualitätsmessung in FIS ausschlaggebend sind [ASAS19a]. Ein gut geführtes FIS mit korrekten und vollständigen, konsistenten und aktuellen Forschungsinformationen ist Voraussetzung dafür, dass alles reibungslos funktioniert. Sind die Forschungsinformationen hingegen falsch, veraltet, unvollständig oder doppelt und mehrfach vorhanden, sind die besten FIS-Prozesse wirkungslos. Die Basis jedes FIS-Projekts in Hochschulen und AUFs ist daher ein gut konzipiertes und gepflegtes FIS.

Zur Messung der Nutzerakzeptanz werden die Variablen (PU1, PU2, PU3, PU4, PU5, PU6, PU7, PU8, PU9, PEOU1, PEOU2, PEOU3, PEOU4, PEOU5, PEOU6, PEOU7, PEOU8, PEOU9, PEOU10, PEOU11, PEOU12 und ATU1) als Indikatoren verwendet, die in **Abbildung** 4.2 dargestellt sind. Das Framework als SEM, welches mit SmartPLS[1] auf den Datenergebnissen der durchgeführten Umfrage zur Beurteilung der Abhängigkeit zwischen Datenqualität und Nutzerakzeptanz von FIS erstellt wurde, ist in der **Abbildung** 4.5 ersichtlich. SmartPLS ist eine der bekanntesten Softwareanwendungen für die Strukturgleichungsmodellierung und wurde von [RWW05] entwickelt. Die Software hat seit ihrer Einführung im Jahr

---

[1] https://www.smartpls.com

2005 an Popularität gewonnen, nicht nur, weil sie für Akademiker und Forscher frei verfügbar ist, sondern auch, weil sie über eine benutzerfreundliche Oberfläche und erweiterte Berichtsfunktionen verfügt [Won13].

Im entwickelten Framework wird mit der ersten latenten Variable Datenqualität begonnen und dafür kann das SEM und dessen Berechnung im **Abschnitt** 3.7.6 und in der Arbeit von [ASAS19a] entnommen werden. Die zweite latente Variable Nutzerakzeptanz wird durch 22 Indikatoren beschrieben. SEM wird am besten durch Pfaddiagramme dargestellt. Ein Pfaddiagramm besteht aus Knoten, die die Variablen darstellen und aus Pfeilen, die die Beziehungen zwischen diesen Variablen anzeigen. Die Richtung der Pfeile zwischen den beobachteten und latenten Variablen gibt theoretisch an, ob die beobachteten Messungen reflektierende Indikatoren (jeder Indikator ist eine Reflexion oder direkte Beobachtung der latenten Variablen oder des Konstrukts) oder formative Indikatoren (wobei einige Sätze von Indikatoren gemeinsam die latente Variable bestimmen) sind. Im SEM Framework werden die Beziehungen aller Indikatoren zu ihren jeweiligen latenten Variablen als reflektierende Indikatoren dargestellt, da jede Frage der Umfrage nur einer von mehreren Indikatoren ihres jeweiligen Konzepts ist.

Vor der Berechnung der Reliabilität und Validität sollten die Begriffe präzisiert werden. Die Reliabilität betrifft das Ausmaß, in dem eine Messung eines Phänomens ein stabiles und beständiges Ergebnis liefert [CZ79]. Reliabilität betrifft auch die Wiederholbarkeit. Zum Beispiel wird eine Skala oder ein Test als zuverlässig bezeichnet, wenn eine wiederholte Messung unter konstanten Bedingungen das gleiche Ergebnis liefert [MK89]. Die Prüfung der Zuverlässigkeit ist wichtig, da sie sich auf die Konsistenz zwischen den Teilen eines Messgeräts bezieht [Huc12]. Eine Waage soll eine hohe interne Konsistenzzuverlässigkeit aufweisen, wenn die Elemente einer Waage „zusammenhängen" und dasselbe Konstrukt messen [Huc12]. Die Validität erklärt, wie gut die gesammelten Daten den tatsächlichen Untersuchungsbereich abdecken [GG05]. Validität bedeutet im Grunde „messen, was gemessen werden soll" [Fie05]. Die Validität von Inhalten ist definiert als „der Grad, in dem Elemente in einem Instrument das Inhaltsuniversum widerspiegeln, auf das das Instrument verallgemeinert wird" [BGS01]. Im Bereich Informationssystem wird dringend empfohlen, die Validität von Inhalten während der Entwicklung des neuen Instruments anzuwenden. Im Allgemeinen umfasst die inhaltliche Validität die Bewertung eines neuen Erhebungsinstruments, um sicherzustellen, dass es alle wesentlichen Elemente enthält und unerwünschte Elemente für eine bestimmte Konstruktdomäne eliminiert [BGS01].

Um die Reliabilität und Validität der Indikatoren für die Nutzerakzeptanz von FIS zu bewerten, wurde dafür die Cronbachs-Alpha Analyse, Faktorenanalyse und

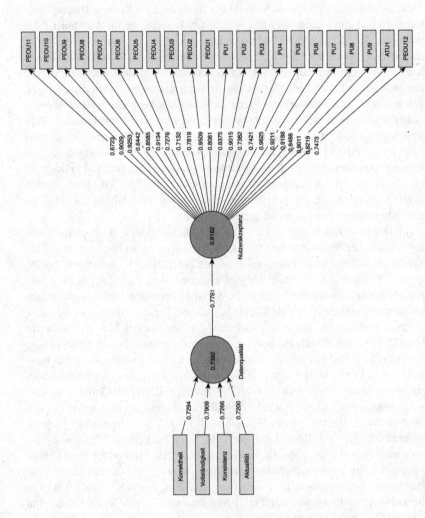

Abbildung 4.5 SEM für die Abhängigkeit zwischen Datenqualität und Nutzerakzeptanz (in Anlehnung an [ASAS20])

Hauptkomponentenanalyse mit Hilfe von JMP-Sofware[2] berechnet, welche von SAS Institute als Datenanalysesoftware zur Durchführung interaktiver und visueller Analysen entwickelt wurde. In **Tabelle** 4.4 werden die Analyseergebnisse dargestellt und ausführlich konkretisiert.

Tabelle 4.4 Ergebnisse der Reliabilität und Validität von Nutzerakzeptanzindikatoren (in Anlehnung von [ASAS20])

Skala	Indikatoren	Alpha	Faktor Ladungen	Eigenwert	% der Varianz
Perceived Usefulness (PU)	PU1	0.9135	0.8375	5.979	32.691
	PU2	0.9094	0.9015		
	PU3	0.9138	0.7382		
	PU4	0.9204	0.7421		
	PU5	0.9090	0.9625		
	PU6	0.9111	0.9211		
	PU7	0.9103	0.9188		
	PU8	0.9056	0.8488		
	PU9	0.9132	0.9011		
Perceived Ease of Use (PEOU)	PEOU1	0.9124	0.8081	8.828	40.132
	PEOU2	0.9123	0.9509		
	PEOU3	0.9122	0.7819		
	PEOU4	0.9125	0.7132		
	PEOU5	0.9172	0.7276		
	PEOU6	0.9089	0.9134		
	PEOU7	0.9064	0.8585		
	PEOU8	0.9174	0.6442		
	PEOU9	0.9185	0.9253		
	PEOU10	0.9120	0.9029		
	PEOU11	0.9151	0.8723		
	PEOU12	0.9148	0.7473		
Attitude Towards Use (ATU)	ATU1	0.9087	0.8219	2.184	27.177
Insgesamt Cronbachs-Alpha		**0.9162**		**Kaiser Meyer-Olkin Kriterium (KMO)**	**1.000**

Cronbachs-Alpha bestimmt die Reliabilität der Variablen. Dies zeigt die Źuverlässigkeit der wiederholten Messungen eines Sachverhalts mit einem Messinstrument, welche die gleichen Ergebnisse liefern [WM14]. Die Reliabilität auf Indika-

---

[2] https://www.jmp.com

torebene erlaubt Aussagen darüber, inwieweit eine Indikatorvariable als Maß für eine latente Variable geeignet ist [SRS09]. Die Werte von Cronbachs-Alpha liegen zwischen 0 und 1, wobei Ladungen über einem Wert von 0.7 und höher signifikant sind [HRSR19]. **Tabelle** 4.4 zeigt die Reliabilität der Messskalen. Aus den Ergebnissen geht hervor, dass der Wert der Faktorladungen für alle Indikatoren größer als 0.6442 ist. Davon abgesehen liegt der Wert von Cronbachs-Alpha für alle Indikatoren der Nutzerakzeptanz zwischen 0.9056 und 0.9204, was die Zuverlässigkeit dieser Skalen innerhalb des allgemein akzeptierten Bereichs von mehr als 0.7 bestätigt. Dies bedeutet, dass alle Indikatoren dabei die Reliabilität erfüllen. Der gesamte Cronbachs-Alpha Wert wird mit 0.9162 als sehr guter Wert angesehen. Daher zeigen die Cronbachs-Alpha-Reliabilitätskoeffizientwerte, dass alle Indikatoren als Maß für die latente Variable (Nutzerakzeptanz) geeignet sind und eine relative Konsistenz dafür aufweisen [ASAS20]. Laut [TD11] ist Cronbachs-Alpha ein wichtiges Konzept bei der Bewertung von Fragebögen. Gutachter und Forscher müssen diesen Betrag schätzen, um die Interpretation ihrer Daten valider und genauer zu gestalten [TD11], [Tab18]. Die interne Konsistenz sollte hergestellt werden, bevor ein Test für Forschungs- oder Bewertungszwecke verwendet werden kann, um die Gültigkeit sicherzustellen [TD11], [AZK16].

Für die Bestimmung der Inhalt- und Konstruktvalidität von Indikatoren bzw. Faktoren der Nutzerakzeptanz wurde die Faktorenanalyse und Hauptkomponentenanalyse (PCA) vorgenommen [ASAS20]. Bei der Faktorenanalyse sollten die Faktoren die Zusammenhänge zwischen den beobachteten Variablen vollständig erklären und interpretieren. Bei der Interpretation der Ergebnisse einer Faktorenanalyse von Akzeptanz-Skalen bzw. deren Items werden die Anzahl der Faktoren, die Höhe der Kommunalitäten und die Höhe der Ladungen berücksichtigt [ASAS20]. Mit der Verwendung von PCA werden die Daten reduziert und die Faktoren extrahiert [ASAS20]. Dies basiert auf der Bestimmung einer Kovarianz- oder Korrelationsmatrix. Eine PCA ist eine lineare Kombination aller beobachteten Variablen und ermöglicht die Messung der Indikatoren mithilfe der Varimax-Rotation, wodurch die Anzahl der Zusammenhänge minimiert und deren Interpretation vereinfacht wird [ASAS20]. Mittels des Kaiser-Meyer-Olkin-Kriteriums (KMO) kann die PCA bestimmt werden. Zur Berechnung der Faktoren wurde ein Koeffizient größer als 0.5 ausgewählt, um die Zuverlässigkeit der Faktormatrix vorzunehmen, wobei der Eigenwert (Varianz) größer als 1 und der KMO größer als 0.5 ist, um die Angemessenheit der Stichprobe zu messen [ASAS19a]. Die Korrelationen der Faktorenwerte werden als Ladungen bezeichnet und diese erklären den Zusammenhang zwischen den Indikatoren und dem Faktor auf [ASAS19a]. Anhand der Faktorladungen kann ermittelt werden, welche Indikatoren in hohem Maße mit welchem Faktor korrelieren und welche Indikatoren diesem Faktor zugeordnet werden können [ASAS19a].

Die Ergebnisse der Untersuchungen zeigen, dass der gesamte KMO-Wert für alle Indikatoren der Nutzerakzeptanz 1.000 beträgt. Die KMO-Werte für alle Indikatoren lagen über 0.5, was darauf hinweist, dass die Stichprobengröße angemessen war und dass für jeden Faktor (PU, PEOU und ATU) ein ausreichender Indikator vorhanden war. Alle Indikatoren hatten eine Faktorladung von mehr als 0.5, was bedeutet, dass alle Indikatoren mit dem gleichen Faktor geladen werden können. Für den ersten Faktor PU lag die extrahierte Varianz zu einem bei 32.69 %, während für den zweiten Faktor die PEOU 40.13 % lag. Der Eigenwert bei beiden Faktoren ist damit größer als 1. Bei den Faktor ATU jedoch auch größer als 1, mit einer extrahierten Varianz von 27.17 %. Somit gelten für alle Faktoren, dass die Items mit verwandten Indikatoren verglichen werden und in einem Faktor gruppiert werden können.

Zur Beurteilung des SEM in der **Abbildung** 4.5 lässt sich resümieren, dass die TAM Faktoren mit deren Indikatoren die Akzeptanz von FIS-Nutzer beeinflussen. Die Ergebnisse unterschreiben, dass die Reliabilität und Validität der 22 Items (Indikatoren) zur Akzeptanz von FIS zuverlässig sind. Das Ergebnis der PCA zeigt, dass die Indikatoren eine hohe Validität im Konstrukt aufwies und die Eigenschaften als Test für die entwickelten Indikatoren verwendbar sind. Mit SEM können Benutzer eine Reihe von Zusammenhängen zwischen beobachteten und latenten Variablen anhand von empirischen Daten testen bzw. überprüfen. Daraus kann man schließen, dass SEM eine Bestätigungsmethode ist, um die Reliabilität und Validität eines Messmodells zu bewerten.

Die Dimensionen der Datenqualität und die Erfolgskriterien der Nutzerakzeptanz von FIS werden einander gegenübergestellt, um ihre starke Abhängigkeit zu finden und somit mögliche, gerichtete bzw. kausale Auswirkungen untersuchen zu können. Dazu wurde für jede Kombination aus einer Datenqualitätsdimension und einem Erfolgskriterium der Nutzerakzeptanz die Regressionsanalyse durchgeführt. Wie in der **Abbildung** 4.6 veranschaulicht, werden 88 Regressionen für das Bestimmtheitsmaß jeder Kombination gebildet. Anhand der Farbcodierung ist es möglich, die Kriterien mit der größten Korrelation zu lokalisieren. Je näher der Bestimmungskoeffizient an 1 liegt, desto dunkler ist die Zelle und wenn keine Korrelation besteht, ist die Zelle weiß.

Das größte Bestimmtheitsmaß weist die Korrelation mit der Datenqualitätsdimension Konsistenz und dem Erfolgskriterium der Nutzerakzeptanz PU3 auf. Diese sagt aus, dass die Konsistenz der Forschungsinformationen zu 47 % zum Erfolgskriterium der Nutzerakzeptanz wahrgenommene Nützlichkeit beiträgt. Das zweitgrößte ist die Korrelation mit der Datenqualitätsdimension Korrektheit und den Erfolgskriterien der Nutzerakzeptanz PU6, PU2, PU7 sowie PEOU6 und dessen Bestimmtheitsmaß liegt bei 42 % und 46 %. Das drittgrößte ist die Korrelation der Datenqualitätsdimension Vollständigkeit und den Erfolgskriterien der Nutzerakzeptanz PU2, PEOU8 und PEOU10, diese liegt bei 40 % und 42 %. Die geringen Bestimmtheitsmaße unter 20 % bedeuten, dass die Erfolgskriterien der Nutzerakzeptanz nicht durch die entsprechende Datenqualitätsdimension erklärt wird.

Im SEM ist ersichtlich, dass das gesamte Bestimmtheitsmaß (R^2) für die Datenqualitätsdimensionen und Erfolgskriterien der Nutzerakzeptanz ≥ 0.67 liegt. Dies bedeutet, dass die Nutzerakzeptanz von FIS durch den berechneten Wert (77.61 %) von der Datenqualität und deren Dimensionen erklärt wird. Das Bestimmtheitsmaß dieser Untersuchung lässt sich sagen, dass sich die Abhängigkeit zwischen den beiden latenten Variablen Datenqualitätsdimensionen und Erfolgskriterien der Nutzerakzeptanz als Signifikant erwiesen. Die vier Faktoren der Datenqualität (Vollständigkeit, Korrektheit, Konsistenz und Aktualität) weisen eine hohe Ladung auf, aber nur die drei Faktoren der Datenqualität (Vollständigkeit, Korrektheit und Konsistenz) bezogen auf eine Akzeptanz von FIS, am ehesten erklärt wird. Im Vergleich zur Aktualität ist dieser erklärt weniger stark.

Die Forschungsergebnisse zeigen, dass die Datenqualität einen direkten und starken Einfluss auf die Akzeptanz von FIS hat. Eine erfolgreiche Akzeptanz von FIS durch Endbenutzer kann nur erreicht werden, wenn für das gesamte FIS eine hohe

	Vollständigkeit	Korrektheit	Konsistenz	Aktualität
PEOU1	0.0232	0.0460	0.1495	0.2326
PU1	0.1182	0.1776	0.1010	0.0922
PEUO2	0.1644	0.1611	0.1702	0.1741
PEOU3	0.1519	0.0480	0.0214	0.2143
PEOU4	0.1950	0.2080	0.3144	0.2603
PEOU5	0.1877	0.0112	0.1858	0.3588
PEOU6	0.1750	0.4656	0.0139	0.1463
PU2	0.4130	0.4333	0.1503	0.3154
PU3	0.1633	0.3001	0.4780	0.1792
PU4	0.3126	0.3888	0.3085	0.2867
PU5	0.3106	0.3042	0.0257	0.2835
PEOU7	0.1629	0.3018	0.1717	0.0000
PEOU8	0.4020	0.3517	0.1213	0.0688
PEOU9	0.1963	0.1904	0.2594	0.1720
PEOU10	0.4291	0.0548	0.1247	0.0545
PEOU11	0.1376	0.1618	0.0460	0.0000
PEOU12	0.3482	0.1207	0.2358	0.2209
PU6	0.3829	0.4264	0.1735	0.3464
PU7	0.0566	0.4308	0.0897	0.3907
PU8	0.1591	0.2525	0.1862	0.0478
PU9	0.1799	0.0450	0.0049	0.0346
ATU1	0.2664	0.2351	0.1457	0.1039

Abbildung 4.6 Regressionsanalyse (in Anlehnung an [ASAS20])

Qualität geschaffen wird, sodass aussagekräftige Analysen durchgeführt werden können.

4.5 Zusammenfassung der Ergebnisse

In **Kapitel 4** wurden die Einflussgrößen der Datenqualität auf den Erfolg der Nutzerakzeptanz von FIS untersucht und ermittelt. Um das Ziel zu erreichen, wurde das Technologieakzeptanzmodell von Davis [Dav89] verwendet. Darüber hinaus wurde analysiert, inwieweit dieses Modell geeignet ist, die Akzeptanz von FIS vorherzusagen. Diese fokussiert auf die Ergebnisse der ausgeführten anonymisierten Umfrage mit FIS nutzenden Hochschulen und AUFs in Deutschland, die bereits in der Arbeit [SAS19] behandelt und veröffentlicht sind. Die Umfrage lieferte einen genaueren Blick auf die Datenqualität in FIS und die Akzeptanz von FIS-Nutzern. Ziel war es, die Abhängigkeit des Akzeptanzerfolgs von der Datenqualität zu messen. In den Ergebnissen wurden die gewonnenen Resultate mittels Deskriptive Analyse, Cronbachs-Alpha, Faktorenanalyse, Hauptkomponentenanalyse und Regressionsanalysen. Dabei wurden Korrelationen zwischen die vier Datenqualitätskriterien und den Erfolgskriterien der Akzeptanz evaluiert. Zur Verdeutlichung der Resultate wurde ein Strukturgleichungsmodell (SEM) erstellt, um die Forschungsfrage *„Inwiefern stellt die Datenqualität einen kritischen Erfolgsfaktor für die Nutzerakzeptanz von FIS dar?"* zu beantworten.

Die Analyse der Umfrage ergab eindeutig, dass das FIS von vielen Nutzern als sehr sinnvoll und nützlich angesehen wurde. Die Arbeitszeiten wurden reduziert und effizienter gestaltet. Hochschulen und AUFs waren mit dem FIS sehr zufrieden, auch wenn das Erlernen des FIS anfangs einige Zeit in Anspruch nimmt, ist es dennoch für die meisten Nutzer verständlich. Darüber hinaus ist die Gesamtbewertung des implementierten FIS durch den Nutzer positiv, da 86 % erklären, dass sie ihr FIS anderen Institutionen empfehlen würden [SAS19].

Als Ergebnis wurde erreicht, dass die Datenqualität in FIS als kritischer Erfolgsfaktor für die Nutzerakzeptanz eingestuft wurde. Die Analyseergebnisse zeigen, gemessen an den untersuchten vier Datenqualitätsdimensionen und 22 Erfolgskriterien der Nutzerakzeptanz von FIS, eine klare und eindeutige Abhängigkeit des Akzeptanzerfolges von der Datenqualität. Als Resultat ergab sich eine Abhängigkeit vom Akzeptanzerfolg zur Datenqualität von 77.61 %.

Zusammenfassend lässt sich festhalten, dass eine schlechte Datenqualität in FIS dazu führen kann, dass eine Akzeptanz von FIS nicht erfolgreich ist. Daher ist es eine Voraussetzung für den Erfolg der Nutzerakzeptanz, dass eine kontinuierliche Sicherstellung der Datenqualität in FIS besteht. Denn nur qualitätsvolle Forschungsinformationen, die verarbeitet werden können, ermöglichen eine effiziente Verwendung, sodass Hochschulen und AUFs Daten einfacher, zielgerichteter und in hochwertiger Qualität erhalten und anschließend in Mehrwert umwandeln können.

Basierend auf den Untersuchungen zur Datenqualität und Nutzerakzeptanz von FIS wurde das Konzept bzw. das Framework zur Überwachung und Verbesserung der Datenqualität in FIS entwickelt und der Zusammenhang zwischen Datenqualität und Nutzerakzeptanz von FIS ermittelt, damit die FIS nutzenden Hochschulen und AUFs selbstsicherer fundierte Entscheidungen treffen können und gleichzeitig die Leistung fortlaufend steigern. Im folgenden **Kapitel 5** soll daher anhand eines Proof-of-Concepts des entwickelten Lösungsverfahrens zur Qualitätsoptimierung für die FIS nutzenden Hochschulen und AUFs ausführlich dargestellt und evaluiert werden. Durch eine Evaluation des Proof-of-Concepts können die Qualitätsaussagen zu den vorhandenen Datenqualitätsproblemen in FIS vor sowie nach der Anwendung des Verfahrens beurteilt werden. Daraufhin soll geklärt werden, wie sich das Ergebnis nach der Anwendung des entwickelten Lösungsverfahrens geändert hat, sowie um wieviel Prozent sich die Qualität verbessert hat.

Proof-of-Concept

5

Dieses Kapitel führt ein Proof-of-Concept durch. Es basiert auf dem in dieser Dissertation im Rahmen von FIS für Hochschulen und AUFs entwickelten Lösungsverfahren. Ziel ist es, im Sinne eines konzeptionellen Beweises zu evaluieren, dass das entwickelte Lösungsverfahren in der spezifischen Anwendungsumgebung von FIS praktikabel und dazu geeignet ist, die adressierten Datenqualitätsprobleme zu lösen.

5.1 Methodik

Das Datenqualitätsmanagement an Hochschulen und AUFs, die FIS einsetzen, dient der Steigerung des Qualitätsbewusstseins und der Selbstsicherheit aller beteiligten Mitarbeiter und trägt zur kontinuierlichen Qualitätsoptimierung bei. Um die Qualität in FIS dauerhaft zu sichern und zu verbessern, kann das in **Kapitel** 3 dargelegte Framework für die Prozesse des FIS verwendet werden. Es wurde entwickelt, um bestehende Datenqualitätsprobleme zu identifizieren und deren Behebung zu unterstützen. In ihm spielt die Evaluation als Test eine besondere Rolle. Darüber hinaus versteht man unter Evaluation *„ein systematisches Sammeln, Auswerten und Interpretieren von Daten, um eine reliable und valide Bewertung der Benutzungsschnittstelle zu ermöglichen"* [Gör94]. *„Hierbei wird aus den Ergebnissen der Evaluation abgeleitet, ob ein vorab definiertes Designziel erreicht ist bzw. ob und wo weitere Verbesserungsmöglichkeiten ausgeschöpft werden können"* [Heg03]. Nach [Wot00] ist Evaluation *„das Sammeln und Kombinieren von Daten mit einem gewichteten Satz von Skalen, mit denen entweder vergleichende oder numerische Beurteilungen erlangt werden sollen"*.

© Der/die Autor(en), exklusiv lizenziert durch Springer Fachmedien Wiesbaden
GmbH, ein Teil von Springer Nature 2022
O. Azeroual, *Untersuchungen zur Datenqualität und Nutzerakzeptanz von
Forschungsinformationssystemen*, https://doi.org/10.1007/978-3-658-36702-2_5

Der Zweck einer Evaluation kann in der Literatur variieren. Anstelle des Zwecks wird häufig von Evaluationsfunktionen, Evaluationszielen oder den Aufgaben einer Evaluation gesprochen [Rä12]. *„Die Gemeinsamkeit in diesen verschiedenen Bezeichnungen ist, dass sich immer die Frage gestellt wird: wozu, weshalb oder warum, d. h. zu welchem Zweck eine Evaluation durchgeführt wird"* [Rä12] und *„was die Evaluation in Bezug auf den Gegenstand der Evaluation und seine veränderlichen Bedingungen erreichen soll"* [BN07].

Eine Evaluation wird mit dem Ziel durchgeführt [Rä12],

- das Wissen und die Erkenntnis zu generieren und abzusichern,

- Strategien und Maßnahmen zu verbessern bzw. sie besser an die Bedürfnisse der Zielgruppen anzupassen,

- bei der Planung von Maßnahmen fundierte Entscheidungen treffen zu können, die auf den Evaluationsgegenstand bezogen sind,

- mehrere Optionen zu überprüfen.

Für die Durchführung einer Evaluation stehen verschiedene Möglichkeiten zur Verfügung. Nach [HHF01] und [FS08] können summative oder formative Evaluationen unterschieden werden. *„Summative Evaluationen ziehen Bilanz und stellen fest, was nach Durchführung eines Programms über einen bestimmten Zeitraum das Ergebnis dieser Angebote und Maßnahmen war"* [HHF01]. Das Ziel der summativen Evaluation ist eine Überprüfung der Hypothese, ob die Maßnahme wirksam ist bzw. genauso wirkt, wie man es theoretisch erwartet hat [BD06]. Im Gegensatz zur summativen Evaluation sind formative Evaluationen prozessbegleitend angelegt. *„Sie wollen nicht nur das Endergebnis bewerten, sondern das Programm laufend durch Rückmeldungen unterstützen und optimieren"* [HHF01]. Ziel der formativen Evaluation ist es, die Nutzungsqualität vor Abschluss der Entwicklungsarbeiten zu optimieren [Heg03]. Usability-Tests sind eines der am häufigsten verwendeten Verfahren im Bereich der formativen Evaluation [Heg03]. Obwohl diese sich als effektive Methodik etabliert hat, wird ihre geringe Durchführungsökonomie kritisiert [Heg03].

Es gibt keine Methode, die geeignet ist, alle unterschiedlichen Datenqualitätsprojekte zu evaluieren. Die in der vorliegenden Dissertation vorgenommene Evaluation ist eine summative Evaluation und fokussiert sich auf Werkzeuge, nicht auf wissenschaftliche Ansätze. Das zielt darauf ab, eine zusammenfassende Beurteilung der Ergebnisse der entwickelten Lösung für die FIS nutzenden Hochschulen und AUFs zu liefern. Da das hier vorgestellte Lösungsverfahren bereits abschließend entwickelt ist, kam eine formative Evaluation nicht in Frage. Die summative Evaluation beginnt meist mit der bereits entwickelten Lösung, sofern sie noch nicht implementiert ist. Die Funktion besteht hauptsächlich in der endgültigen Bewertung der Auswirkungen oder Vorteile der vorgeschlagenen Lösung. Die Evaluationsergebnisse können zeigen, ob das entwickelte Lösungsverfahren für die FIS-Nutzer tatsächlich so erfolgreich ist, wie es erwartet wird, und ob es im Vergleich zu einer anderen Lösung besser abschneidet.

In **Abschnitt** 5.2 werden die Ergebnisse der durchgeführten Evaluation anhand des Proof-of-Concepts analysiert und bewertet.

5.2 Ergebnisse der Evaluation

Es gibt zahlreiche Kriterien, anhand derer die Datenqualität beurteilt werden kann. Zur Auswertung des in dieser Dissertation entwickelten Frameworks ist eine Analyse der Datenqualitätsprobleme in FIS erforderlich, da Probleme mit der Qualität von Informationen in fast allen Organisationen, die große Datenbanken verwenden, ernsthafte Komplikationen darstellen. Zu diesem Zweck liegt der Schwerpunkt auf den spezifischen und praktischen Fällen von Datenqualitätsproblemen, die im Bereich der Publikationsdaten aus dem Web of Science während ihrer Erfassung und Integration in das FIS auftreten. Dies wurde in **Abschnitt** 3.5 diskutiert.

Die Evaluation wurde mithilfe des ausgewählten und bewerteten DataCleaner-Tools (siehe **Tabelle** 3.11) durchgeführt, indem die Publikationsdaten importiert und deren Datenqualitätsprobleme analysiert wurden. Auf diese Weise können die Qualitätsprobleme der Forschungsinformationen mit geringerem Aufwand nachhaltig analysiert und verbessert werden. Des Weiteren ermöglicht dies, durch ein besseres Verständnis der Datenattribute die Daten angemessener und aussagekräftiger für die Anwendungen zu verwenden – also in einer Weise, die sich von den ursprünglichen administrativen Verwendungszwecken unterscheidet. Weiterhin kann das Tool dazu beitragen, die Datenqualität im Laufe der Zeit sowohl zu Verwaltungszwecken als auch zu statistischen Zwecken zu verbessern. Das Tool bietet maßgeschneiderte IT-Lösungen aus dem Bereich der Datenanalyse, Datenbereinigung und Datenkonsolidierung an, um die Datenqualität langfristig zu optimieren.

In **Abbildung** 5.1 werden die Ergebnisse der Qualitätsanalyse in einzelnen Diagrammen angezeigt, wobei es sich um größere Probleme, angegeben in Prozent, handelt.

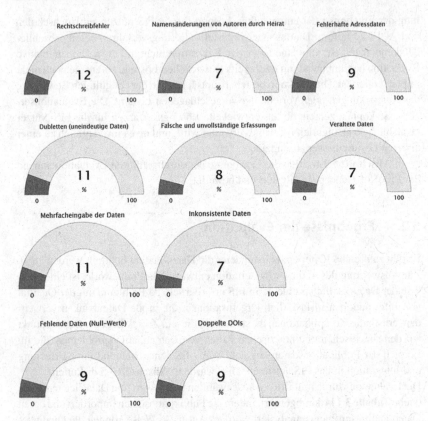

Abbildung 5.1 Analyse der Datenqualitätsprobleme mithilfe des DataCleaner-Tools

Nach der umfangreichen Analyse von Datenqualitätsproblemen müssen die Forschungsinformationen vollständig überprüft und beseitigt werden, weil fehlerhafte Daten sich durch die zentrale Datenhaltung drastisch auswirken. Einmal in das FIS eingespeist, greifen mehrere Abteilungen und institutsweite Anwendungen auf die Informationen zu und verwenden sie wiederholt. Daher kann bereits ein kleiner Datenfehler die gesamte Hochschule oder AUF durchdringen, spätere Fehler verursachen und Fehlentscheidungen provozieren.

In diesem Sinne geht es im Folgenden darum, die entdeckten Datenqualitätsprobleme zu korrigieren bzw. das entwickelte Lösungsverfahren zu verwenden, mit dem die Hochschulen und AUFs über ein großes Potenzial verfügen, ihre Datenqualität in FIS zu verbessern. **Abbildung** 5.2 gibt einen Überblick darüber, in welcher Art und Weise die Datenqualitätsprobleme durch das Einführen des DataCleaner-Tools nachweislich positiv optimiert werden konnten.

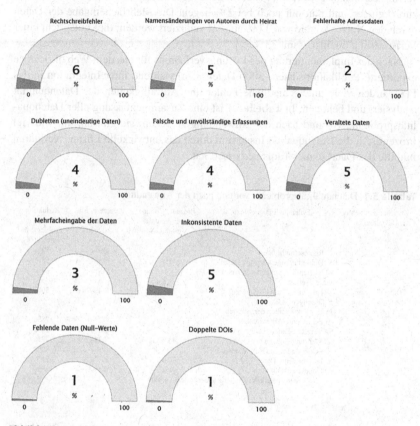

Abbildung 5.2 Optimierung der Datenqualitätsprobleme mithilfe des DataCleaner-Tools

Nach **Abbildung** 5.2 haben sich insbesondere folgende Datenqualitätsprobleme positiv entwickelt:

- Fehlende Daten (Null-Werte)
- Doppelte DOIs
- Fehlerhafte Adressdaten
- Mehrfacheingabe der Daten

So konnte beim Datenqualitätsproblem der fehlende Daten (Null-Werte) die Fehlerquote von 9 % auf 1 % gesenkt werden. Die Fehlerquote bei den doppelten DOIs verringerte sich insgesamt um 89 %, während die fehlerhaften Adressdaten um 78 % zurückgingen und nun nur noch bei 2 % liegen. Die Mehrfacheingabe der Daten durch den Nutzer konnte von 11 % auf 3 % reduziert werden; dies entspricht einer Verbesserung um insgesamt 73 %.

Nach der Implementierung des Lösungsverfahrens für aus dem Web of Science exportierte Publikationsdaten (3000 Datensätze) während ihrer Integration in das FIS wurden viele unterschiedliche Fehler und Auffälligkeiten der Datenqualität analysiert und behoben. In **Tabelle 5.1** ist eine Zusammenfassung aller Datenqualitätsprobleme vor und nach der Anwendung zu sehen; sie gibt an, um wie viel Prozent sich die Datenqualität insgesamt durch das entwickelte Lösungsverfahren mithilfe des DataCleaner-Tools verbessert hat.

Tabelle 5.1 Datenqualitätsprobleme vor und nach der Anwendung

Ursachen schlechter Datenqualität	Datenqualitätsprobleme	Prozent % ohne Anwendung des Verfahrens	Prozent % mit Anwendung des Verfahrens	Reduktion der Probleme in Prozent %
	⊗ Rechtschreibfehler	12%	✅6%	50%
	⊗ Dubletten (uneindeutige Daten)	11%	✅4%	64%
	⊗ Namensänderungen von Autoren durch Heirat	7%	✅5%	29%
Datenerfassung/ Datenintegration	⊗ Falsche und unvollständige Erfassungen (z.B. Institutionsangaben der Autoren)	8%	✅4%	50%
	⊗ Fehlerhafte Adressdaten	9%	✅2%	78%
	⊗ Veraltete Daten	7%	✅5%	29%
	⊗ Mehrfacheingabe der Daten	11%	✅3%	73%
	⊗ Fehlende Daten (Null-Werte)	9%	✅1%	89%
	⊗ Inkonsistente Daten	7%	✅5%	29%
	⊗ Doppelte DOIs	9%	✅1%	89%
	Durchschnittliche Verbesserung der Datenqualität			58%

Zusammengefasst konnte eindeutig nachgewiesen werden, dass das entwickelte Lösungsverfahren die Datenqualität in FIS um 58 % verbessert hat. Das bedeutet, dass die Nutzung des Lösungsverfahrens eine Qualitätsverbesserung mit sich bringt und eine Steigerung der Effektivität und Effizienz von Nutzern versprechen kann.

Das vorgeschlagene Lösungsverfahren bietet FIS-Benutzern einen systematischen Ansatz, um die Datenqualität sicherzustellen. Seine Verwendung ist eine effektive Methode, um fehlende Daten, doppelte Daten und Datenredundanzen zu kontrollieren und dadurch die Anomalien und Inkonsistenzen, die sich aus unkontrollierten Redundanzen ergeben, zu reduzieren. Eine frühzeitige Korrektur von Fehlern, wenn Daten noch nicht in FIS integriert sind, ist weitaus kostengünstiger, als später einzugreifen. Dieses Lösungsverfahren ist hilfreich für FIS-Forscher, die mit den entsprechenden Problemen befasst sind, bevor sie mit den einzelnen Phasen des FIS fortfahren. Es dient dazu, einen hochwertigen Bericht über die gesamte Qualität einer gelieferten Datenmenge zu erstellen und sie zu bewerten. Es ist generisch nach Nutzeranforderungen erweiterbar und portabel. Nach der Erweiterung um zusätzliche Datenqualitätsmetriken und Analysemodule erlaubt die Lösung auch eine Aussage über die Datenqualität eines Datensatzes. Insbesondere beim Umgang mit komplexen Forschungsinformationen sollte die Entwicklung dieser Lösung stehen, um Projekte so effizient wie möglich abschließen zu können. Die Laufzeit der mit dem entwickelten Messcode und dem DataCleaner-Tool durchgeführten Tests betrug ca. zehn Sekunden. Bei einem Umfang von rund 3000 Zeilen ist dies ein in der Praxis durchaus akzeptables Ergebnis. Datenquellen, die jede Art von ungesichertem Zugriff bieten, können unzuverlässig werden und letztendlich zu einer schlechten Datenqualität beitragen. Unterschiedliche Datenquellen sind mit unterschiedlichen Problemen behaftet. Es besteht weiterhin die Möglichkeit, aus internen und externen Datenquellen direkt in das Lösungsverfahren zu importieren, sodass die Daten einfach und schnell analysiert werden können. FIS-Nutzer, die das Datenmanagement und die Verbesserung der Datenqualität zu einer strategischen Initiative machen, werden mit der vorgeschlagenen Lösung in mehrfacher Hinsicht profitieren. Dazu gehört die Reduzierung von Nachbearbeitungsaufwänden und Verarbeitungskosten aufgrund einer geringeren manuellen Bedienung. Eine verbesserte Datenqualität sorgt für eine höhere Mitarbeiter- und Kundenzufriedenheit infolge der sorgfältigen und genauen Beachtung zuverlässiger Informationsquellen.

Im Laufe der Zeit haben viele Forscher zu den Erkenntnissen über Datenqualitätsprobleme beigetragen, aber keine der Studien hat Datenqualitätsprobleme und ihre Ursachen in allen Phasen der FIS zusammen mit ihren möglichen Lösungen betrachtet. Mögliche Probleme mit der Datenqualität wurden einerseits in Rücksprache mit den FIS-Anwendern renommierter Hochschulen oder AUFs in Deutschland oder in anderen europäischen Ländern und andererseits anhand einer Qualitätsanalyse einer Quelle von Publikationsdaten aus dem Web of Science ermittelt. Basierend darauf sind die Ergebnisse in **Abbildung** 5.3 dargestellt. Dies zeigt sowohl die Datenqualitätsprobleme, die aus der Qualitätsanalyse mit dem entwickelten Lösungsverfahren identifiziert wurden, als auch die Datenqualitätsprobleme aus Sicht der FIS-Benutzer. Die auffälligsten Datenqualitätsprobleme bei der Qualitätsanalyse und nach Ansicht der FIS-Benutzer sind Rechtschreibfehler, mehrfache Dateneingaben und unterschiedliche Werte für dieselben Attribute. Darüber hinaus haben die FIS-Benutzer auch Probleme mit fehlender oder falscher Dateneingabe und veralteten Daten. Das Löschen und Ändern von Daten und inkonsistenten Datenformaten wurde von der Qualitätsanalyse und von FIS-Benutzern als leicht problematisch ausgewählt. Daher konnte festgestellt werden, dass die Qualitätsanalyse und die FIS-Benutzer der Meinung sind, dass die genannten Datenqualitätsprobleme am häufigsten auftreten. Diesbezüglich kann das entwickelte Lösungsverfahren mit einem Aktionsplan in den Hochschulen und AUFs entwickelt werden, um die Probleme proaktiv und strategisch anzugehen. Jede Instanz eines Qualitätsproblems stellt sowohl die Identifizierung von Problemen als auch die Quantifizierung des Ausmaßes der Probleme vor Herausforderungen.

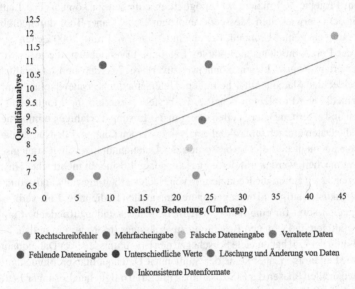

Abbildung 5.3 Datenqualitätsprobleme in Relation zur Qualitätsanalyse

Das FIS verfügt über spezielle Funktionen, die das Auftreten von Fehlern aufgrund von Schnittstellen zu anderen Datenbanken erleichtern. Das Ausmaß dieser Fehler kann sich weiter erhöhen, wenn Datennutzer ohne spezifische Kenntnisse des Gebiets hinzugefügt werden. Trotz der Schwierigkeiten muss die Kontrolle der Datenqualität kontinuierlich von Spezialisten überwacht und verbessert werden, um die sichere Erstellung von Forschungsergebnissen aus diesen Daten zu fördern. Die Einrichtungen müssen sich in einem Optimierungszyklus befinden, da die Datenqualität ein wesentlicher Bestandteil aller Geschäftsprozesse ist. Jede Jobbeschreibung erfordert die Beachtung der Datenqualität, die Meldung von Datenfehlern, die Ermittlung der Grundursachen, die Verbesserung der betroffenen Datenqualitätsprozesse zur Beseitigung der Grundursachen und die Überwachung der Auswirkungen der Verbesserung.

Mithilfe des DataCleaner-Tools wurde ein Überblick über die korrigierten Datenqualitätsprobleme und damit über die Verbesserung der Datenqualität gegeben. Ein Datenqualitätstool wie DataCleaner kann die Konversation zwischen einem Benutzer und der Verwaltung von Forschungsinformationen einer Einrichtung unterstützen – entweder einem Nutzer, der mit der Struktur, dem Inhalt und der Bedeutung der Datensätze anfangs nicht vertraut ist, oder einem Benutzer, der die Daten wiederholt erfasst, aber möglicherweise nicht über die neuesten Daten informiert ist. Das Tool enthält Fragen, anhand derer ein Benutzer die Eignung für den beabsichtigten Gebrauch beurteilen kann. Diese allgemeinen Fragen können spezifische Fragen in der Diskussion zwischen dem Datenempfänger und dem Datenanbieter aufwerfen. Damit bietet das Tool eine kostenlose Möglichkeit und ist ein perfekter Einstieg für FIS-Benutzer, um das gewünschte zukünftige Niveau der Datenqualitätssicherung zu erreichen.

In **Kapitel** 6 werden auf den folgenden Seiten die wichtigsten Ergebnisse und Erkenntnisse der Dissertation zusammengefasst und kritisch beleuchtet.

Zusammenfassung und Ausblick

6

Der Umgang mit Forschungsinformationen hat in den letzten Jahren einen hohen Stellenwert erlangt und ist als Thema und Aufgabe anerkannt worden. Hochschulen und AUFs brauchen Forschungsinformationen zum Monitoring und zur Evaluierung ihrer Forschungsaktivitäten und für strategische Entscheidungen über unterschiedliche Anwendungs- und Nutzungsszenarien. Für eine ganzheitliche Darstellung der Forschungsaktivitäten und -ergebnisse ist daher die Einführung eines FIS unerlässlich, um die Attraktivität und Konkurrenzfähigkeit der wissenschaftlichen Einrichtungen zu steigern. Für die Hochschulen und AUFs ist es ebenso unerlässlich, dass ein solches System im Vergleich zu anderen klassischen Datenbanken die benötigten Informationen in gesicherter Qualität zur Verfügung stellt. Im Zeitalter von „Digitalisierung" und der damit verbundenen automatisierten Erfassung von Forschungsinformationen stellt der Umgang mit zahlreichen und umfangreichen internen und externen Datenquellen eine ausgesprochen große Herausforderung für Hochschulen und AUFs dar. Allein die Garantie einer hohen Datenqualität kann zu einer besseren Entscheidungsgrundlage beitragen und somit das operative Risiko minimieren und Kosten einsparen. Um einen nachhaltigen Einsatz eines solchen hochschulweiten Systems zu gewährleisten, braucht es eine möglichst weit gehende Nutzerakzeptanz vonseiten des Wissenschaftsmanagements, der System-Administratoren und der betroffenen Wissenschaftler selbst. Die Nutzerakzeptanz beruht auf dem Vertrauen in die Datenqualität, was einen dauerhaften und kontrollierten Prozesskreislauf (Daten messen, analysieren, bereinigen und kontrollieren) und ein kontinuierliches Qualitätsmanagement erforderlich macht.

Die vorliegende Dissertation verfolgte das Ziel, die Datenqualität von FIS zu untersuchen sowie ihren Einfluss auf die Akzeptanz von Nutzern zu ermitteln. Hierzu wurden entsprechende Forschungsfragen formuliert und zu deren Untersuchung wurde eine nationale und internationale quantitative Erhebung mittels einer Umfrage durchgeführt, um Erkenntnisse über die aktuellen Problemfelder

© Der/die Autor(en), exklusiv lizenziert durch Springer Fachmedien Wiesbaden GmbH, ein Teil von Springer Nature 2022
O. Azeroual, *Untersuchungen zur Datenqualität und Nutzerakzeptanz von Forschungsinformationssystemen*, https://doi.org/10.1007/978-3-658-36702-2_6

im Bereich der Datenqualität in FIS und über deren Handhabung in der Praxis zu erlangen sowie einen Überblick über die Akzeptanz bei FIS-Nutzern zu erhalten. Dabei wurde zur Sicherstellung der Datenqualität in FIS ein Konzept bzw. Framework entwickelt, um die Akzeptanz des FIS durch die Hochschulen und AUFs zu steigern.

Nach der Festlegung der am häufigsten vorkommenden Datenqualitätsproblemen in FIS (z. B. Rechtschreib-/Tippfehler, mehrfache Dateneingaben, fehlende, falsche, veraltete und widersprüchliche Daten usw.), die sich im Bereich der Publikationsdaten während deren Erfassung und Integration ergeben, wurden diese gemessen, analysiert, verbessert und kontrolliert, sodass diese Konstellationen nicht mehr auftauchen können. Viele verschiedene Hochschulen und AUFs haben mit Qualitätsproblemen zu kämpfen, die bereits in FIS auftreten. Vor diesem Hintergrund wurde eine Reihe von Algorithmen und Methoden (z. B. aus dem Bereich Data Cleansing, Data Profiling und Text Data Mining) im Kontext von FIS untersucht und angewendet. Diese werten nicht nur Forschungsinformationen aus und liefern Informationen bzw. Aussagen über deren Qualität, sondern untersuchen und beheben angemessen existierende Datenqualitätsprobleme und schaffen damit eine gute Datenbasis für die weiterführenden Analyseschritte. Hierzu wurde in der Dissertation gezeigt, wie die Datenqualitätsprobleme in FIS mit diesem Verfahren gelöst werden können.

Mit Blick auf die Messung der Datenqualität in FIS wurden durch die Analyse der Umfrageergebnisse und das entwickelte Strukturgleichungsmodell die wichtigsten Dimensionen (Vollständigkeit, Korrektheit, Konsistenz und Aktualität) für den Verbesserungsprozess in FIS identifiziert, die auch in der Literatur als wichtig eingestuft werden. Zudem wurden Metriken zu ihrer Messung übernommen und anhand von Beispielen veranschaulicht. Es wurde illustriert, wie die Datenqualität im Kontext von Publikationsdaten in FIS gemessen werden kann. Darüber hinaus wurde die Datenqualität anhand der vier objektiven Metriken gemessen und gezeigt, wie dies mithilfe eines Pseudocodes erfolgen kann. Die vier ausgewählten Dimensionen ermöglichen eine objektive, effektive und weitgehend automatisierte Messung innerhalb des FIS. Ihre Metriken haben sich als relativ einfach zu messen erwiesen. Daher liefern sie eine besonders repräsentative Darstellung der Berichterstattung für die FIS-Nutzern und führen zu einer verbesserten Entscheidungsgrundlage. Insofern muss die Überprüfung der Datenqualität immer unter besonderer Berücksichtigung ihres Kontexts erfolgen. Bisher wurde keine Messung der objektiven Kriterien mit Python programmiert, um die Datenqualität zu bewerten. Dafür wurde in der vorliegenden Untersuchung dieses einsatzbereit als Micro-Service aufbereitet, um es den wissenschaftlichen Einrichtungen und ihren Forschern zu ermöglichen, im selben Bereich anhand der Messergebnisse mit dem entwickelten Programmcode eine Aussage über ihre Datenqualität in FIS treffen zu können.

Nachdem die Messungen der Datenqualität in FIS durchgeführt worden sind, müssen die Hochschulen und AUFs ihre Messergebnisse überprüfen. Mithilfe der automatisierten Prozessanalyse „Data Profiling" lassen sich die Ursachen von Datenqualitätsproblemen aufdecken. In der Dissertation wurden Data-Profiling-Methoden durchgeführt, um den Aufbau der FIS-Datenquellen besser zu verstehen sowie potenzielle Fehler zu erkennen und zu korrigieren. Die Ergebnisse der Analyse von Forschungsinformationen legen nahe, dass das Data Profiling als wichtiger Bestandteil bei der Analyse der Datenqualität in FIS anzusehen ist, bevor Forschungsinformationen in das FIS integriert werden können. Hochschulen und AUFs müssen so früh wie möglich ein Data Profiling vornehmen, um ein genaues Bild des Zustands ihrer Daten zu erhalten, da das Data Profiling die Grundlage für die Planung eines sinnvollen Ansatzes zur Korrektur und Harmonisierung des Informationsbestands bildet.

Die Untersuchungen des ETL-Prozesses im Rahmen des FIS haben eindeutig gezeigt, dass die internen und externen Datenquellen während der Transformationsphase des ETL-Prozesses verarbeitet wurden. Dies ermöglicht die Bereinigung, Transformation, Harmonisierung und Zusammenführung von Forschungsinformationen, die bereits in FIS konsolidiert wurden, um eine neue Informationsqualität zu schaffen, die für eine wissenschaftliche Einrichtung von besonderer Bedeutung sein kann.

Um die Forschungsinformationen zu bereinigen, wurden die Methoden des „Data Cleansing" im Kontext von FIS verwendet. Sie beschäftigen sich mit dem Erkennen und Entfernen von Fehlern und Inkonsistenzen in Daten, um deren Qualität zu verbessern und zu erhöhen. Data Cleansing ist deshalb notwendig, weil interne und externe Quellsysteme nicht zwangsweise immer die korrekten Daten enthalten. Es ist für die Erfassung, Integration und Speicherung mehrerer heterogener Datenquellen von entscheidender Bedeutung und der einzige Weg zu qualitativ hochwertigen Forschungsinformationen. Zudem ermöglicht die Bereinigung dem FIS eine einheitliche Sicht auf die Forschungsinformationen, was ein wichtiger Aspekt für die korrekte Entscheidungsfindung ist. Die auf diese Weise fehlerbereinigten Daten bieten nun die Basis für die nächste Etappe: die Kontrolle der Forschungsinformationen.

Wurde eine bestimmte Datenqualität erreicht, sollte sie so lange wie möglich erhalten bleiben. Bei der Überwachung werden die Daten daher kontinuierlich überprüft, bevor sie im FIS gespeichert werden, da sich die Daten ständig ändern. Proaktive Maßnahmen sind der sicherste Weg, um eine hohe Datenqualität im FIS zu garantieren und so die Datenqualität im System dauerhaft zu sichern.

In bestimmten Abständen sollte eine regelmäßige Überprüfung des gesamten FIS erfolgen. Denn auch wenn bei der Eingabe von Forschungsinformationen in das FIS keine Fehler gemacht werden, finden Änderungen der Daten aufgrund von Umsiedlungen, Fusionen und anderen Faktoren weiterhin statt. Daher kann die Hochschule oder AUF nur bei einer permanenten Datenkontrolle jederzeit Auskunft über ihren Datenqualitätsstatus geben und das Vertrauen in die vorhandenen Daten stärken.

Bei der Implementierung von Data Profiling und Data Cleansing hilft das verwendete Quadient-DataCleaner-Tool, Datenqualitätsprobleme auch bei großen Datenmengen zu analysieren, zu verbessern und zu überwachen. Mithilfe des entsprechenden intelligenten Tools wird es zunehmend möglich sein, den manuellen Aufwand zur Sicherstellung einer hohen Datenqualität zu minimieren und den Ressourcenaufwand deutlich zu reduzieren. Insbesondere bei wiederholtem Gebrauch ist der Aufwand deutlich geringer als ohne den Einsatz von Werkzeugen.

Um die Datenqualität in FIS erfolgreich zu gewährleisten, wurde für die Hochschulen und AUFs ein Konzept bzw. Framework als Lösung entwickelt, das alle vier wesentlichen Komponenten zur Sicherstellung der Datenqualität umfasst: Datenmessung, Datenanalyse, Datenbereinigung und Datenkontrolle. Durch die Kombination dieser ausgeklügelten Methodik mit der geeigneten Technologie wird die Datenqualität in FIS erheblich verbessert und erhöht. Dies wird zu fundierten Entscheidungen führen, nicht nur zu Informationszwecken und zur Berichterstattung, sondern auch zur Schaffung von Informationswert. Denn beides basiert auf der Verfügbarkeit hochwertiger Daten.

Aufgrund der großen Menge an Textdaten bzw. unstrukturierten Daten, die in einem FIS aus verschiedenen internen und externen Quellen verfügbar sind, ist es nicht möglich, diese vollständig und korrekt zu lesen und eine manuelle Analyse durchzuführen. In diesem Fall wurden Text-Data-Mining-Methoden im Kontext von FIS untersucht, um das Wissen zu erkennen und zu extrahieren, das in dem unstrukturierten Text enthalten ist, den der Benutzer des FIS nicht kennt. TDM ist die Antwort auf bzw. Lösung für die Herausforderung, die sich aus den unstrukturierten Daten ergibt. Als Ergebnis der Untersuchung anhand praktischer Beispiele wurde gezeigt, dass mithilfe von TDM-Methoden das relevanteste Wissen aus größeren Textmengen von unstrukturierten Dokumenten genauer identifiziert werden konnte und es möglich war, die gespeicherten Textdaten in FIS besser zu analysieren und ihre Qualität zu optimieren.

Die Auswertung der quantitativen Untersuchung zur Akzeptanz von FIS-Nutzern beweist, dass das FIS von den meisten Hochschulen und AUFs in Deutschland als sinnvoll und nützlich betrachtet wird und maßgeblich zu einer hohen Datenqualität für Entscheidungsträger beigetragen hat. Die Arbeitszeit hat sich reduziert und wurde effizienter. Hochschulen und AUFs waren sehr zufrieden mit dem FIS, auch wenn es anfangs Zeit kostet, das System kennenzulernen. Forschungsinformationen können leichter entnommen werden. Forschungsaktivitäten werden durch das FIS nicht nur unterstützt, sondern auch zusätzlich optimiert. Außerdem sind Forscher durch das FIS in der Lage, ihre Forschungsaktivitäten selbst zu erfassen und zu managen. Insgesamt reduziert das FIS die Arbeitszeit, so z.B. bei der Administration von Forschungsinformationen. Informationen können in einem FIS gespeichert werden und sind dennoch gleichzeitig offen zugänglich. Die Effektivität der Daten steigt enorm, da diese nun intensiver genutzt werden. Im Forschungsmanagement ist es üblich, mit anderen Partnern zu kooperieren. Durch das FIS wird die Suche nach einem geeigneten Kooperationspartner deutlich erleichtert. Außerdem können Forschungsprofile einer Einrichtung nun ganz einfach einheitlich und übersichtlich dargestellt werden. Zusätzlich wird durch das FIS Transparenz angeboten. Ebenso können sämtliche wichtigen Informationen von wissenschaftlichen Einrichtungen einfacher und einheitlich betrachtet werden. Darüber hinaus ist es möglich, dass Forschungsinformationen von verschiedenen Einrichtungen miteinander geteilt werden. Datenquellen können ohne Mühe automatisch importiert werden, jedoch bleibt eine manuelle Eingabe weiterhin möglich. Besonders visuelle Darstellungen von Analysen sind durch das FIS unkompliziert zu erstellen. Insbesondere viele wissenschaftliche Einrichtungen verwenden als Alternative Excel oder eine eigene Entwicklung, wobei hier mit bei Weitem nicht derselbe Grad erreicht werden kann, den das FIS anbietet. Aus diesem Grund sollten Hochschulen und AUFs damit konfrontiert und davon überzeugt werden, dass ein FIS für sie ein großes Potenzial besitzt und es sich vor allem langfristig lohnt, in ein solches System zu investieren.

Dennoch bleibt die Implementierung von FIS weiterhin sehr komplex und benötigt eine Dauer von sechs bis zwölf Monaten. Die durchgeführte Umfrage zeigte auch zwei unterschiedliche Gruppen: Die eine äußerte sich im Allgemeinen mit dem System hochzufrieden, während die andere mit den Funktionen des Systems und von dessen Nützlichkeit weniger überzeugt ist. Nichtsdestotrotz würde weiterhin eine große Mehrheit der Teilnehmer ihr FIS anderen wissenschaftlichen Einrichtungen weiterempfehlen, da sie das FIS sehr gerne nutzen und von dessen Angebot beeindruckt sind. Bei vielen wissenschaftlichen Einrichtungen bestand das Ziel bei der Akzeptanz von FIS darin, die beste Datenqualität zu erreichen.

Um die Akzeptanz von FIS zu erhöhen, kann es jedoch nur darum gehen, dass die höchstmögliche Qualität der Daten garantiert werden muss. Aus diesem Grund wurde der Einfluss der Datenqualität auf die Nutzerakzeptanz von FIS untersucht und wurden die entsprechenden Größen ermittelt. Die Ergebnisse der Untersuchung deuten darauf hin, dass die Datenqualität die Nutzerakzeptanz von FIS zu 77,61 % beeinflusst. Dies zeigt, dass die Datenqualität ein sehr wichtiger Faktor ist, wenn es gilt, die Akzeptanz des FIS-Projekts an den Hochschulen und AUFs zu befördern. Für die Untersuchung wurden vier Datenqualitätsdimensionen und 22 Erfolgskriterien der Nutzerakzeptanz von FIS herangezogen. Das Ergebnis wurde unter Verwendung eines Strukturgleichungsmodells erhalten und zeigt, dass eine sichtbare Abhängigkeit des Akzeptanzerfolgs von der Datenqualität besteht. Dies bedeutet, dass eine erfolgreiche Akzeptanz nur erreicht werden kann, wenn die Datenqualität beobachtet und überprüft wird.

Um diesen kritischen Erfolgsfaktor der Akzeptanz bei den FIS-Nutzern meistern zu können, ist es wichtig, dass Datenqualitätsprobleme in FIS frühzeitig erkannt, gemessen, analysiert, bereinigt und überwacht werden. Zur Verbesserung und Überwachung wird den Hochschulen und AUFs die Verwendung des entwickelten Konzepts bzw. Frameworks empfohlen, das im Rahmen einer Evaluation mithilfe von DataCleaner getestet und beurteilt wurde. Das Ergebnis konnte zudem zeigen, dass das entwickelte Lösungsverfahren die Datenqualität in FIS um 58 % verbesserte. Darüber hinaus fungiert die Lösung als Ressource für alle FIS-Benutzer und kann ausgeweitet werden, indem der gesamte Quellcode frei verfügbar gemacht und ein kostenloses, effizientes DataCleaner-Tool zum Erkunden und Analysieren dieser Daten bereitgestellt wird.

Zusammenfassend lässt sich feststellen, dass die aktuellen Datenqualitätsprobleme in FIS in der vorliegende Dissertation herausgearbeitet und gelöst wurden. Qualitätsprobleme in verschiedenen Phasen des FIS wurden angesprochen. Ziel war es, die Gründe für Datenmängel zu identifizieren und die Ursachen zu klassifizieren. In der Dissertation wurde das Niveau der Datenqualität bewertet und eine Lösung zu deren Verbesserung und Steigerung in FIS vorgeschlagen. Dies wird Datenbankadministratoren, Entwicklern und Implementierern von FIS helfen, die Datenqualitätsprobleme zu untersuchen und abzuschaffen. Das Thema Datenqualität ist wichtig. Die Ursachen bzw. Auswirkungen einer schlechten Datenqualität sind ganz unterschiedlich. Die wissenschaftlichen Einrichtungen verlassen sich heute auf die Forschungsinformationen und treffen auf deren Basis Entscheidungen. Die Datenqualität sollte daher als Geschäftsprozess mit hoher Priorität behandelt werden – nicht nur, um den Wertbeitrag der produzierten Informationen zu garantieren und zu steigern, sondern auch, um das Vertrauen bzw. die Nutzerakzeptanz in den Hochschulen und AUFs gegenüber einem FIS zu gewährleisten, was wiederum für den verantwortlichen Einsatz solcher Systeme unabdingbar ist und zugleich – im Sinne einer positiven Rückkopplung – zur Qualität sämtlicher Daten beitragen kann.

Im Rahmen eines neuen Forschungsprojekts ist geplant, das Lösungsverfahren, das in dieser Dissertation zur Sicherung der Datenqualität entwickelt wurde, umzusetzen. Das Framework sollte insbesondere zur Unterstützung der Datenqualität bei der Verwaltung von Forschungsdaten verwendet werden. Darüber hinaus werden neue Forschungsthemen wie künstliche Intelligenz oder Algorithmen für maschinelles Lernen als Alternative im Kontext von FIS betrachtet [Aze21], um die Datenqualität zu überprüfen und zu verbessern und neues Wissen aus unbekannten Daten zu generieren. Laut [DYP18] sind Algorithmen für maschinelles Lernen wie Deep Learning ein vielversprechender Ansatz zur potenziellen Lösung vieler Big-Data-Herausforderungen und widmen sich hauptsächlich dem Erkennen von Datenqualitätsproblemen, wie fehlenden Werten und Ausreißern, was eine wichtige Aufgabe ist [DYP18]. Weiterhin wird das wichtige Thema der Cloud-Technologie und ihrer Auswirkungen auf FIS analysiert. Laut [AS19b] ist Cloud Computing in weniger als zehn Jahren zu einem wichtigen und bedeutenden Aspekt des Managements von Forschungsinformationen geworden, ob als Teil akademischer Netzwerke und Forschungsinfrastrukturen oder als Anbieter wesentlicher Daten für FIS und als Lösung für diese Systeme selbst. Die Auswahl einer Cloud-Lösung für ein FIS-Projekt ist nicht nur eine technische Frage, sondern muss in einer komplexen Umgebung oder einem komplexen Ökosystem mit verschiedenen Systemen und Tools, Stakeholdern und Benutzern sowie rechtlichen und sicherheitstechnischen Fragen berücksichtigt werden. Dieser globale Ansatz muss sich ständig mit dem Problem der Sicherheitsbeschränkung befassen, die sich an die Dynamik der Umgebung anpassen muss, sowie mit den sich ändernden Anforderungen, Risiken und Technologien. Die Fertigstellung eines solchen Ansatzes wird es ermöglichen, die FIS-Plattform über eine Reihe von Schlüsselparametern aufrechtzuerhalten und gleichzeitig die betriebliche Flexibilität sicherzustellen. Hier sind einige Aspekte zu nennen, so z. B. [AS19b]:

- FIS-Forscher und -Administratoren verwalten nur die Anwendungsschicht der Forschungsplattform durch Extraktion und Nutzung von Daten und Ergebnissen, während der Anbieter der Cloud-Architektur den Betrieb und die Wartung der Forschungsplattformdienste sicherstellt.

- Das FIS kann segmentiert und auf mehreren Servern bereitgestellt werden, wobei jeder Server auf einen bestimmten Bedarf reagiert.

- Die Verwendung von Cloud-Zugriffsverfahren wird nicht nur zu einer besseren Verwaltung der menschlichen Arbeitslast beitragen, sondern zweifellos eine bessere Rückverfolgbarkeit bieten und das für diese Systemtypen spezifische Sicherheitsprotokoll konsolidieren.

- Dieser Ansatz kann angepasst und auf verschiedenen Forschungsplattformen eingesetzt werden, um insbesondere den Zugriff auf vertrauliche Informationen zu steuern.

Die Cloud-Computing-Technologie bringt Benutzern von FIS viele Vorteile, so z. B.
eine erhöhte Datensicherheit, eine erhöhte organisatorische Flexibilität, niedrigere
IT-Verwaltungskosten usw. Außerdem ist das Potenzial analytischer Anwendungen
in der Cloud groß [AS19b]. Insbesondere die Kosteneinsparungen und Leistungs-
verbesserungen sowie die neue Dimension der Datenintegration machen das Gebiet
der FIS-Cloud sehr interessant und bieten vielen wissenschaftlichen Institutionen
neue Möglichkeiten [AS19b]. Hochschulen, Forschungsinstitute und Wissenschaftler müssen sich daher rechtzeitig mit diesem Thema auseinandersetzen und sich den
technischen und sicherheitskritischen Herausforderungen stellen, um den Kontakt
zu ihren Wettbewerbern nicht zu verlieren.

Nach dem Überblick und der Betrachtung der zukünftigen Entwicklung des FIS
in der Cloud dürfte deutlich sein, dass es in Zukunft einige Themen weiter zu
untersuchen und zu bewerten gilt, insbesondere im aufstrebenden Ökosystem der
offenen Wissenschaft, wie z. B.:

• Wie geht die CRIS-Cloud-Lösung mit den Konzepten der Transparenz und Integrität des Forschungs- und Bewertungsprozesses um?

• Wie werden die aufkommenden Forschungsinfrastrukturen wie die European
  Open Science Cloud (EOSC) berücksichtigt?

• Wie werden Forschungsdaten-Repositorien oder andere Forschungsdatendienste
  verbunden? Welche Auswirkungen der Datenqualität ergeben sich bei der Verbindung von institutionellen Repositorien und FIS? Welche Auswirkungen haben
  die FAIR-Prinzipien des Forschungsdatenmanagements auf das FIS?

Neben dem Thema Cloud-Computing-Technologie sollte außerdem perspektivisch
zum einen untersucht werden, wie FIS mit den Prinzipien von Open Science wie
Transparenz, Offenheit, Sharing usw. umgehen kann, und zum anderen, in welchem Umfang ethische Themen und Aspekte in der Konzeption, Implementierung
und Anwendung von FIS berücksichtigt werden. Das übergeordnete Ziel einer solchen Untersuchung wäre es, einerseits zu einem systematischen und umfassenden
Überblick über ethische Fragen im Zusammenhang mit FIS beizutragen, der es
ermöglichen sollte, die Situation des FIS im aktuellen Kontext der offenen Wissenschaft zu beschreiben und Vorschläge zu machen, wie diese Systeme weiterentwi-
ckelt werden und damit zur Verwirklichung der Prinzipien der offenen Wissenschaft
aus Sicht der Forschungsethik beitragen könnten [SAJG20].

Literaturverzeichnis

[AA18]   Azeroual, O.; Abuosba, M.: Datenprofiling und Datenbereinigung in For-
            schungsinformationssystemen. In *HTW Berlin, Matthias Knaut (Hrsg.)*,
            Kreativität + X = Innovation, S. 16–25. BWV – Berliner Wissenschafts-
            Verlag, 2018.

[ABAS10]   Al-Busaidi, K. A.; Al-Shihi, H.: Instructors' Acceptance of Learning Mana-
            gement Systems: A Theoretical Framework. *Communications of the IBIMA*,
            Band 2010, Nr. 862128, S. 10, 2010.

[ABEM15]   Apel, D.; Behme, W.; Eberlein, R.; Merighi, C.: *Datenqualität erfolgreich
            steuern – Praxislösungen für Business-Intelligence-Projekte*. dpunkt.verlag,
            Heidelberg, 3. Auflage, 2015.

[AGK06]   Arasu, A.; Ganti, V.; Kaushik, R.: Efficient Exact Set-Similarity Joins. In
            Dayal, U.; Whang, K.; Lomet, D. B.; Alonso, G.; Lohman, G. M.; Kers-
            ten, M. L.; Cha, S. K.; Kim, Y. (Hrsg.): *Proceedings of the 32nd Internatio-
            nal Conference on Very Large Data Bases, Seoul, Korea, September 12–15,
            2006*, S. 918–929. ACM, 2006.

[AGN15]   Abedjan, Z.; Golab, L.; Naumann, F.: Profiling relational data: a survey. *The
            VLDB Journal*, Band 24, Nr. 4, S. 557–581, 2015.

[AH20]   Azeroual, O.; Herbig, N.: Mapping and semantic interoperability of the Ger-
            man RCD data model with the Europe-wide accepted CERIF. *Information
            Services and Use*, Band 40, Nr. 1–2, S. 87–113, 2020.

[AJ05]   Asserson, A.; Jeffery, K. G.: Research Output Publications and CRIS. *Inter-
            national Journal on Grey Literature*, Band 1, Nr. 1, S. 5–8, 2005.

[AL20]   Azeroual, O.; Lewoniewski, W.: How to Inspect and Measure Data Quality
            about Scientific Publications: Use Case of Wikipedia and CRIS Databases.
            Algorithms, Band 13, Nr. 5, S. 107, 2020.

[ALN+13]   Auer, S.; Lehmann, J.; Ngomo, A. N.; Stadler, C.; Unbehauen, J.: Extraktion,
            Mapping und Verlinkung von Daten im Web - Phasen im Lebenszyklus von
            Linked Data. *Datenbank-Spektrum*, Band 13, Nr. 2, S. 77–87, 2013.

[AR05]   Ausserer, K.; Risser, R.: Intelligent Transport Systems and Services – chances
            and risks. In *Proceedings of the 18th workshop on the Technical, Social and
            Psychological Aspects of Transport Telematics and Safety, the International
            Cooperation on Theories and Concepts in Traffic Safety ICTCT), Helsinki,
            Finland, October 27–28, 2005*, S. 1–7, 2005.

© Der/die Herausgeber bzw. der/die Autor(en), exklusiv lizenziert durch Springer
Fachmedien Wiesbaden GmbH, ein Teil von Springer Nature 2022
O. Azeroual, *Untersuchungen zur Datenqualität und Nutzerakzeptanz von
Forschungsinformationssystemen*, https://doi.org/10.1007/978-3-658-36702-2

[AS19a] Azeroual, O.; Schöpfel, J.: Quality Issues of CRIS Data: An Exploratory Investigation with Universities from Twelve Countries. *Publications*, Band 7, Nr. 1, S. 14, 2019.

[AS19b] Azeroual, O.; Schöpfel, J.: Research Intelligence (CRIS) and the Cloud: A Review. *Computer and Information Science*, Band 12, Nr. 4, S. 40–55, 2019.

[ASA18a] Azeroual, O.; Saake, G.; Abuosba, M.: Data Quality Measures and Data Cleansing for Research Information Systems. *Journal of Digital Information Management*, Band 16, Nr. 1, S. 12–21, 2018.

[ASA18b] Azeroual, O.; Saake, G.; Abuosba, M.: Investigations of concept development to improve data quality in research information systems (Untersuchungen zur Konzeptentwicklung für eine Verbesserung der Datenqualität in Forschungs-informationssystemen). In *Proceedings of the 30th GI-Workshop Grundlagen von Datenbanken, Wuppertal, Germany, May 22–25, 2018.*, S. 29–34, 2018.

[ASA19] Azeroual, O.; Saake, G.; Abuosba, M.: ETL Best Practices for Data Quality Checks in RIS Databases. *Informatics*, Band 6, Nr. 1, S. 10, 2019.

[ASAS18] Azeroual, O.; Saake, G.; Abuosba, M.; Schöpfel, J.: Text data mining and data quality management for research information systems in the context of open data and open science. In *Proceedings of 3rd International Colloquium on Open Access – Open Access to Science Foundations, Issues and Dynamics, ICOA'18, Rabat, Morocco, November 28–30, 2019*, S. 29–46, 2018.

[ASAS19a] Azeroual, O.; Saake, G.; Abuosba, M.; Schöpfel, J.: Quality of Research Information in RIS Databases: A Multidimensional Approach. In *Business Information Systems – 22nd International Conference, BIS 2019, Seville, Spain, June 26–28, 2019, Proceedings, Part I*, S. 337–349, 2019.

[ASAS19b] Azeroual, O.; Saake, G.; Abuosba, M.; Schöpfel, J.: Solving problems of research information heterogeneity during integration – using the European CERIF and German RCD standards as examples. *Information Services and Use*, Band 39, Nr. 1–2, S. 105–122, 2019.

[ASAS20] Azeroual, O.; Saake, G.; Abuosba, M.; Schöpfel, J.: Data Quality as a Critical Success Factor for User Acceptance of Research Information Systems. *Data*, Band 5, Nr. 2, S. 35, 2020.

[ASS18] Azeroual, O.; Saake, G.; Schallehn, E.: Analyzing data quality issues in research information systems via data profiling. *International Journal of Information Management*, Band 41, S. 50–56, 2018.

[ASW18] Azeroual, O.; Saake, G.; Wastl, J.: Data measurement in research information systems: metrics for the evaluation of data quality. *Scientometrics*, Band 115, Nr. 3, S. 1271–1290, 2018.

[Aue20] Auer, S.: Pseudo-digitalisiert: Austausch von Forschungswissen. *Forschung & Lehre*, Band 27, Nr. 2, S. 134–135, 2020.

[Aze19a] Azeroual, O.: A Text and Data Analytics Approach to Enrich the Quality of Unstructured Research Information. *Computer and Information Science*, Band 12, Nr. 4, S. 84–95, 2019.

[Aze19b] Azeroual, O.: Text and Data Quality Mining in CRIS. *Information*, Band 10, Nr. 12, S. 374, 2019.

[Aze21]   Azeroual, O.: Künstliche Intelligenz als fundierte Entscheidungshilfe in Datenbanken wie CRIS. *Information – Wissenschaft & Praxis*, Band 72, Nr. 2–3, S. 137–140, 2021.

[AZK16]   Ahmad, S.; Zulkurnain, N. N. A.; Khairushalimi, F. I.: Assessing the Validity and Reliability of a Measurement Model in Structural Equation Modeling (SEM). *British Journal of Mathematics and Computer Science*, Band 15, Nr. 3, S. 1–8, 2016.

[BB10]   Bode, A.; Borgeest, R.: *Informationsmanagement in Hochschulen*. Springer-Verlag, Berlin, Heidelberg, 2010.

[BCFM09]   Batini, C.; Cappiello, C.; Francalanci, C.; Maurino, A.: Methodologies for data quality assessment and improvement. *ACM Computing Surveys*, Band 41, Nr. 3, S. 16:1–16:52, 2009.

[BCH03]   Barton, J.; Currier, S.; Hey, J. M. N.: Building Quality Assurance into Metadata Creation: An Analysis based on the Learning Objects and e-Prints Communities of Practice. In *Supporting Communities of Discourse and Practice: Proceedings of the 2003 International Conference on Dublin Core and Metadata Applications, DC 2003, Seattle, Washington, USA, September 28 – October 2, 2003*, S. 39–48. Dublin Core Metadata Initiative, 2003.

[BD06]   Bortz, J.; Doering, N.: *Forschungsmethoden und Evaluation für Human- und Sozialwissenschaftler*. Springer-Verlag, Berlin, Heidelberg, 2006.

[BDH+14]   Blümel, I.; Dietze, S.; Heller, L.; Jäschke, R.; Mehlberg, M.: The Quest for Research Information. In Jeffery, K. G.; Clements, A.; Castro, P. d.; Luzi, D. (Hrsg.): *12th International Conference on Current Research Information Systems, CRIS 2014 – Managing data intensive science – The role of Research Information Systems in realising the digital agenda, Rome, Italy, May 13–15, 2014*, Procedia Computer Science, Band 33, S. 253–260. Elsevier, 2014.

[Bea05]   Beall, J.: Metadata and Data Quality Problems in the Digital Library. *Journal of Digital Information*, Band 6, Nr. 3, 2005.

[BEL12]   Berkhoff, K.; Ebeling, B.; Lübbe, S.: Integrating research information into a software for higher education administration – benefits for data quality and accessibility. In *11th International Conference on Current Research Information Systems, CRIS 2012: e-Infrastructures for Research and Innovation – Linking Information Systems to Improve Scientific Knowledge Production, Prague, Czech Republic, June 6–9, 2012*.

[Ber15]   Berka, P.: Data Cleansing Using Clustering. In Gruca, A.; Brachman, A.; Kozielski, S.; Czachórski, T. (Hrsg.): *Man-Machine Interactions 4 – 4th International Conference on Man-Machine Interactions, ICMMI 2015, Kocierz Pass, Poland, October 6–9, 2015*, Advances in Intelligent Systems and Computing, Band 391, S. 391–399. Springer, 2015.

[BG05]   Barateiro, J.; Galhardas, H.: A Survey of Data Quality Tools. *Datenbank-Spektrum*, Band 14, S. 15–21, 2005.

[BGS01]   Boudreau, M.; Gefen, D.; Straub, D. W.: Validation in Information Systems Research: A State-of-the-Art Assessment. *MIS Quarterly*, Band 25, Nr. 1, S. 1–16, 2001.

[BH16]   Biesenbender, S.; Hornbostel, S.: The Research Core Dataset for the German
            science system: challenges, processes and principles of a contested standar-
            dization project. *Scientometrics*, Band 106, Nr. 2, S. 837–847, 2016.

[BHS12]   Bittner, S.; Hornbostel, S.; Scholze, F.: *Forschungsinformation in Deutsch-
            land: Anforderungen, Stand und Nutzen existierender Forschungsinformati-
            onssysteme: Workshop Forschungsinformationssysteme 2011, iFQ-Working
            Paper, 10.* iFQ – Institut für Forschungsinformation und Qualitätssicherung,
            Berlin, 2012.

[BIJM11]   Boban, M.; Ivkovic, M.; Jevtic, V.; Milanov, D.: The data quality in CRM
            systems: strategy and privacy. In Konjovic, Z. (Hrsg.): *1st International Con-
            ference on Information Systems and Technologies (ICIST 2011), Tebessa,
            Algeria, April 24–26, 2011*, S. 158–163. Association for Information sys-
            tems and Computer networks, 2011.

[BKL09]   Bird, S.; Klein, E.; Loper, E.: *Natural Language Processing with Python:
            Analyzing Text with the Natural Language Toolkit.* O'Reilly Media, Newton,
            MA, USA, 2009.

[BLN86]   Batini, C.; Lenzerini, M.; Navathe, S. B.: A Comparative Analysis of Metho-
            dologies for Database Schema Integration. *ACM Computing Surveys*, Band
            18, Nr. 4, S. 323–364, 1986.

[BM16]   Bajpai, J.; Metkewar, P. S.: Data Quality Issues and Current Approaches
            to Data Cleaning Process in Data Warehousing. *GRD Journals – Global
            Research and Development Journal for Engineering*, Band 1, Nr. 10, S. 14–
            18, 2016.

[BMB18]   BMBF: Bundesbericht Forschung und Innovation 2018: Forschungs- und
            innovationspolitische Ziele und Maßnahmen. https://www.bmbf.de/upload_
            filestore/pub/Bufi_2018_Hauptband.pdf, 2018. Abgerufen am 02.06.2020.

[BMS07]   Bayardo, R. J.; Ma, Y.; Srikant, R.: Scaling up all pairs similarity search. In
            Williamson, C. L.; Zurko, M. E.; Patel-Schneider, P. F.; Shenoy, P. J. (Hrsg.):
            *Proceedings of the 16th International Conference on World Wide Web, WWW
            2007, Banff, Alberta, Canada, May 8–12, 2007*, S. 131–140. ACM, 2007.

[BN07]   Beywl, W.; Niestroj, M.: *Das A-B-C- der wirkungsorientierten Evaluation.
            Glossar – Deutsch / Englisch – der wirkungsorientierten Evaluation.* Univa-
            tion, Köln, 2007.

[BN11]   Bollen, K. A.; Noble, M. D.: Structural equation models and the quantification
            of behavior. *Proceedings of the National Academy of Sciences*, Band 108, Nr.
            3, S. 15639–15646, 2011.

[Brö16]   Brökel, T.: *Wissens- und Innovationsgeographie in der Wirtschaftsförderung:
            Grundlagen für die Praxis.* Gabler Verlag, Springer Fachmedien Wiesbaden,
            2016.

[BS06]   Batini, C.; Scannapieco, M.: *Data Quality: Concepts, Methodologies and
            Techniques.* Data-Centric Systems and Applications. Springer, 2006.

[Cla]   Clarivate   Analytics: Converis.   https://www.clarivate.com/products/
            converis/. Abgerufen am 22.04.2019.

[CMA+12]   Cassisi, C.; Montalto, P.; Aliotta, M.; Cannata, A.; Pulvirenti, A.: Similarity
            Measures and Dimensionality Reduction Techniques for Time Series Data

Mining. In *Karahoca, A. (eds) Advances in Data Mining Knowledge Discovery and Applications*. IntechOpen, London, 2012.

[Con97]   Conrad, S.: *Föderierte Datenbanksysteme – Konzepte der Datenintegration*. Springer-Verlag, Berlin/Heidelberg, 1997.

[Con02a]   Conrad, S.: *Integration heterogener Datenbestände*. Jahrbuch der Heinrich-Heine-Universität Düsseldorf, 2002.

[Con02b]   Conrad, S.: Schemaintegration Integrationskonflikte, Lösungsansätze, aktuelle Herausforderungen. *Informatik Forschung und Entwicklung*, Band 17, S. 101–111, 2002.

[Cor13]   Cordts, S.: *Datenqualität in Datenbanken*. Maren Nasutta mana-Buch, 2013.

[Cro79]   Crosby, P. B.: *Quality is Free: The Art of Making Quality Certain*. McGraw-Hill, New York, 1979.

[CS99]   Collins, M.; Singer, Y.: Unsupervised Models for Named Entity Classification. In *Joint SIGDAT Conference on Empirical Methods in Natural Language Processing and Very Large Corpora, EMNLP, College Park, MD, USA, June 21–22, 1999*, S. 100–110, 1999.

[CSS99]   Conrad, S.; Saake, G.; Sattler, K.: Informationfusion – Herausforderung an die Datenbanktechnologie. In *Datenbanksysteme in Büro, Technik und Wissenschaft (BTW), GI-Fachtagung, Freiburg, 1.–3. März 1999, Proceedings*, S. 307–316, 1999.

[CSS14]   Castro, P. D.; Shearer, K.; Summann, F.: The gradual merging of repository and CRIS solutions to meet institutional research information management requirements. In *12th International Conference on Current Research Information Systems, CRIS 2014 – Managing data intensive science – The role of Research Information Systems in realising the digital agenda, Rome, Italy, May 13–15, 2014*, S. 39–46, 2014.

[CZ79]   Carmines, E. G.; Zeller, R. A.: *Quantitative Applications in the Social Sciences: Reliability and validity assessment*. Thousand Oaks, CA: SAGE Publications Inc, 1979.

[Dal05]   Dalcin, E. C.: *Data quality concepts and techniques applied to taxonomic databases*. Dissertation, University of Southampton, UK, 2005.

[Dav89]   Davis, F. D.: Perceived usefulness, perceived ease of use, and user acceptance of information technology. *MIS Quarterly*, Band 13, Nr. 3, S. 319–340, 1989.

[Dav93]   Davis, F. D.: User Acceptance of Information Technology: System Characteristics, User Perceptions and Behavioral Impacts. *International Journal of Man-Machine Studies*, Band 38, Nr. 3, S. 475–487, 1993.

[DBW89]   Davis, F. D.; Bagozzi, R.; Warshaw, P. R.: User Acceptance of Computer Technology: A Comparison of Two Theoretical Models. *Management Science*, Band 35, Nr. 8, S. 982–1003, 1989.

[DDG16]   Deubzer, S.; Dietrich, K.; Goller, D.: Named Entity Recognition mit eBay-Auktionstiteln – Erstellen eines three-class-models für Smartphonedaten. *Informatik Spektrum*, Band 39, Nr. 5, S. 373–379, 2016.

[Deg86]   Degenhardt, W.: *Akzeptanzforschung zu Bildschirmtext: Methoden und Ergebnisse*. Dissertation, Ludwig-Maximilians-Universität München, 1986.

[DeM82]   DeMarco, T.: *Controlling Software Projects: Management, Measurement, and Estimates*. Yourdon Press, New York, USA, 1982.

[Des18]   Destatis: Bildung und Kultur: Nichtmonetäre hochschulstatistische Kennz-
               ahlen – Fachserie 11 Reihe 4.3.1 – 1980 – 2017. https://
               www.destatis.de/DE/Themen/Gesellschaft-Umwelt/Bildung-
               Forschung-Kultur/Hochschulen/Publikationen/Downloads-
               Hochschulen/kennzahlen-nichtmonetaer-2110431177004.pdf;
               jsessionid=DC9330DB503AB692DC2B33C4D30689D3.internet8741?__
               blob=publicationFile, 2018. Abgerufen am 02.06.2020.

[DGM02]   Dasgupta, S.; Granger, M.; McGarry, N.: User Acceptance of E-Collaboration
               Technology: An Extension of the Technology Acceptance Model. *Group
               Decision and Negotiation*, Band 11, Nr. 2, S. 87–100, 2002.

[dIdOndOn18]   dell'Olio, L.; Ibeas, A.; Oña, J. d.; Oña, R. d.: Chapter 8 – Structural Equation
               Models. *Public Transportation Quality of Service*, S. 141–154, 2018.

[Dij83]   Dijkstra, T.: Some comments on maximum likelihood and partial least squares
               methods. *Journal of Econometrics*, Band 22, Nr. 1–2, S. 67–90, 1983.

[Dil92]   Dillard, R. A.: Using Data Quality Measures in Decision-Making Algorithms.
               IEEE Expert, Band 7, Nr. 6, S. 63–72, 1992.

[Dil01]   Dillon, A.: User acceptance of information technology. *Encyclopedia of
               Human Factors and Ergonomics*, Band 10, S. 1–10, 2001.

[DJ03]   Dasu, T.; Johnson, T.: *Exploratory Data Mining and Data Cleaning*. John
               Wiley, 2003.

[DVW03]   Dasu, T.; Vesonder, G. T.; Wright, J. R.: Data quality through knowledge
               engineering. In Getoor, L.; Senator, T. E.; Domingos, P. M.; Faloutsos, C.
               (Hrsg.): *Proceedings of the Ninth ACM SIGKDD International Conference
               on Knowledge Discovery and Data Mining, Washington, DC, USA, August
               24–27, 2003*, S. 705–710. ACM, 2003.

[DYP18]   Dai, W.; Yoshigoe, K.; Parsley, W.: Improving Data Quality Through Deep
               Learning and Statistical Models. In Latifi, S. (Hrsg.): *Information Technology
               – New Generations. 14th International Conference on Information Techno-
               logy*, Advances in Intelligent Systems and Computing, Band 558, S. 515–522.
               Springer, Cham, 2018.

[EH18]   Einbock, J.; Hauschke, C.: Anforderungen an Forschungsinformationssys-
               teme in Deutschland durch Forschende und Forschungsadministration –
               Zusammenfassung zweier Studien. *Informationspraxis*, Band 4, Nr. 1, S.
               1–23, 2018.

[EKH+12]   Ebert, B.; Kujath, A.; Holtorf, J.; Holmberg, K.; Rupp, T.: Erfahrungen aus
               der Einführung des Forschungsinformationssystems Pure an der Leuphana
               Universität Lüneburg. In *Bittner, S., Hornbostel, S., Scholze, F. (Hrsg.) For-
               schungsinformation in Deutschland: Anforderungen, Stand und Nutzen exis-
               tierender Forschungsinformationssysteme. Workshop Forschungsinformati-
               onssysteme, iFQ-Working Paper No. 10*, S. 65–78, Mai 2012.

[Els]   Elsevier: Customers and their portals. https://www.elsevier.com/solutions/
               pure/clients. Abgerufen am 20.04.2019.

[Eng99]   English, L. P.: *Improving Data Warehouse and Business Information Quality:
               Methods for Reducing Costs and Increasing Profits*. John Wiley & Sons Inc,
               New York, NY, USA, 1999.

[Eng14]   Engemann, K.: Measuring data quality for ongoing improvement: a data quality assessment framework. *Benchmarking: An International Journal*, Band 21, Nr. 3, S. 481–482, 2014.

[ERW19]   Ehrlinger, L.; Rusz, E.; Wöß, W.: A Survey of Data Quality Measurement and Monitoring Tools. *CoRR*, Band abs/1907.08138, 2019.

[ETB+15]   Ebert, B.; Tobias, R.; Beucke, D.; Bliemeister, A.; Friedrichsen, E.; Heller, L.; Herwig, S.; Jahn, N.; Kreysing, M.; Müller, D.; Riechert, M.: Forschungs-informationssysteme in Hochschulen und Forschungseinrichtungen. Positionspapier – Version 1.0. https://dini.de/fileadmin/docs/FIS_Positionspapier_2015_final_web.pdf, Februar 2015. Abgerufen am 01.04.2019.

[Fad13]   Fadli, M. S.: Critical success factors and data quality in accounting information systems in Indonesian cooperative enterprises: An empirical examination. *Interdisciplinary Journal of Contemporary Research in Business*, Band 5, Nr. 3, S. 321–338, 2013.

[FB82]   Fornell, C.; Bookstein, F. L.: Two Structural Equation Models: LISREL and PLS Applied to Consumer Exit-Voice Theory. *Journal of Marketing Research*, Band 19, Nr. 4, S. 440–452, 1982.

[Fie05]   Field, A.: *Discovering Statistics Using SPSS*. Sage Publications, 2005.

[FK13]   Fondermann, P.; Köppen, D.: Zahlen, Daten, Fakten – ein Forschungsinformationssystem als Grundlage des Qualitätsmanagements für die Forschung am Karlsruher Institut für Technologie (KIT). *Bibliothek Forschung und Praxis*, Band 37, Nr. 2, S. 172–181, 2013.

[FL08]   Fetscherin, M.; Lattemann, C.: User acceptance of virtual Worlds. *Journal of Electronic Commerce Research*, Band 9, Nr. 3, S. 231–242, 2008.

[FS06]   Feldman, R.; Sanger, J.: *The Text Mining Handbook: Advanced Approaches in Analyzing Unstructured Data*. Cambridge University Press, New York, NY, USA, 2006.

[FS08]   Fürst, D.; Scholles, F.: *Handbuch Theorien und Methoden der Raum- und Umweltplanung*. Rohn Verlag, Dortmund, 2008.

[GG05]   Ghauri, P.; Gronhaug, K.: *Research methods in business studies: a practical guide*. Financial Times Prentice Hall, 2005.

[GH07]   Ge, M.; Helfert, M.: A Review of Information Quality Research – Develop a Research Agenda. In *Proceedings of the 12th International Conference on Information Quality, MIT, Cambridge, MA, USA, November 9–11, 2007*, S. 76–91, 2007.

[GH13]   Ge, M.; Helfert, M.: Cost and Value Management for Data Quality. In Sadiq, S. W. (Hrsg.): *Handbook of Data Quality, Research and Practice*, S. 75–92. Springer, 2013.

[Gör94]   Görner, C.: *Vorgehenssystematik zum Prototyping graphisch-interaktiver Audio-Video-Schnittstellen*. Dissertation, Universität Stuttgart, 1994.

[GPBA10]   Ghorbanpour, F. A.; Pedram, M. M.; Badie, K.; Alishahi, M.: Enhancing Quality of Data using Data Mining Method. *Journal of Computing*, Band 2, Nr. 9, S. 14–24, 2010.

[GT95]   Goodhue, D. L.; Thompson, R. L.: Task-Technology Fit and Individual Performance. *MIS Quarterly*, Band 19, Nr. 2, S. 213–236, 1995.

[GWJ15]   Gan, Q.; Wei, W. C.; Johnstone, D.: A Faster Estimation Method for the Pro-
            bability of Informed Trading Using Hierarchical Agglomerative Clustering.
            Quantitative Finance, Band 15, S. 1805–1821, 2015.

[HA08]   Heinze, T.; Arnold, N.: Governanceregimes im Wandel: Eine Analyse des
            außeruniversitären, staatlich finanzierten Forschungssektors in Deutschland.
            KZfSS Kölner Zeitschrift für Soziologie und Sozialpsychologie, Band 60, S.
            686–722, 2008.

[HB12]   Herwig, S.; Becker, J.: Einführung eines Forschungsinformationssystems an
            der Westfälischen Wilhelms-Universität Münster – Von der Konzeption bis
            zur Implementierung. In *Bittner, S., Hornbostel, S., Scholze, F. (Hrsg.) For-
            schungsinformation in Deutschland: Anforderungen, Stand und Nutzen exis-
            tierender Forschungsinformationssysteme. Workshop Forschungsinformati-
            onssysteme, ifQ-Working Paper No. 10*, S. 41–53, Mai 2012.

[Heg03]   Hegner, M.: *Methoden zur Evaluation von Software*. IZ-Arbeitsbericht Nr. 29,
            Informationszentrum Sozialwissenschaften der Arbeitsgemeinschaft Sozial-
            wissenschaftlicher Institute e.V. (ASI), Bonn, Germany, 2003.

[Hel02]   Helfert, M.: *Planung und Messung der Datenqualität in Data-Warehouse-
            Systemen*. Dissertation, Universität St. Gallen, Schweiz, 2002.

[Her10]   Hertel, I. V.: Und sie bewegen sich doch – Zur Kooperation von Universi-
            täten und außeruniversitären Forschungseinrichtungen im Exzellenzwettbe-
            werb. In *Leibfried, Stefan (Hrsg.): Die Exzellenzinitiative. Zwischenbilanz
            und Perspektiven*, S. 139–159. Campus Verlag, Frankfurt/New York, 2010.

[HGG01]   Hipp, J.; Güntzer, U.; Grimmer, U.: Data Quality Mining – Making a Virute
            of Necessity. In *2001 ACM SIGMOD Workshop on Research Issues in Data
            Mining and Knowledge Discovery, Santa Barbara, CA, USA, May 20*, 2001.

[HGHM15]   Hildebrand, K.; Gebauer, M.; Hinrichs, H.; Mielke, M.: *Daten- und Infor-
            mationsqualität: Auf dem Weg zur Information Excellence*. Springer Vieweg,
            Wiesbaden, 2015.

[HH09]   Helmis, S.; Hollmann, R.: *Webbasierte Datenintegration – Ansätze zur
            Messung und Sicherung der Informationsqualität in heterogenen Daten-
            beständen unter Verwendung eines vollständig webbasierten Werkzeuges*.
            Vieweg+Teubner Verlag, Fachmedien Wiesbaden GmbH, Wiesbaden, 2009.

[HHF01]   Heil, K.; Heiner, M.; Feldmann, U.: *Evaluation sozialer Arbeit. Eine Arbeits-
            hilfe mit Beispielen zur Evaluation und Selbstevaluation*. Eigenverlag des
            Deutschen Vereins für öffentliche und private Fürsorge e.V., Frankfurt am
            Main, 2001.

[Hin02]   Hinrichs, H.: *Datenqualitätsmanagement in Data-Warehouse-Systemen*. Dis-
            sertation, Universität Oldenburg, Deutschland, 2002.

[His]   HIS eG.: HISinOne. https://www.his.de/produkte/hisinone/basics.html.
            Abgerufen am 23.04.2019.

[HK09]   Heinrich, B.; Klier, M.: Die Messung der Datenqualität im Controlling –
            Ein metrikbasierter Ansatz und seine Anwendung im Kundenwertcontrol-
            ling. *Controlling & Management: ZfCM ; Zeitschrift für Controlling und
            Management*, Band 53, Nr. 1, S. 34–42, 2009.

[HK11]   Heinrich, B.; Klier, M.: Datenqualitätsmetriken für ein ökonomisch orien-
            tiertes Qualitätsmanagement. In *Hildebrand K., Gebauer M., Hinrichs H.,*

Mielke M. *(eds) Daten- und Informationsqualität*, S. 49–67. Vieweg+Teubner Verlag, 2011.

[Hoe16] Hoecker, M.: *Clustering von großen hochdimensionalen und unsicheren Datensätzen in der Astronomie*. Dissertation, Ruprecht-Karls-Universität Heidelberg, 2016.

[Hoh10] Hohn, H.-W.: Außeruniversitäre Forschungseinrichtungen. In Simon, D.; Knie, A.; Hornbostel, S. (Hrsg.): *Handbuch Wissenschaftspolitik*, S. 457–477. VS Verlag für Sozialwissenschaften, 2010.

[HQW08] Heyer, G.; Quasthoff, U.; Wittig, T.: *Text Mining: Wissensrohstoff Text: Konzepte, Algorithmen, Ergebnisse*. W3L-Verlag, Herdecke, Bochum, 2008.

[HRSR19] Hair, J. F.; Risher, J. J.; Sarstedt, M.; Ringle, C. M.: When to use and how to report the results of PLS-SEM. *European Business Review*, Band 31, Nr. 1, S. 2–24, 2019.

[HRTB11] Hálek, O.; Rosa, R.; Tamchyna, A.; Bojar, O.: Named entities from Wikipedia for machine translation. In Lopatková, M. (Hrsg.): *Proceedings of the Conference on Theory and Practice of Information Technologies, Vrátna Dolina, Slovak Republic, September 23–27, 2011*, CEUR Workshop Proceedings, Band 788, S. 23–30. CEUR-WS.org, 2011.

[HS10] Hornbostel, S.; Simon, D.: Strukturwandel des deutschen Forschungssystems – Herausforderungen, Problemlagen und Chancen. Arbeitspapier 206 – Hans Böckler Stiftung, Düsseldorf. https://www.boeckler.de/pdf/p_arbp_206.pdf, 2010. Abgerufen am 09.12.2019.

[HS13] Horváth, P.; Seiter, M.: Strategisches Management und Governance außeruniversitärer Forschungseinrichtungen. In Horváth, P.; Küpper, H.-U.; Seiter, M. (Hrsg.): *Strategie, Steuerung und Governance außeruniversitärer Forschungseinrichtungen*, S. 13–36. Springer Gabler, Wiesbaden, 2013.

[HS16] Herwig, S.; Schlattmann, S.: Eine wirtschaftsinformatische Standortbestimmung von Forschungsinformationssystemen. In *46. Jahrestagung der Gesellschaft für Informatik, Informatik 2016, 26.–30. September 2016, Klagenfurt, Österreich*, S. 901–914, 2016.

[HT04] Hwang, H.; Takane, Y.: Generalized structured component analysis. *Psychometrika*, Band 69, S. 81–99, 2004.

[Huc12] Huck, S. W.: *Reading Statistics and Research, 6th Edition*. Pearson Education Inc, Boston, MA, 2012.

[IIS12] Ivanovic, L.; Ivanovic, D.; Surla, D. I.: A data model of theses and dissertations compatible with CERIF, Dublin Core and EDT-MS. *Online Information Review*, Band 36, Nr. 4, S. 548–567, 2012.

[Ilv14] Ilva, J.: Integrating CRIS and repository – an overview of the situation in Finland and in three other Nordic countries. Open Repositories 2014, Helsinki, Finland, June 9–13, 2014. http://urn.fi/URN:NBN:fi-fe2014070432242, 2014. Abgerufen am 03.06.2020.

[JA10] Jeffery, K. G.; Asserson, A.: CRIS and Institutional Repositories. *Data Science Journal*, Band 9, S. CRIS14–CRIS23, 2010.

[Jak19] Jakoby, W.: *Qualitätsmanagement für Ingenieure: Ein praxisnahes Lehrbuch für die Planung und Steuerung von Qualitätsprozessen*. Springer Vieweg, Wiesbaden, 2019.

[JARK00]   Jeffery, K. G.; Asserson, A.; Revheim, J.; Konupek, H.: CRIS, Grey Literature and the Knowledge Society. In *Proceedings CRIS-2000, Helsinki*, S. 1–22, 2000.

[JC16]   Jolliffe, I. T.; Cadima, J.: Principal component analysis: a review and recent developments. *Philosophical transactions. Series A, Mathematical, physical, and engineering sciences*, Band 374, Nr. 2065, S. 20150202, 2016.

[Jef12]   Jeffery, K. G.: CRIS in 2020. In *11th International Conference on Current Research Information Systems, CRIS 2012: e-Infrastructures for Research and Innovation – Linking Information Systems to Improve Scientific Knowledge Production, Prague, Czech Republic, June 6–9*, S. 333–342, 2012.

[JHJA14]   Jeffery, K. G.; Houssos, N.; Jörg, B.; Asserson, A.: Research information management: the CERIF approach. *International Journal of Metadata, Semantics and Ontologies*, Band 9, Nr. 1, S. 5–14, 2014.

[JJD+12]   Jörg, B.; Jeffery, K.; Dvořák, J.; Houssos, N.; Asserson, A.; Grootel, G. v.; Gartner, R.; Cox, M.; Rasmussen, H.; Kreysing, M.; Vestdam, T.; Strijbosch, L.; Clements, A.; Brasse, V.; Zendul, D.; Höllrigl, T.; Valkovic, L.; Engfer, A.; Mahey, M. J. M.; Brennan, N.; Sicilia, M.-A.; Ruiz-Rube, I.; Baker, D.; Evans, K.; Price, A.; Zielinsk, M.: CERIF 1.3 Full Data Model (FDM): Introduction and Specification. http://www.eurocris.org/Uploads/Web%20pages/CERIF-1.3/Specifications/CERIF1.3_FDM.pdf, Januar 2012. Abgerufen am 19.03.2019.

[Joh09]   Johnson, T.: Data Profiling. In Liu, L.; Özsu, M. T. (Hrsg.): *Encyclopedia of Database Systems*, S. 604–608. Springer US, 2009.

[Jör10]   Jörg, B.: CERIF: The Common European Research Information Format Model. *Data Science Journal*, Band 9, Nr. 1, S. 24–31, 2010.

[Jör12]   Jörg, B.: Übersicht Systeme in Europa. In *Bittner, S., Hornbostel, S., Scholze, F. (Hrsg.) Forschungsinformation in Deutschland: Anforderungen, Stand und Nutzen existierender Forschungsinformationssysteme. Workshop Forschungsinformationssysteme, iFQ-Working Paper No. 10*, S. 103–114, Mai 2012.

[Kam14]   Kamm, R.: *Hochschulreformen in Deutschland: Hochschulen zwischen staatlicher Steuerung und Wettbewerb.* Dissertation, Otto-Friedrich-Universität Bamberg, 2014.

[KB05]   Knight, S.; Burn, J. M.: Developing a Framework for Assessing Information Quality on the World Wide Web. *Informing Science: International Journal of an Emerging Transdiscipline*, Band 8, S. 159–172, 2005.

[KB08]   Kamiske, G. F.; Brauer, J.-P.: *Qualitätsmanagement von A-Z – Wichtige Begriffe des Qualitätsmanagements und ihre Bedeutung.* Carl Hanser Verlag, München, 2008.

[KC04]   Kimball, R.; Caserta, J.: *The Data Warehouse ETL Toolkit: Practical Techniques for Extracting, Cleaning, Conforming and Delivering Data.* John Wiley & Sons Inc, USA, 2004.

[KCH+03]   Kim, W. Y.; Choi, B.-J.; Hong, E. K.; Kim, S.-K.; Lee, D.: A Taxonomy of Dirty Data. *Data Mining and Knowledge Discovery*, Band 7, Nr. 1, S. 81–99, 2003.

[KDS20]   KDSF: Einführung in das CERIF-Datenmodell und Vergleich mit dem Datenmodell des Kerndatensatz Forschung (KDSF). https://kerndatensatz-forschung.de/version1/technisches_datenmodell/document/EinfuehrungDatenmodelleKDSFundCERIF.pdf, KDSF-Helpdesk, 2020. Abgerufen am 02.06.2020.

[Kit09]   Kittl, C.: *Kundenakzeptanz und Geschäftsrelevanz: Erfolgsfaktoren für Geschäftsmodelle in der digitalen Wirtschaft*. Gabler Verlag, GWV Fachverlage GmbH, Wiesbaden, 2009.

[KKH07]   Kaiser, M.; Klier, M.; Heinrich, B.: How to Measure Data Quality? – A Metric-Based Approach. In *Proceedings of the International Conference on Information Systems, ICIS 2007, Montreal, Quebec, Canada, December 9–12, 2007*, S. 108, 2007.

[KKW06]   Koller, L.; Kress, U.; Windhövel, K.: Blinde Kuh war gestern – heute ist FIS: das Forschungs-Informations-System – ein neuer Weg wissenschaftlicher Politikberatung. Institut für Arbeitsmarkt- und Berufsforschung der Bundesagentur für Arbeit (IAB) Forschungsbericht: Ergebnisse aus der Projektarbeit des Instituts für Arbeitsmarkt- und Berufsforschung, Nürnberg, 2006.

[Kle09]   Klein, A.: *Datenqualität in Sensordatenströmen*. Dissertation, Dresden University of Technology, 2009.

[Kli11]   Kline, R. B.: *Principles and practice of structural equation modeling (3rd ed.)*. The Guilford Press, New York, NY, United States, 2011.

[Kol98]   Kollmann, T.: *Akzeptanz innovativer Nutzungsgüter und -systeme: Konsequenzen für die Einführung von Telekommunikations- und Multimediasystemen*. Gabler Verlag, Springer Fachmedien Wiesbaden GmbH, Wiesbaden, 1998.

[KP07]   Kao, A.; Poteet, S. R.: *Natural Language Processing and Text Mining*. Springer-Verlag, London, 2007.

[Krc15]   Krcmar, H.: *Informationsmanagement*. Springer-Verlag, Berlin Heidelberg, 2015.

[KSS14]   Köppen, V.; Saake, G.; Sattler, K.: *Data Warehouse Technologien, 2. Auflage*. MITP, 2014.

[Lev66]   Levenshtein, V. I.: Binary codes capable of correcting deletions, insertions and reversals. *Soviet Physics Doklady*, Band 10, Nr. 8, S. 707–710, 1966.

[LKC02]   Lee, J.; Kim, T. U.; Chung, J.-Y.: User acceptance of the mobile Internet. In *Proceedings of the First International Conference on Mobile Business: Evolution Scenarios for Emerging Mobile Commerce Services – M-BUSINESS 2002, Athens, Greece, July 8–9 2002*, 2002.

[LMP01]   Lafferty, J. D.; McCallum, A.; Pereira, F. C. N.: Conditional Random Fields: Probabilistic Models for Segmenting and Labeling Sequence Data. In Brodley, C. E.; Danyluk, A. P. (Hrsg.): *Proceedings of the Eighteenth International Conference on Machine Learning (ICML 2001), Williams College, Williamstown, MA, USA, June 28 – July 1, 2001*, S. 282–289. Morgan Kaufmann, 2001.

[LN07]   Leser, U.; Naumann, F.: *Informationsintegration – Architekturen und Metho-den zur Integration verteilter und heterogener Datenquellen*. dpunkt.verlag, 2007.

[LPFW06]   Lee, Y. W.; Pipino, L.; Funk, J. D.; Wang, R. Y.: *Journey to Data Quality*. MIT Press, 2006.

[LSB15]   Laranjeiro, N.; Soydemir, S. N.; Bernardino, J.: A Survey on Data Quality: Classifying Poor Data. In Wang, G.; Tsuchiya, T.; Xiang, D. (Hrsg.): *21st IEEE Pacific Rim International Symposium on Dependable Computing, PRDC 2015, Zhangjiajie, China, November 18-20, 2015*, S. 179–188. IEEE Computer Society, 2015.

[LSKW02]   Lee, Y. W.; Strong, D. M.; Kahn, B. K.; Wang, R. Y.: AIMQ: a methodology for information quality assessment. *Information and Management*, Band 40, Nr. 2, S. 133–146, 2002.

[LSLZ07]   Li, X.; Shi, Y.; Li, J.; Zhang, P.: Data Mining Consulting Improve Data Quality. *Data Science Journal*, Band 6, S. 658–666, 2007.

[Luc95]   Lucke, D.: *Akzeptanz: Legitimität in der „Abstimmungsgesellschaft"*. VS Verlag für Sozialwissenschaften, Springer Fachmedien Wiesbaden GmbH, Wiesbaden, 1995.

[MF03]   Müller, H.; Freytag, J. C.: Problems, Methods, and Challenges in Comprehensive Data Cleansing. Technical Report HUB-IB-164, Humboldt Universität zu Berlin, 2003.

[Mil05]   Miller, T. W.: *Data and Text Mining: A Business Application Approach: A Business Applications Approach*. Pearson Prentice Hall, Upper Saddle River, NJ, USA, 2005.

[MK89]   Moser, C. A.; Kalton, G.: *Survey methods in social investigation*. Aldershot: Gower, 1989.

[MK01]   Moon, J.; Kim, Y.: Extending the TAM for a World-Wide-Web context. *Information and Management*, Band 38, Nr. 4, S. 217–230, 2001.

[ML03]   McCallum, A.; Li, W.: Early results for Named Entity Recognition with Conditional Random Fields, Feature Induction and Web-Enhanced Lexicons. In *Proceedings of the Seventh Conference on Natural Language Learning, CoNLL 2003, Held in cooperation with HLT-NAACL 2003, Edmonton, Canada, May 31 – June 1, 2003*, S. 188–191, 2003.

[ML04]   Ma, Q.; Liu, L.: The Technology Acceptance Model: A Meta-Analysis of Empirical Findings. *Journal of Organizational and End User Computing*, Band 16, Nr. 1, S. 59–72, 2004.

[MM09]   Maletic, J. I.; Marcus, A.: Data Cleansing: A Prelude to Knowledge Discovery. In *Maimon O., Rokach L. (eds) Data Mining and Knowledge Discovery Handbook*, S. 19–32. Springer, Boston, MA, 2009.

[MPSA19]   Manu, T. R.; Parmar, M.; Shashikumara, A. A.; Asjola, V.: Research Information Management Systems: A Comparative Study. In *Raj Kumar Bhardwaj and Paul Banks, Research Data Access and Management in Modern Libraries*, S. 54–80. IGI Global, 2019.

[Mün17]   Münch, V.: Der Kerndatensatz Forschung – und nun? Bericht über den gleichnamigen Workshop von DINI – Deutsche Initiative für Netzwerkinformation e.V. und DZHW – Deutsches Zentrum für Hochschul- und Wissenschaftsforschung (Nachfolger des ifQ), Berlin, 20./21.2.2017. https://www. b-i-t-online.de/heft/2017-02-reportage-muench3.pdf, 2017. Abgerufen am 01.04.2020.

[MW05] Mehler, A.; Wolff, C.: Einleitung: Perspektiven und Positionen des Text Mining. *LDV-Forum*, Band 20, Nr. 1, S. 1–18, 2005.

[MW15] Marcus; Windheuser, U.: Strukturierte Datenanalyse, Profiling und Geschäftsregeln. In *Hildebrand K., Gebauer M., Hinrichs H., Mielke M. (eds) Daten- und Informationsqualität*, S. 88–101. Vieweg+Teubner Verlag, 2015.

[MWLZ09] Madnick, S. E.; Wang, R. Y.; Lee, Y. W.; Zhu, H.: Overview and Framework for Data and Information Quality Research. *Journal of Data and Information Quality*, Band 1, Nr. 1, S. 2:1–2:22, 2009.

[Nat05] Natarajan, M.: Role of text mining in information extraction and information management. *DESIDOC Bulletin of Information Technology*, Band 25, Nr. 4, S. 31–38, 2005.

[NC11] Neely, M. P.; Cook, J. S.: Fifteen years of data and information quality literature: Developing a research agenda for accounting. *Journal of Information Systems*, Band 25, Nr. 1, S. 79–108, 2011.

[Nik15] Niklas, S.: *Akzeptanz und Nutzung mobiler Applikationen*. Springer Gabler, Springer Fachmedien Wiesbaden GmbH, Wiesbaden, 2015.

[Nik18] Nikiforova, A.: Open Data Quality. In Lupeikiene, A.; Vasilecas, O.; Dzemyda, G. (Hrsg.): *13th International Baltic Conference on Databases and Information Systems (DBIS 2018), Trakai, Lithuania, July 1–4, 2018*, S. 151–160. Springer, Cham, 2018.

[NM02] Nahm, U. Y.; Mooney, R. J.: Text mining with information extraction. In *Proceedings of the AAAI 2002 Spring Symposium on Mining Answers from Texts and Knowledge Bases*, S. 60–68. AAAI Press, Menlo Park, California, 2002.

[Ols03] Olson, J. E.: *Data Quality: The Accuracy Dimension*. Morgan Kaufmann, 2003.

[Ora09] Oracle® Warehouse Builder User's Guide 10g Release 2 (10.2.0.2), B28223-05. https://docs.oracle.com/cd/B31080_01/doc/owb.102/b28223.pdf, April 2009. Abgerufen am 14.09.2019.

[ORH05] Oliveira, P.; Rodrigues, F.; Henriques, P. R.: A Formal Definition of Data Quality Problems. In Naumann, F.; Gertz, M.; Madnick, S. E. (Hrsg.): *Proceedings of the 2005 International Conference on Information Quality (MIT ICIQ Conference), Sponsored by Lockheed Martin, MIT, Cambridge, MA, USA, November 10–12, 2006*. MIT, 2005.

[Pir06] Pirouz, D. M.: An Overview of Partial Least Squares. *Business Publications*, Band 24, S. 1–16, 2006.

[PLW02] Pipino, L.; Lee, Y. W.; Wang, R. Y.: Data quality assessment. *Communications of the ACM*, Band 45, Nr. 4, S. 211–218, 2002.

[PNVT10] Pushkarev, V.; Neumann, H.; Varol, C.; Talburt, J. R.: An Overview of Open Source Data Quality Tools. In Arabnia, H. R.; Hashemi, R. R.; Vert, G.; Chennamaneni, A.; Solo, A. M. G. (Hrsg.): *Proceedings of the 2010 Inter-*

national Conference on Information & Knowledge Engineering, IKE 2010, July 12–15, 2010, Las Vegas Nevada, USA, S. 370–376. CSREA Press, 2010.

[PSA14] Pinto, C. S.; Simoes, C.; Amaral, L.: CERIF – Is the Standard Helping to Improve CRIS? In *12th International Conference on Current Research Information Systems, CRIS 2014 – Managing data intensive science – The role of Research Information Systems in realising the digital agenda, Rome, Italy, May 13–15, 2014,* S. 80–85, 2014.

[Pur] Pure: Pure. https://www.elsevier.com/de-de/solutions/pure. Abgerufen am 20.04.2019.

[PVA16] Pulla, V. S. V.; Varol, C.; Al, M.: Open Source Data Quality Tools: Revisited. In Latifi, S. (Hrsg.): *Information Technology: New Generations. Advances in Intelligent Systems and Computing,* S. 893–902. Springer, Cham, 2016.

[PVSV12] Papastefanatos, G.; Vassiliadis, P.; Simitsis, A.; Vassiliou, Y.: Metrics for the Prediction of Evolution Impact in ETL Ecosystems: A Case Study. *J. Data Semantics,* Band 1, Nr. 2, S. 75–97, 2012.

[QJ14] Quix, C.; Jarke, M.: Information Integration in Research Information Systems. In *12th International Conference on Current Research Information Systems, CRIS 2014 – Managing data intensive science – The role of Research Information Systems in realising the digital agenda, Rome, Italy, May 13–15, 2014,* S. 18–24, 2014.

[Qle] QLEO Science GmbH: FACTScience. https://www.qleo.de/unternehmen/. Abgerufen am 23.04.2019.

[Qui06] Quiring, O.: *Methodische Aspekte der Akzeptanzforschung bei interaktiven Medientechnologien,* Münchener Beiträge zur Kommunikationswissenschaft, Band 6. Dezember 2006.

[Rä12] Rädiker, S.: *Die Evaluation von Weiterbildungsprozessen in der Praxis: Status quo, Herausforderungen, Kompetenzanforderungen. Eine Studie unter Organisationen, die das LQW–Modell anwenden.* Dissertation, Philipps-Universität Marburg, 2012.

[RB98] Rajman, M.; Besançon, R.: Text Mining: Natural Language techniques and Text Mining applications. In *Spaccapietra S., Maryanski F. (eds) Data Mining and Reverse Engineering. IFIP – The International Federation for Information Processing,* S. 50–64. Springer, Boston, MA, USA, 1998.

[RD00] Rahm, E.; Do, H. H.: Data Cleaning: Problems and Current Approaches. IEEE *Data Engineering Bulletin,* Band 23, Nr. 4, S. 3–13, 2000.

[RdCM16] Ribeiro, L.; Castro, P. d.; Mennielli, M.: Final report: EUNIS – euroCRIS joint survey on CRIS and IR. *Paris: ERAI EUNIS Research and Analysis Initiative,* March 2016.

[Red96] Redman, T. C.: *Data quality for the information age.* Artech House, 1996.

[Red01] Redman, T. C.: *Data Quality: The Field Guide.* Digital Press, Newton, MA, USA, 2001.

[Rei13] Reisswig, K.: *Die „unternehmerische Mission" von Universitäten.* Dissertation, Universität Potsdam, 2013.

[Ren00] Rengelshausen, O.: *Online-Marketing in deutschen Unternehmen: Einsatz – Akzeptanz – Wirkungen.* Gabler Verlag, Springer Fachmedien Wiesbaden GmbH, Wiesbaden, 2000.

[RGBS14]   Rousidis, D.; Garoufallou, E.; Balatsoukas, P.; Sicilia, M.: Metadata for Big Data: A preliminary investigation of metadata quality issues in research data repositories. *Information Services and Use*, Band 34, Nr. 3–4, S. 279–286, 2014.

[Rin09]   Rinkenburger, R.: Einführung in die explorative Faktorenanalyse. In *Schwaiger, M., Meyer, A. (Hrsg.): Theorien und Methoden der Betriebswirtschaft: Handbuch für Wissenschaftler und Studierende*, S. 455–476. Vahlen-Verlag, München, 2009.

[RKB+16]   Ruschoff, C.; Kemperman, S.; Brown, E. W.; Grossman, R. D.; Levin, N.: E-Data Quality: How Publishers and Libraries are Working Together to Improve Data Quality. *Collaborative Librarianship*, Band 8, Nr. 4, S. 191–201, 2016.

[RMD13]   Rao, D.; McNamee, P.; Dredze, M.: Entity linking: Finding extracted entities in a knowledge base. In *Poibeau T., Saggion H., Piskorski J., Yangarber R. (eds) Multi-source, Multilingual Information Extraction and Summarization. Theory and Applications of Natural Language Processing*, S. 93–115. Springer, Berlin, Heidelberg, 2013.

[RN18]   Rachman, T.; Napitupulu, D.: User Acceptance Analysis of Potato Expert System Application Based on TAM Approach. *Journal of International Journal on Advanced Science, Engineering and Information Technology*, Band 8, Nr. 1, S. 185–191, 2018.

[RTH+15]   Riechert, M.; Tobias, R.; Heller, L.; Biesenbender, S.; Blümel, I.: Überblick über den aktuellen Stand der Forschungsberichterstattung: Integration, Standardisierung, verteilte Informationssysteme. In *8. DFN-Forum Kommunikationstechnologien, 6.–9. Juni 2015, Lübeck, Germany*, S. 23–33, 2015.

[Rus11]   Russell, R.: An introduction to CERIF. UKOLN, University of Bath. https://www.ukoln.ac.uk/rim/documents/Introduction_to_CERIF_1.0.pdf, 2011. Abgerufen am 03.06.2020.

[Rus12]   Russell, R.: Adoption of CERIF in Higher Education Institutions in the UK: A Landscape Study. UKOLN, University of Bath. http://www.ukoln.ac.uk/isc/reports/cerif-landscape-study-2012/CERIF-UK-landscape-report-v1.0.pdf, 2012. Abgerufen am 02.03.2020.

[RWW05]   Ringle, C. M.; Wende, S.; Will, A.: SmartPLS 2.0 (Beta). www.smartpls.de, 2005. Abgerufen am 01.11.2020.

[SAJG20]   Schöpfel, J.; Azeroual, O.; Jungbauer-Gans, M.: Research Ethics, Open Science and CRIS. *Publications*, Band 8, Nr. 4, S. 51, 2020.

[SAS19]   Schöpfel, J.; Azeroual, O.; Saake, G.: Implementation and user acceptance of research information systems: An empirical survey of German universities and research organisations. *Data Technologies and Applications*, Band 54, Nr. 1, S. 1–15, 2019.

[Sch09]   Schmaltz, M.: *Methode zur Messung und Steigerung der individuellen Akzeptanz von Informationslogistik in Unternehmen*. Dissertation, Universität St. Gallen, 2009.

[Sch14]   Scholze, F.: Forschungsinformationssysteme in Deutschland und die Rolle der Bibliotheken. *Zeitschrift für Bibliothekswesen und Bibliographie*, Band 61, Nr. 4–5, S. 243–246, 2014.

[SD07]   Steinle, C.; Daum, A.: *Controlling: Kompendium für Ausbildung und Praxis.*
            4. Schäffer-Poeschel Verlag, Stuttgart, 2007.

[SFOR19]   Shahbazi, M.; Farajpahlou, A. H.; Osareh, F.; Rahimi, A.: Development of a
            scale for data quality assessment in automated library systems. *Library and*
            Information Science Research, Band 41, Nr. 1, S. 78–84, 2019.

[Sim01]   Simon, B.: *Wissensmedien im Bildungssektor. Eine Akzeptanzuntersuchung*
            an Hochschulen. Dissertation, Wirtschaftsuniversität Wien, 2001.

[SK04]   Sarawagi, S.; Kirpal, A.: Efficient set joins on similarity predicates. In Wei-
            kum, G.; König, A. C.; Deßloch, S. (Hrsg.): *Proceedings of the ACM SIG-*
            MOD International Conference on Management of Data, Paris, France, June
            13–18, 2004, S. 743–754. ACM, 2004.

[SK13]   Schäfer, M.; Keppler, D.: *Modelle der technikorientierten Akzeptanzfor-*
            schung: Überblick und Reflexion am Beispiel eines Forschungsprojekts zur
            Implementierung innovativer technischer Energieeffizienz-Maßnahmen, Dis-
            cussion paper/Zentrum Technik und Gesellschaft, Technische Universität
            Berlin, Band 34. Dezember 2013.

[SLW97]   Strong, D. M.; Lee, Y. W.; Wang, R. Y.: 10 Potholes in the Road to Information
            Quality. *IEEE Computer*, Band 30, Nr. 8, S. 38–46, 1997.

[SM03]   Sang, E. F. T. K.; Meulder, F. D.: Introduction to the CoNLL-2003 Shared
            Task: Language-Independent Named Entity Recognition. In Daelemans, W.;
            Osborne, M. (Hrsg.): *Proceedings of the Seventh Conference on Natural*
            Language Learning, CoNLL 2003, Held in cooperation with HLT-NAACL
            2003, Edmonton, Canada, May 31 – June 1, 2003, S. 142–147. ACL, 2003.

[SM12]   Scholze, F.; Maier, J.: Establishing a Research Information System as Part
            of an Integrated Approach to Information Management: Best Practice at the
            Karlsruhe Institute of Technology (KIT). *LIBER Quarterly*, Band 21, Nr. 2,
            S. 201–212, January 2012.

[SMB05]   Scannapieco, M.; Missier, P.; Batini, C.: Data Quality at a Glance. *Datenbank-*
            Spektrum, Band 14, S. 6–14, 2005.

[SRS09]   Schloderer, M. P.; Ringle, C. M.; Sarstedt, M.: Einführung in die varianzba-
            sierte Strukturgleichungsmodellierung. Grundlagen, Modellevaluation und
            Interaktionseffekte am Beispiel von SmartPLS. In *Schwaiger, M., Meyer, A.*
            (Hrsg.): Theorien und Methoden der Betriebswirtschaft: Handbuch für Wis-
            senschaftler und Studierende, S. 564–592. Vahlen-Verlag, München, 2009.

[SS09]   Scholze, F.; Summann, F.: Forschungsinformationen und Open Access
            Repository-Systeme. *Wissenschaftsmanagement*, Band 15, Nr. 3, S. 41–42,
            2009.

[SSC+19]   Sicilia, M.; Simons, E.; Clements, A.; Castro, P. d.; Bergström, J. (Hrsg.):
            14th International Conference on Current Research Information Systems,
            CRIS 2018, FAIRness of Research Information, Umeå, Sweden, June 14-16,
            2018, Procedia Computer Science, Band 146. Elsevier, 2019.

[SV18]   Simitsis, A.; Vassiliadis, P.: Extraction, Transformation, and Loading. In
            Encyclopedia of Database Systems, Second Edition. 2018.

[Svo12]   Svolba, G.: *Data Quality for Analytics Using SAS.* SAS Institute Inc., Cary,
            North Carolina, USA, 2012.

[SVS05]   Simitsis, A.; Vassiliadis, P.; Sellis, T. K.: Extraction-Transformation-Loading Processes. In *Encyclopedia of Database Technologies and Applications*, S. 240–245. 2005.

[SW07]   Schepers, J.; Wetzels, M.: A meta-analysis of the technology acceptance model: Investigating subjective norm and moderation effects. *Information and Management*, Band 44, Nr. 1, S. 90–103, 2007.

[Sym]   Symplectic: Elements. https://symplectic.co.uk/products/elements-3/. Abgerufen am 20.04.2019.

[Tab18]   Taber, K. S.: The Use of Cronbach's Alpha When Developing and Reporting Research Instruments in Science Education. *Research in Science Education*, Band 48, S. 1273–1296, 2018.

[TCS+19]   Tie, J.; Chen, W. Y.; Sun, C.; Mao, T.; Xing, G.: The application of agglomerative hierarchical spatial clustering algorithm in tea blending. *Cluster Computing*, Band 22, S. 6059–6068, 2019.

[TD11]   Tavakol, M.; Dennick, R.: Making sense of Cronbach's alpha. *International Journal of Medical Education*, Band 2, S. 53–55, 2011.

[TK12]   Tobias, R.; Karl, V.: Einführung eines integrierten Forschungsinformationssystems am Karlsruher Institut für Technologie. In *Bittner, S., Hornbostel, S., Scholze, F. (Hrsg.) Forschungsinformation in Deutschland: Anforderungen, Stand und Nutzen existierender Forschungsinformationssysteme. Workshop Forschungsinformationssysteme, iFQ-Working Paper No. 10*, S. 55–64, Mai 2012.

[TV86]   Taylor, R. S.; Voigt, M. J.: *Value Added Processes in Information Systems*. Greenwood Publishing Group Inc., Box 5007 88 Post Road W. Westport, CT, United States, 1986.

[Ups14]   Upshall, M.: Text mining: Using search to provide solutions. *Business Information Review*, Band 31, Nr. 2, S. 91–99, 2014.

[Vas09]   Vassiliadis, P.: A Survey of Extract-Transform-Load Technology. *International Journal of Data Warehousing and Mining*, Band 5, Nr. 3, S. 1–27, 2009.

[Viv]   Duraspace: VIVO. https://duraspace.org/vivo/about/. Abgerufen am 22.04.2019.

[VS09]   Vassiliadis, P.; Simitsis, A.: Extraction, Transformation, and Loading. In *Encyclopedia of Database Systems*, S. 1095–1101. 2009.

[VSM07]   Venkatesh, V.; Speier, C.; Morris, M. G.: User Acceptance Enablers in Individual Decision Making About Technology: Toward an Integrated Model. *Decision Sciences*, Band 33, Nr. 2, S. 297–316, 2007.

[VTA10]   Vinzi, V. E.; Trinchera, L.; Amato, S.: PLS Path Modeling: From Foundations to Recent Developments and Open Issues for Model Assessment and Improvement. In Vinzi, V. E.; Chin, W. W.; Henseler, J.; Wang, H. (Hrsg.): *Handbook of Partial Least Squares: Concepts, Methods and Applications*, Springer Handbooks of Computational Statistics, S. 47–82. Springer, Berlin, Heidelberg, 2010.

[Wan98]   Wang, R. Y.: A Product Perspective on Total Data Quality Management. *Communications of the ACM*, Band 41, Nr. 2, S. 58–65, 1998.

[Wei92]   Weiber, R.: *Diffusion von Telekommunikation: Problem der kritischen Masse.*
            Gabler Verlag, Springer Fachmedien Wiesbaden GmbH, Wiesbaden, 1992.

[Wik21]   Wikipedia: Qualität. https://de.wikipedia.org/wiki/Qualit%C3%A4t, 2021.
            Abgerufen am 07.11.2021.

[Wil12]   Wilhelm, D. B.: *Nutzerakzeptanz von webbasierten Anwendungen: Modell
            zur Akzeptanzmessung und Identifikation von Verbesserungspotenzialen.*
            Gabler Verlag, Springer Fachmedien Wiesbaden GmbH, Wiesbaden, 2012.

[Wis13]   Wissenschaftsrat: Empfehlung zu einem Kerndatensatz Forschung (Drs.
            2855–13). Januar 2013.

[Wis16]   Wissenschaftsrat: Empfehlung zu einem Kerndatensatz Forschung (Drs.
            5066–16). Januar 2016.

[WIZ10]   Weiss, S. M.; Indurkhya, N.; Zhang, T.: *Fundamentals of Predictive Text
            Mining.* Springer-Verlag, London, 2010.

[WM14]   Weiber, R.; Mühlhaus, D.: *Strukturgleichungsmodellierung: Eine anwen-
            dungsorientierte Einführung in die Kausalanalyse mit Hilfe von AMOS,
            SmartPLS und SPSS.* Springer Gabler, Berlin, Heidelberg, 2014.

[Wol82]   Wold, H.: Soft modeling: The basic design and some extension. In Jores-
            kog, K.; Wold, H. (Hrsg.): *Systems Under Indirect Observation: Causality,
            Structure, Prediction*, S. 1–54. Amsterdam: North-Holland Publ. Co., 1982.

[Wol05]   Wolz, J.: *Clustering von Dokumenten (k-means, HCL).* Universität Ulm,
            2005.

[Won13]   Wong, K. K.-K.: Partial Least Squares Structural Equation Modeling (PLS-
            SEM) Techniques Using SmartPLS. *Marketing Bulletin*, Band 24, S. 1–32,
            2013.

[Wot00]   Wottawa, H.: Evaluationsforschung. In *Stumm G., Pritz A. (eds) Wörterbuch
            der Psychotherapie*, S. 178–179. Springer, Vienna, 2000.

[WS96]   Wang, R. Y.; Strong, D. M.: Beyond Accuracy: What Data Quality Means
            to Data Consumers. *Journal of Management Information Systems*, Band 12,
            Nr. 4, S. 5–33, 1996.

[WT05]   Wixom, B. H.; Todd, P. A.: A Theoretical Integration of User Satisfaction
            and Technology Acceptance. *Information Systems Research*, Band 16, Nr. 1,
            S. 85–102, 2005.

[Wür03]   Würthele, V.: *Datenqualitätsmetrik für Informationsprozesse: Datenquali-
            tätsmanagement mittels ganzheitlicher Messung der Datenqualität.* Disser-
            tation, ETH Zürich, 2003.

[WW96]   Wand, Y.; Wang, R. Y.: Anchoring Data Quality Dimensions in Ontological
            Foundations. *Communications of the ACM*, Band 39, Nr. 11, S. 86–95, 1996.

[WZL02]   Wang, R. Y.; Ziad, M.; Lee, Y. W.: *Data Quality*, Advances in Database
            Systems, Band 23. Springer, US, 2002.

[XXLC16]   Xu, Z.; Xuan, J.; Liu, J.; Cui, X.: Defect Prediction via Feature Selection
            Based on Maximal Information Coefficient with Hierarchical Agglomerative
            Clustering. In *IEEE 23rd International Conference on Software Analysis,
            Evolution, and Reengineering, SANER 2016, Suita, Osaka, Japan, March
            14–18, 2016 – Volume 1*, S. 370–381, 2016.

[YKMM19]   Yadav, N.; Kobren, A.; Monath, N.; McCallum, A.: Supervised Hierarchical
            Clustering with Exponential Linkage. In *Proceedings of the 36th Internatio-*

nal Conference on Machine Learning, ICML, June 9–15, 2019, Long Beach, California, USA, S. 6973–6983, 2019.

[ZGC08] Zhang, N.; Guo, X.; Chen, G.: IDT-TAM Integrated Model for IT Adoption. Tsinghua Science and Technology, Band 13, Nr. 3, S. 306–311, 2008.

[Zwi15] Zwirner, M.: Datenbereinigung zielgerichtet eingesetzt zur permanenten Datenqualitätssteigerung. In Knut Hildebrand and Marcus Gebauer and Holger Hinrichs and Michael Mielke (eds) Daten- und Informationsqualität: Auf dem Weg zur Information Excellence, S. 101–120. Springer Vieweg, Wiesbaden, 2015.

Printed in the United States
by Baker & Taylor Publisher Services